月刊誌

数理科学

毎月 20 日発売
本体 954 円

予約購読のおすすめ

本誌の性格上、配本書店が限られます。**郵送料弊社負担**にて確実にお手元へ届くお得な予約購読をご利用下さい。

年間 **11000円**
（本誌**12**冊）

半年 **5500円**
（本誌**6**冊）

予約購読料は**税込み価格**です。

なお、**SGC** ライブラリのご注文については、予約購読者の方には、商品到着後のお支払いにて承ります。

お申し込みはとじ込みの振替用紙をご利用下さい！

サイエンス社

数理科学特集一覧

63年/7〜18年/12 省略

2019年/1 発展する物性物理
/2 経路積分を考える
/3 対称性と物理学
/4 固有値問題の探究
/5 幾何学の拡がり
/6 データサイエンスの数理
/7 量子コンピュータの進展
/8 発展する可積分系
/9 ヒルベルト
/10 現代数学の捉え方［解析編］
/11 最適化の数理
/12 素数の探究

2020年/1 量子異常の拡がり
/2 ネットワークから見る世界
/3 理論と計算の物理学
/4 結び目的思考法のすすめ
/5 微分方程式の《解》とは何か
/6 冷却原子で探る量子物理の最前線
/7 AI時代の数理
/8 ラマヌジャン
/9 統計的思考法のすすめ
/10 現代数学の捉え方［代数編］
/11 情報幾何学の探究
/12 トポロジー的思考法のすすめ

2021年/1 時空概念と物理学の発展
/2 保型形式を考える
/3 カイラリティとは何か
/4 非ユークリッド幾何学の数理
/5 力学から現代物理へ
/6 現代数学の眺め
/7 スピンと物理
/8 《計算》とは何か
/9 数理モデリングと生命科学
/10 線形代数の考え方
/11 統計物理が拓く数理科学の世界
/12 離散数学に親しむ

2022年/1 普遍的概念から拡がる物理の世界
/2 テンソルネットワークの進展
/3 ポテンシャルを探る
/4 マヨラナ粒子をめぐって
/5 微積分と線形代数
/6 集合・位相の考え方
/7 宇宙の謎と魅力
/8 複素解析の探究
/9 数学はいかにして解決するか
/10 電磁気学と現代物理
/11 作用素・演算子と数理科学
/12 量子多体系の物理と数理

2023年/1 理論物理に立ちはだかる「符号問題」
/2 極値問題を考える
/3 統計物理の視点で捉える確率論
/4 微積分から始まる解析学の厳密性
/5 数理で読み解く物理学の世界
/6 トポロジカルデータ解析の拡がり
/7 代数方程式から入る代数学の世界
/8 微分形式で書く・考える
/9 情報と数理科学
/10 素粒子物理と物性物理
/11 身近な幾何学の世界
/12 身近な現象の量子論

2024年/1 重力と量子力学

SGC ライブラリ-188

重力理論解析への招待

古典論から量子論まで

泉 圭介 著

サイエンス社

SGC ライブラリ（The Library for Senior & Graduate Courses）

近年，特に大学理工系の大学院の充実はめざましいものがあります．しかしながら学部上級課程並びに大学院課程の学術的テキスト・参考書はきわめて少ないのが現状であります．本ライブラリはこれらの状況を踏まえ，広く研究者をも対象とし，**数理科学諸分野および諸分野の相互に関連する領域**から，現代的テーマやトピックスを順次とりあげ，時代の要請に応える魅力的なライブラリを構築してゆこうとするものです．装丁の色調は，

数学・応用数理・統計系（黄緑），**物理学系**（黄色），**情報科学系**（桃色），

脳科学・生命科学系（橙色），**数理工学系**（紫），**経済学等社会科学系**（水色）

と大別し，漸次各分野の今日的主要テーマの網羅・集成をはかってまいります．

※ SGC1～130 省略（品切含）
また，表示価格はすべて税抜きです．

131 超対称性の破れ
大河内豊著　本体 2241 円

133 新講 量子電磁力学
立花明知著　本体 2176 円

134 量子力学の探究
仲滋文著　本体 2204 円

135 数物系に向けたフーリエ解析とヒルベルト空間論
廣川真男著　本体 2204 円

136 例題形式で探求する代数学のエッセンス
小林正典著　本体 2130 円

137 経路積分と量子解析
鈴木増雄著　本体 2222 円

138 基礎物理から理解するゲージ理論
川村嘉春著　本体 2296 円

139 ブラックホールの数理
石橋明浩著　本体 2315 円

140 格子場の理論入門
大川正典・石川健一 共著　本体 2407 円

141 複雑系科学への招待
坂口英継・本庄春雄 共著　本体 2176 円

143 ゲージヒッグス統合理論
細谷裕著　本体 2315 円

145 重点解説 岩澤理論
福田隆著　本体 2315 円

146 相対性理論講義
米谷民明著　本体 2315 円

147 極小曲面論入門
川上裕・藤森祥一 共著　本体 2083 円

148 結晶基底と幾何結晶
中島俊樹著　本体 2204 円

151 物理系のための複素幾何入門
秦泉寺雅夫著　本体 2454 円

152 粗幾何学入門
深谷友宏著　本体 2320 円

154 新版 情報幾何学の新展開
甘利俊一著　本体 2600 円

155 圏と表現論
浅芝秀人著　本体 2600 円

156 数理流体力学への招待
米田剛著　本体 2100 円

158 M 理論と行列模型
森山翔文著　本体 2300 円

159 例題形式で探求する複素解析と幾何構造の対話
志賀啓成著　本体 2100 円

160 時系列解析入門 [第 2 版]
宮野尚哉・後藤田浩 共著　本体 2200 円

162 共振器量子電磁力学
越野和樹著　本体 2400 円

163 例題形式で探求する集合・位相
丹下基生著　本体 2300 円

165 弦理論と可積分性
佐藤勇二著　本体 2500 円

166 ニュートリノの物理学
林青司著　本体 2400 円

167 統計力学から理解する超伝導理論 [第 2 版]
北孝文著　本体 2650 円

169 テンソルネットワークの基礎と応用
西野友年著　本体 2300 円

170 一般相対論を超える重力理論と宇宙論
向山信治著　本体 2200 円

171 気体液体相転移の古典論と量子論
國府俊一郎著　本体 2200 円

172 曲面上のグラフ理論
中本敦浩・小関健太 共著　本体 2400 円

173 一歩進んだ理解を目指す物性物理学講義
加藤岳生著　本体 2400 円

174 調和解析への招待
澤野嘉宏著　本体 2200 円

175 演習形式で学ぶ特殊相対性理論
前田恵一・田辺誠 共著　本体 2200 円

176 確率論と関数論
厚地淳著　本体 2300 円

177 量子測定と量子制御 [第 2 版]
沙川貴大・上田正仁 共著　本体 2500 円

178 空間グラフのトポロジー
新國亮著　本体 2300 円

179 量子多体系の対称性とトポロジー
渡辺悠樹著　本体 2300 円

180 リーマン積分からルベーグ積分へ
小川卓克著　本体 2300 円

181 重点解説 微分方程式とモジュライ空間
廣恵一希著　本体 2300 円

182 ゆらぐ系の熱力学
齊藤圭司著　本体 2500 円

183 行列解析から学ぶ量子情報の数理
日合文雄著　本体 2600 円

184 物性物理とトポロジー
窪田陽介著　本体 2500 円

185 深層学習と統計神経力学
甘利俊一著　本体 2200 円

186 電磁気学探求ノート
和田純夫著　本体 2650 円

187 線形代数を基礎とする応用数理入門
佐藤一宏著　本体 2800 円

188 重力理論解析への招待
泉圭介著　本体 2200 円

まえがき

アインシュタインによって一般相対性理論が提唱されたのは，百年余り前のことです．一般相対性理論により宇宙が進化していることが明らかになり，宇宙の進化を記述する宇宙論により，その進化の詳細が研究されてきました．一方，2015 年，LIGO-VIRGO collaboration により重力波が直接的に検出され，強重力場においても一般相対性理論が高精度で成り立つことが確かめられました．一般相対性理論は，重力を記述する標準理論として確固たる地位を築いた理論と言って過言ではないでしょう．

しかしながら，残念なことに一般相対性理論は繰り込み可能な理論ではないため，そのままでは量子化できません．膨張宇宙の進化を過去に辿ったとき，宇宙の大きさがほぼ零になる時間が現れます．宇宙の誕生と思われるこの時刻においては，宇宙の大きさが小さく，また高エネルギー状態になっているため，重力も量子的に考えなければなりません．そのため，重力を量子化した理論，つまり，量子重力理論を構築することが熱望されています．

重力を量子化する試みは多数ありますが，現状，誰もが認める量子重力理論は存在しません．現在，量子重力理論の最有力候補である超弦理論を筆頭に，様々な量子重力理論が提案され，解析されています．そういった量子重力理論が我々の現実を記述する究極理論であるならば，我々が観測で知っている宇宙の姿や加速器実験等の素粒子実験を再現するはずです．しかし，超高エネルギーの物理を記述する超弦理論などを用いて，それと比較して低エネルギーである観測・実験結果を理論的に導くことは難しく，それらの量子重力理論が現実を記述していると皆が納得する証拠はまだ見つかっていません．

高エネルギー物理理論を構築するにあたり，物理理論をすべて見通す天才的な発想をするのではなく，もう少し謙虚に今までの解析手法を復習し，問題点を炙り出すことが重要であるかもしれません．物理現象に隠れる数理をすべて見通す神の視点で究極理論を構築することに憧れる方は多いかもしれません．しかし，現実的に一つずつ問題を解決することのほうが，究極理論に着実に近づく方法であるかもしれません．

本書では，このような視点に立ち，重力理論解析に役立ちそうな手法を集めました．特に，他の教科書等ではあまり見ない内容を中心にまとめています．大学の学部生の授業や修士 1 年で習う内容，特に他の教科書等で一般的に書かれている内容は割愛しています．割愛した内容は，解析力学や場の量子論の教科書であればどの教科書でも書いてあるような内容であるため，状況に応じて読者が普段使用しているそれらの教科書を参考にしながら読み進めていただければと思います．各章は独立した内容になっているため，知りたい内容の章だけを抜粋して読むことができます．

本書の内容は，多くの方との共同研究や，研究コミュニティー内の交流から得られた知識に基づいています．共同研究者の方々や，議論に付き合っていただいた研究者の皆様に，あらためて感謝を申し上げます．名古屋大学大学院理学研究科の博士学生の沼尻光太さんには，原稿において説明不足である箇所を学生の視点から指摘していただきました．ここに感謝の意を表します．原稿の完成を辛抱強く待ってくださったサイエンス社の大溝良平氏に，お礼申し上げます．最後に，家族の日々のサポートに，この場を借りて感謝いたします．

2023 年 10 月

泉 圭介

目　次

第 1 章
因果構造解析

時間発展問題は，物理学で扱う基礎的問題の一つである．偏微分方程式で書かれる運動方程式の構造から，ある時間一定面のある領域を初期条件として解いた運動方程式の解が一意に決まる時空領域が定まる．また，解が一意に定まる時空領域の境界を見つけることで，高エネルギー極限で物理モードが伝搬する方向についての情報を得ることができる．この章では，解が一意に定まる時空領域の見つけ方や因果構造解析について説明する．

1.1 因果構造解析とは

物理学で重要となる解析の対象として，「ある初期条件が与えられたとき，どのような結果が完全に予言されるか？」という問いを考えることがある．この問題を時空的観点から捉えると，「ある時刻一定面上のある空間的領域に初期条件を完全に与えた際，どの時空領域においてすべての物理現象が唯一に定まるか？」という問題と考えられるであろう．時間発展を解く問題は**コーシー問題**と呼ばれ，上で示した問題は「コーシー問題が唯一に解ける領域はどこであるか？」という問題とも言える．

時空上の異なる 2 点間の時間発展による関係付けを**因果律**と呼び，点ごとの因果律を集め，時空間全体における因果律の関係を調べることを因果構造解析と呼ぶ．2 点間の因果律は，その 2 点を繋ぐある世界線を考えたときその世界線上を物理情報が伝搬することができるか，つまり，世界線上に伝搬モードが存在するかで決まる．2 点を繋ぐ物理情報が伝搬が存在するとき，その 2 点間は因果的であるという．一方，コーシー問題の**解の唯一性**の問題は，ある時刻一定面を初期面とし，初期面上のある領域に初期条件を与えた際に，その未来に存在する点の物理状態を唯一に決定することができるかを調べる問題である．過去に与えた初期条件から未来の時空点での物理現象を特定することは，初期面とその未来に存在する点の間の因果律に関する問題であり，物理伝搬モードと関係する．したがって，コーシー問題を考えて解の唯一性を満たす領域を求めることで，**物理的伝搬モード**の情報を得ることができる．

一方で，コーシー問題の解の唯一性はブラックホールの定義と深く関わっている．**ブラックホール**は未来の時間無限遠の点と因果関係を持たない領域として定義されるため*1)，コーシー問題の解の唯一性の議論からその領域を特定することができる．実際，一般相対性理論を考えて，さらに物質の最高速度が光の速さを超えないとすると，ブラックホールの地平線はある時刻一定領域からの時間発展によって解が唯一に定まる領域の境界面となる．

時空の因果構造解析は，多くの一般相対性理論の教科書で説明されている．因果律はある世界線に対してその上を物理情報が伝搬する物理伝搬が存在するかどうかで決まるため，本来は任意の物理伝搬を考えないといけない．しかし，通常の因果構造解析では光的（null）曲線の振舞いのみを解析して因果構造を調べる．それが正当化される理由は，通常の物理理論では一番速い伝搬自由度が光的方向に進むことにある．質量のない粒子は，光的方向に進む．そして，質量のある粒子は光より遅い速さで進む．そのため，すべての粒子は時空の中で光的方向が作る円錐の内側もしくは表面を通る．したがって，物理情報が伝搬する物理伝搬が存在するかどうかの境界は光的曲線の振舞いのみで決まり，光的曲線のみを用いた因果構造が正当化されるのである．

しかし，もし光より速い伝搬が存在したら，どうすればよいのであろうか？物理理論を考える際，通常は光より速い伝搬は通常考えないため，このような問いは無意味なように感じるかもしれない．しかし，重力場が存在する中で重力による量子補正効果を考えると，一般に光より速い伝搬が現れることが知られている．このような光より速い伝搬を，総じて**超光速伝搬**と呼ぶ．例えば，曲がった時空上でのゲージ場の量子論を考えると，古典有効作用に $R_{\mu\nu\alpha\beta}F^{\mu\nu}F^{\alpha\beta}$ のような曲率とゲージ場の相互作用が現れ，この項はゲージ場伝搬を超光速にすることがある．このような場合，光的曲線はもはや一番速い伝搬を表しておらず，光的曲線の振舞いのみで因果構造を解析することはできない．

超光速伝搬が存在する理論では，ブラックホールの定義などは慎重に行われないといけない．通常，ブラックホールは一般相対性理論の因果構造解析方法に従って光的曲線を用いて定義されることが多い．しかし，「無限未来と因果的に関係しない領域」というブラックホールの定義に立ち戻ると，超光速伝搬が存在する理論では光的曲線を用いた解析はブラックホール領域を正しく与えることはない．ブラックホール領域を特定するためには，最高速の伝搬を用いて因果構造解析を行わなければならない．

一方，以上の**物理的伝搬自由度**と因果構造の議論を逆に考えると，因果律の

---

*1) 詳しくは，他の教科書（[1] など）を参照いただければよい．

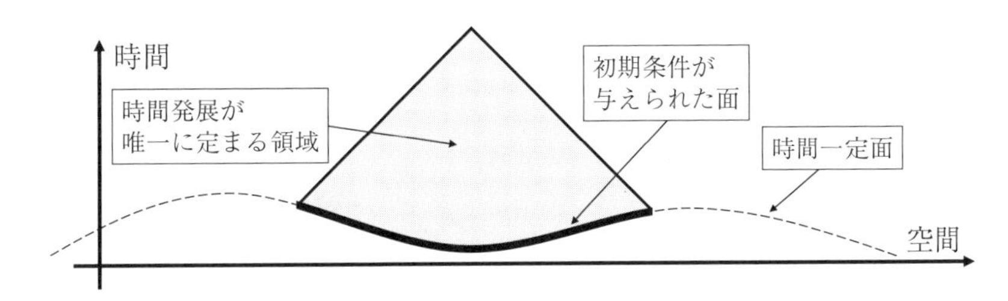

図 1.1　光円錐を基に導き出した時間発展が唯一に解ける領域．縦軸が時間方向，横軸が空間方向である．点線はある時間一定面を表している．この時間一定面上の一部の領域（太い実線）上に初期条件を過不足なく与えたとする．そのとき，灰色の領域において，時間発展が唯一に決まる．理論に現れる最高速が光速であるときは，この領域の境界は光的な面になる．

境界がわかれば最高速の物理情報の伝搬を読み取ることができる．その物理的伝搬自由度を見つけることで，理論に存在する場の動的自由度を特定することができ，場の自由度の数を特定することができる．また，因果構造の破れは量子論的不安定性と関係するため，**伝搬モード**の局所的構造を因果構造解析から読み取ることで，量子論的不安定性を議論することができる．

1.2　直感的理解

物理現象の状態を時々刻々にわたり調べる**時間発展問題**は，物理学が扱う重要な解析対象の一つである．物理理論において，これは偏微分方程式を解くことに対応する．偏微分方程式は一般に，変数領域においてその境界に境界値を過不足なく固定することで，解が唯一に定まる．時間発展問題ではこの境界は時間一定面に対応する．つまり，運動方程式に対して，それに対応する物理状態を時間一定面において過不足なく決めることで，その先の時間発展が唯一に定まる．

この章で扱う因果構造解析の概要を図 1.1 に示す．まず，時空内に**時間一定面**を指定する．この時間一定面を初期時刻面と呼ぶ（図の破線部分と太線部分）．この時間一定面のうち，ある領域を取る（図の太線部分）．この領域の物理状態を**場の自由度**の数だけ独立に与えることで，この領域上に完全な「初期条件」を与えたことになる．今，完全な初期条件が与えられたとすると，初期条件が与えられた近傍では解が唯一に決まるであろう．一方で，初期条件が定まっていない**初期時刻面**（図の破線部分）近傍では，解を固定するための情報がないため，解は一意に定まらない．解が唯一に決まる領域と決まらない領域があり，その境界があるはずである．この境界を求めることが，本章の主題である．

時間発展が唯一に決まる領域は，光速が最高速となる通常の理論では光的な

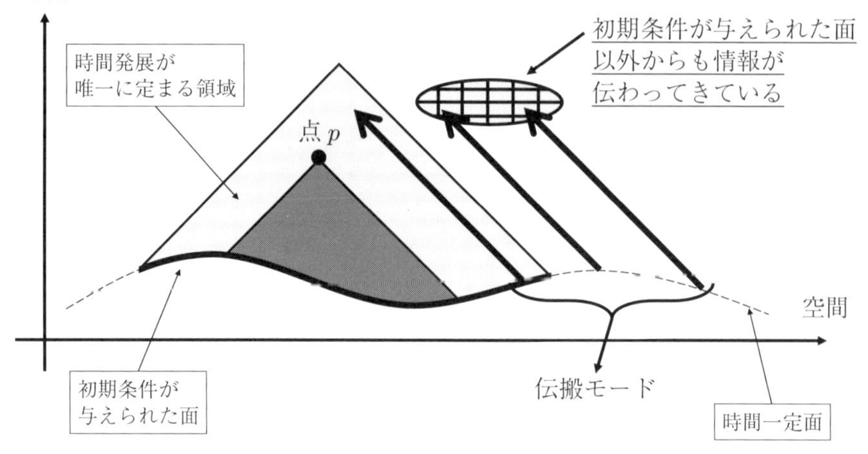

図 1.2　伝搬モードと因果構造の境界の関係．図 1.1 に伝搬モードの情報を書き込んだ図である．左上に伸びる矢印は，ある物理的モードによる情報伝搬を表している．右上の網がかった領域には初期情報が与えられた面の外側から物理的モードによる情報伝搬が伝わっており，初期情報が与えられた面の外側での物理状態に依存する．したがって，初期情報が与えられた面の情報のみでは右上の網がかった領域の物理状態は唯一に定まらない．一方，点 p にたどり着くすべての情報は点 p 下の濃い灰色の領域のみから伝わる．濃い灰色の領域は過去にさかのぼると，どのように過去にさかのぼっても初期情報が与えられた面と交わる．そのため，初期情報が与えられた面に必要な情報をすべて与えると，点 p の物理状態は唯一に定まる．

面になる．しかし，超光速伝搬が存在する理論では光的曲線を基に定義した光的な面は**時間発展が唯一に決まる領域**の境界に対応しない．偏微分方程式に立ち戻り，その性質を調べることで，時間発展問題が唯一に解けなくなる境界を見つけることを試みよう．

時間発展が唯一に解けなくなる境界は，最高速度の伝搬と関係する．図 1.2 を用いて説明しよう．ある時間一定面内にの一部に初期条件を完全に与え，時間発展問題がどこまで解けるかを考える．ある伝搬モードに注目しよう．初期値より未来に存在するある領域を考えて，そこにその伝搬モードが伝搬しているとする．このとき，もしその伝搬モードが初期条件を与えていない時間一定面の領域から届いていたとする．すると，その伝搬モードの大きさなどは，初期条件を与えていない領域にどのような情報を与えるかに依存する．そのモードは今考えている未来に存在する領域に到達するため，その領域の物理量は一つに定まらない．つまり，考えている未来の領域と初期条件を与えていない時間一定面の領域が伝搬モードにより結ばれると，その未来の領域の領域の物理は一つに定まらない．すなわち，初期条件を与えていない時間一定面の領域から伝搬モードで繋ぐことができる領域の物理状態は唯一に定まらない．初期条件を与えていない時間一定面の領域から伝搬モードが届く範囲の境界は，その領域の境界から**最高速モード**が伝搬するところになる．一方で，図 1.2 の点 p を考えてみよう．この点から過去向きにモードを飛ばしたとき，モードが届く領域は図 1.2 の濃い灰色の領域である．その境界は，過去に向けて点 p からできるだけ離れようとする方向にあり，つまり，点 p から最高速で過去向きに離れようとする方向である．これは，**最高速の伝搬**に対応する．点 p から，過去に辿った灰色の領域は，どのように過去に辿っても最終的に初期条件を完全に与えた領域にたどり着く．つまり，点 p にたどり着くモードはすべて初期条件を完全に与えた領域を通っている．初期条件を完全に与えるということは，伝搬モードの情報を非線形まで含めてすべて特定したことになり，それら伝搬モードのみで構成される点 p の物理状態は唯一に定まる．したがって，点 p の物理状態は唯一に定まるのである．これらの事実をまとめると，時間発展により物理状態が唯一に決まるところと決まらないところの境界に最高速の伝搬が乗っているはずである．

摂動解析による伝搬モードの解析では，伝搬モード自身が背景場に与える影響（バックリアクション）の効果を取り入れることはできない．例えば，一般相対性理論において重力波の伝搬を考えたとき，摂動計算では背景時空上の因果構造を考える．つまり，背景時空上の光的面を因果構造の境界とみる．しかし，重力波を加えたものが実際の時空計量であり，因果構造は重力波を加えた実際の時空計量の光的面であるはずである．この章で与える因果構造解析は完全非線形の解析であり，考えている伝搬からのバックリアクションを完全に取り入れた解析を可能にする．

本書では，物理学的な考えに従って，時間発展が唯一に解けない領域の境界を見つける方法を与える．そして，その結果を基にして，物理モードの伝搬方向などを特定していこう．しかしながら，本来の厳密な数学的議論では，考え方は全く逆であることを注意しておく．数学的な議論では偏微分方程式から始め，1 階微分形式に移り，伝搬モードの方向（**特性曲線**）を特定する．そして，その物理的伝搬モードを表す特性曲線が，偏微分方程式の解が唯一でなくなる境界になっていることが偏微分方程式からわかるのである．数理的には本来は，このような理解が正しい．これらの数理的に厳密な方法を知りたい読者は，例えば [2] などを参考にするとよい．本書では物理学の教科書らしく，物理的直感に従った解析手法やその解釈を与えることにする．特に，細かな数理を省くことで，（数理的な厳密性は犠牲になるが）物理学を学ぶ学生に理解しやすい形で説明を進めることにする．

1.3 特性曲面の見つけ方

前節で，因果構造の境界が，微分方程式が一意に解けなくなる境界面と対応することを説明した．では，そのような境界面は具体的にどのような解析で求まるのであろうか．この節では，その具体的解析手法を説明する．

1.3.1 節ではまず，時間発展が唯一に定まらない状況はどのような場合に起こるかを，簡単な常微分方程式を例に説明する．常微分のみで表された時間発展方程式を考えるため，空間方向が存在しない $(1+0)$ 次元（時間 1 次元，空間 0 次元）の理論（解析力学）を考えることになる．この場合，空間方向が存在しない理論を考えるため時間発展問題が唯一に解けない領域の境界面という概念はなくなる．しかし，時間発展が解りなくなる要因は空間方向を導入した偏微分方程式の理論と同じである．常微分方程式を考えることで解析が簡単になり，時間発展の唯一性がなくなる物理的本質が理解しやすくなるであろう．

1.3.2 節と 1.3.3 節では空間方向を導入し，1.3.1 節の解析手法を場の理論に応用する．1.3.2 節では，場の数が 1 つの場合に関して 1.3.1 節の考えを場の理論に拡張する．その後，1.3.3 節では場の数が複数ある場合を考える．場の数が複数ある理論への拡張はほとんどの場合は問題なく行われるが，**特性行列**と呼ばれる行列が縮退するときは注意が必要である．特性行列が縮退するときにどのような問題が起こるかを 1.3.3 節の後半で示す．特性行列縮退の問題を解決するためには，ある特別な処方が必要となる．その処方を 1.3.5 節で与える．特別な処方が必要な理論においては，しばしば解析が煩雑になる．その煩雑さは，新たな場を導入することで運動方程式を 1 階偏微分方程式に書き直すことにより，いくらか緩和される．（これは，数学的に厳密な解析[2]で行われている形に変形することに対応する．そのため数理構造が見やすい形になり，厳密な解析を行うことが可能になる．）1 階偏微分方程式へ書き直す方法を 1.3.4 節で紹介する．

次節（1.4 節）では，ここで示した手法を用いて，具体的な物理理論の因果構造解析を紹介する．

1.3.1　0 次元空間での解析

因果構造は時空上で情報が伝わる範囲を求める問題であるので，空間的な広がりがない 0 次元空間の物理（解析力学）を考えることは意味のないことに思うかもしれない．しかし，今扱っている問題を因果構造が微分方程式が一意に解けなくなるところを探す問題として捉えると，0 次元空間の問題を考えることは意味がある．空間的広がりのない 0 次元空間では，物理変数は時間のみに依存し，発展方程式は常微分方程式になる．偏微分方程式と比べて，常微分方程式は解析が簡単になる．そのため，直感的理解が得やすい．

ここでは簡単のため，扱う物理変数が一つの場合を考えてみよう．物理変数 $\phi(t)$ に対して，以下の運動方程式が与えられたとする．

$$
\begin{aligned}
&F_1[\phi(t), \phi^{(1)}(t), \cdots, \phi^{(n-1)}(t); t]\phi^{(n)}(t) \\
&\qquad + F_2[\phi(t), \phi^{(1)}(t), \cdots, \phi^{(n-1)}(t); t] = 0.
\end{aligned} \tag{1.1}
$$

ここで，$\phi^{(k)}(t)$ は，$\phi(t)$ の t についての k 階微分を表すものとする．F_1 と F_2 は，$\phi(t)$ の 0 階微分から $(n-1)$ 階微分までの任意の関数とする．また，時間 t に陽に依存していて構わない．ϕ の n 階微分 $\phi^{(n)}(t)$ は第一項にのみ現れ，また，$\phi^{(n)}(t)$ に関して 1 次である．このような式を，**n 階の準線形微分方程式**と呼ぶ．以降，このような準線形微分方程式しか扱わないこととする*2)．

この運動方程式 (1.1) を解くことを考えよう．イメージをつかみやすいようにするため，数値計算で行うように方程式を離散化し，近似的に解くことを考える．つまり，初期時間 $t = t_0$ で初期条件を与え，その初期条件を基に初期値から微小時間 Δt だけ進んだ $t = t_0 + \Delta t$ での変数の値を求め，それを基に $t = t_0 + 2\Delta t$ での変数の値，$\cdots$，と順に求めていくことを考える．つまり，時間微分 $(d/dt)f(t)$ を $(f(t+\Delta t) - f(t))/\Delta t$ と置き換え，差分方程式で書き，近似的に方程式を解くことを考える．微分方程式の解は，微分の定義から，時間ステップ Δt を 0 にする極限を取ることで得られる．

今，扱っている微分方程式は n 階微分方程式であるため，微分方程式を解くためには n 個の積分定数に対応する n 個の初期条件を与える必要がある．ここでは，初期時刻 t_0 で $(n-1)$ 階微分までの値，$\phi(t_0), \phi^{(1)}(t_0), \cdots, \phi^{(n-1)}(t_0)$ を与え，離散化した微分方程式を解くことを考える．

では，$\phi(t_0+\Delta t), \phi^{(1)}(t_0+\Delta t), \cdots, \phi^{(n-1)}(t_0+\Delta t)$ がどのような値になるか考えよう．微分の定義を近似的な差分方程式で書くと，

$$\phi^{(k+1)}(t_0) \simeq \frac{\phi^{(k)}(t_0+\Delta t) - \phi^{(k)}(t_0)}{\Delta t} \tag{1.2}$$

と表せる．見通しをよくすべく式 (1.2) を

$$\phi^{(k)}(t_0+\Delta t) \simeq \phi^{(k)}(t_0) + \phi^{(k+1)}(t_0)\Delta t \tag{1.3}$$

と変形し，式 (1.3) で考えてみたい．$0 \le k \le n-2$ の場合，式 (1.3) の右辺は初期条件で与えられている．そのため，左辺，つまり $t = t_0 + \Delta t$ での値は唯一に決まる．一方，$k = n-1$ に関しては，右辺第 2 項の $\phi^{(k+1)}(t_0)(= \phi^{(n)}(t_0))$ が初期条件で与えられていないため，右辺は初期条件の値のみでは決まらない．右辺第 2 項に現れる $\phi^{(n)}(t_0)$ は，運動方程式 (1.1) を解くことで得られる．運動方程式 (1.1) は，$t = t_0$ で $F_1 \neq 0$ であれば，

$$\phi^{(n)}(t_0) = -\frac{F_2[\phi(t_0), \phi^{(1)}(t_0), \cdots, \phi^{(n-1)}(t_0), t_0]}{F_1[\phi(t_0), \phi^{(1)}(t_0), \cdots, \phi^{(n-1)}(t_0), t_0]} \tag{1.4}$$

*2) 物理理論には，運動方程式が最高階微分について線形になっていない理論もある．このような理論は，運動方程式に偏微分を作用させることで，微分階数が 1 つ多くなった準線形微分方程式が得られる．例えば n 階非線形偏微分方程式があったとすると，それに偏微分を作用させた式は $(n+1)$ 階微分について線形となり，$(n+1)$ 階の準線形微分方程式が得られる．

と変形できる．この式の右辺は初期条件 $\phi(t_0)$, $\phi^{(1)}(t_0)$, $\cdots$, $\phi^{(n-1)}(t_0)$ のみで書かれているため唯一に定まり，つまり $\phi^{(n)}(t_0)$ が唯一に決まることを意味する．$\phi^{(n)}(t_0)$ が唯一に決まれば，$k=n-1$ での差分方程式 (1.3) の右辺が唯一に決まり，$\phi^{(n-1)}(t_0+\Delta t)$ の値が決まる．

今，$t=t_0+\Delta t$ での $(n-1)$ 階微分までの値，$\phi(t_0+\Delta t)$, $\phi^{(1)}(t_0+\Delta t)$, $\cdots$, $\phi^{(n-1)}(t_0+\Delta t)$ の値が唯一に決まった．$t=t_0+2\Delta t$ での値は，同様なことを行うことで得られ，これを随時繰り返すことで，$F_1\neq 0$ である限り唯の解が構成される．

しかし，ある時間で $F_1=0$ となると運動方程式 (1.1) を $\phi^{(n)}$ について解くことができず，$\phi^{(n)}$ の値は定まらない．これは，次の時間ステップの $\phi^{(n-1)}$ が決まらないことを意味する．つまり，$F_1=0$ となる時間から先については，解が一意に定まらないことを意味する．これは，まさしく我々が探していた，それ以降時間発展が唯一に定まらないという時間である．

1.3.2 時空での解析

では，1.3.1 節の解析を，空間方向を導入した偏微分方程式の場合に拡張してみよう．基本的な考え方は 1.3.1 節で行ったものと同じである．この小節でも，まずは簡単な場合を理解するため，扱う物理変数が一つの場合を考えよう．物理変数が複数ある場合は 1.3.3 節で扱う．

物理変数 ϕ に対して，以下のような運動方程式を考える．

$$\begin{aligned}F^{\mu_1\cdots\mu_n}[\phi,\phi^{(1)},\cdots,\phi^{(n-1)};x^\mu]\partial_{\mu_1}\cdots\partial_{\mu_n}\phi\\+G[\phi,\phi^{(1)},\cdots,\phi^{(n-1)};x^\mu]=0.\end{aligned}\tag{1.5}$$

ここで，$\phi^{(k)}$ は ϕ の k 階偏微分項すべてを表していることとする．つまり，$F^{\mu_1\cdots\mu_n}$ や G は ϕ や ϕ の $(n-1)$ 階偏微分までの関数である．また，$F^{\mu_1\cdots\mu_n}$ や G は，時空の座標値 x^μ に依存していてもよい．ϕ の最高階微分の階数は n であり，式 (1.5) は n 次の項に対して線形である．このような偏微分方程式を，**n 階準線形偏微分方程式**と呼ぶ．

1.3.1 節同様，この微分方程式の**時間発展問題**を考えてみよう．時間発展問題は，時空内にある時刻一定面 Σ_0 を取り，その一定面上に十分な初期条件を与えることで得られる．今，n 次の微分方程式を考えているので，初期面 Σ_0 上に n 個の初期条件を与えればよい．n 個の初期条件は初期面 Σ_0 上の関数であるはずで，初期面 Σ_0 からはみ出す方向に ϕ 微分を微分したものとなる．初期面 Σ_0 からはみ出す方向への微分を記述するため，Σ_0 からはみ出す（つまり，Σ_0 上に存在しない）方向に向いているベクトル ξ^μ を導入する．そして，ξ^μ 方向への微分を考えよう*3)．そして，ξ^μ に双対なベクトル ζ_μ を $\xi^\mu\zeta_\mu=1$

*3) ξ^μ として，しばしば Σ_0 に直交するベクトルが選ばれる．Σ_0 が時間的，もしくは空

となるように導入する*4)．ここで，**射影テンソル**

$$\top^{\mu}{}_{\nu} := \delta^{\mu}{}_{\nu} - \xi^{\mu}\zeta_{\nu} \tag{1.6}$$

を導入しよう．この射影テンソル $\top^{\mu}{}_{\nu}$ を導入することで，以下のように，任意のベクトルやテンソルを ξ^{μ} 方向と Σ_0 に接する方向に分解することができる．

任意の下付き添え字のベクトル V_{μ} に対して，ξ^{μ} との内積が 0 となる成分を $V_{/\!/\mu}$ $(\xi^{\mu}V_{/\!/\mu} = 0)$ と書くことにする．一方，ζ_{μ} に平行な成分を $V_{\perp\mu}$ $(\top^{\mu}{}_{\nu}V_{\perp\mu} = 0)$ と書く．$V_{/\!/\mu}$ と $V_{\perp\mu}$ はそれぞれ $\top^{\mu}{}_{\nu}, \xi^{\mu}\zeta_{\nu}$ を作用することで得られる．つまり，

$$V_{/\!/\mu} = \top^{\nu}{}_{\mu}V_{\nu}, \tag{1.7a}$$

$$V_{\perp\mu} = \zeta_{\mu}\xi^{\nu}V_{\nu}(:= \zeta_{\mu}V_0) \tag{1.7b}$$

である．$V_{/\!/\mu}$ と $V_{\perp\mu}$ が $\xi^{\mu}V_{/\!/\mu} = 0$ と $\top^{\mu}{}_{\nu}V_{\perp\mu} = 0$ を満たすことは，$V_{/\!/\mu}$ や $V_{\perp\mu}$ に ξ^{μ} や $\top^{\mu}{}_{\nu}$ を作用させることで容易に確かめることができる．また，任意のベクトル V_{μ} は，$V_{/\!/\mu}$ と $V_{\perp\mu}$ を用いて，

$$V_{\mu} = (\delta^{\nu}_{\mu} - \xi^{\nu}\zeta_{\mu} + \xi^{\nu}\zeta_{\mu})V_{\nu} = \top^{\nu}{}_{\mu}V_{\nu} + \xi^{\nu}\zeta_{\mu}V_{\nu} = V_{/\!/\mu} + V_{\perp\mu} \tag{1.8}$$

となる．このことから，$\top^{\mu}{}_{\nu}$ がベクトル V_{μ} を ξ^{μ} に垂直な成分へ射影するテンソルになっていることがわかる．下付き添え字のベクトル V_{μ} と ξ^{μ} との内積を $V_0(:= \xi^{\nu}V_{\nu})$ と書くことにする．

上付き添え字のベクトルも同様に分解でき，

$$V^{\mu}_{/\!/} = \top^{\mu}{}_{\nu}V^{\nu}, \tag{1.9a}$$

$$V_{\perp}{}^{\mu} = \xi^{\mu}\zeta_{\nu}V^{\nu}(:= \xi^{\mu}V^0) \tag{1.9b}$$

と表すことにする．ここで，上付き添え字のベクトル V^{μ} と ζ_{μ} との内積を $V^0(:= \zeta_{\mu}V^{\mu})$ と書いた*5)．テンソルの場合も同様に，ξ^{μ} や ζ_{μ} と内積を取っ

間的な面である場合はそのように選んでよい．そのとき，Σ_0 面を表す基底とともに直交基底を取ることができるため，計算が楽になる．しかし一方，Σ_0 が光的になる場合は注意が必要である．Σ_0 が光的な場合，Σ_0 に直交するベクトルは Σ_0 上に存在するため，そのベクトルは「Σ_0 からはみ出す」という条件を満たさなくなる．Σ_0 が時間的，空間的もしくは光的であるかどうかを指定しない場合は Σ_0 が光的である可能性があるのでこの点に注意して ξ^{μ} を選ぶ必要がある．特に，通常の理論では因果構造の境界は光的になるため，ξ^{μ} を面に直交する方向に選んでしまうと間違った解析をしてしまうことになるので注意しよう．

*4) ζ_{μ} は本来，**余接ベクトル**と呼ぶべきである．今の解析では余接ベクトルは計量を通してベクトルと関係付いているとする．**ベクトル**と余接ベクトルは添え字の上付き下付きで表現し，物理学ではそれらの呼び方を区別せず，単にベクトルと呼ぶことが多い．本書でも，ベクトルと余接ベクトルをともにベクトルと書くことにする．

*5) ここで，$\top^{\nu}{}_{\mu}$ を作用させたものに $/\!/$ の記号を付けたのは，特に下付き添え字の場合は考えている時空内の面 Σ_0 上に平行なベクトルを表しているからである．一方，$\perp$ の記号を付けたベクトルは上付き添え字の場合は Σ_0 上に平行なベクトルに直交している．

た成分を，それぞれ下付きの 0 や上付きの 0 の添え字で表すことにする．

今，**初期時刻面** Σ_0 を座標 t が一定（$t=t_0$）の面となるように時間座標 t を導入しよう．そして，t 以外の座標が一定になる曲線の接ベクトルが Σ_0 で ξ^μ と一致するように座標を張ることにする．つまり，$\xi^\mu=(\partial/\partial t)^\mu$ となるように座標を取る．このとき，ξ^μ に双対ベクトル ζ_μ は $(dt)_\mu$ と取れる．これは，ζ_μ が Σ_0 に直交していることを表している．

初期時刻面 Σ_0 をベースにした時空の分解ができたので，これを基に偏微分を Σ_0 からはみ出す方向（ξ^μ 方向）への微分と Σ_0 に平行な方向（$\top^\mu{}_\nu$ で射影された方向）への微分に分解しよう．$\top^\mu{}_\nu$ で射影された空間の成分を表す添え字を，アルファベット（$i,j,k,\cdots$）で表すことにする．つまり，例えばベクトル V^μ は (V^0,V^i)，ベクトル V_μ は (V_0,V_i) と分解される．運動方程式 (1.5) は n 階微分方程式であるため，各点で n 個の初期条件が必要となる．物理変数 ϕ に対して，その値と ξ^μ 方向微分に対して $(n-1)$ 階までの値を初期条件として与えることで，必要十分な初期条件が与えられる．つまり，ϕ, $\partial_0\phi$, $(\partial_0)^2\phi$, $\cdots$, $(\partial_0)^{n-1}\phi$ の値を初期時刻面 Σ_0 上のすべての点で与えればよい．

では，この初期条件を基に，初期面から微小時間（Δt）だけ進めた面（$t=t_0+\Delta t$ で表される面）での ϕ, $\partial_0\phi$, $(\partial_0)^2\phi$, $\cdots$, $(\partial_0)^{n-1}\phi$ の値を導き出そう．1.3.1 節で行ったように，微分方程式を差分方程式に近似することで，イメージが付きやすくなる．ξ^μ 方向に少し進んだ場所の $(\partial_0)^k\phi$ は $0\le k\le n-2$ であれば，1.3.1 節同様に初期条件から求まる．差分方程式が解けるかどうかは，ξ^μ 方向に少し進んだ場所の $(\partial_0)^{n-1}\phi$ が定まるかどうかである．1.3.1 節の議論同様，これは運動方程式 (1.5) の構造に依存している．

差分方程式 (1.3) から（ただし，$\phi^{(k)}$ を $(\partial_0)^k\phi$ と読み替える必要がある．），ξ^μ 方向に少し進んだ場所の $(\partial_0)^{(n-1)}\phi$ を求めるためには初期面 Σ_0 上の $(\partial_0)^n\phi$ の値が必要であることがわかる．これは，運動方程式 (1.5) を解くことで得られる．どのようなときに，運動方程式 (1.5) が $(\partial_0)^n\phi$ の値を唯一に定めるかがわかれば，解が唯一に決まる条件がわかる．そのために，運動方程式 (1.5) を ξ^μ 方向微分とそれ以外に分解して書こう．運動方程式 (1.5) は，

$$
\begin{aligned}
&F^{0\cdots0}[\phi,\phi^{(1)},\cdots,\phi^{(n-1)};x^\mu](\partial_0)^n\phi\\
&\quad+\Bigl(F^{i0\cdots0}[\phi,\phi^{(1)},\cdots,\phi^{(n-1)};x^\mu]\\
&\qquad\quad+F^{0i0\cdots0}[\phi,\phi^{(1)},\cdots,\phi^{(n-1)};x^\mu]\\
&\qquad\quad+\cdots+F^{0\cdots0i}[\phi,\phi^{(1)},\cdots,\phi^{(n-1)};x^\mu]\Bigr)(\partial_0)^{n-1}\partial_i\phi\\
&\quad+\Bigl(F^{i_1i_20\cdots0}[\phi,\phi^{(1)},\cdots,\phi^{(n-1)};x^\mu]+\cdots\Bigr)(\partial_0)^{n-2}\partial_{i_1}\partial_{i_2}\phi
\end{aligned}
$$

$/\!/$ 記号の上付き，$\perp$ の記号の下付きに関しては，Σ_0 に平行，垂直ではない．しかし，それらは $/\!/$ 記号の下付き，$\perp$ の記号の上付きに対して双対なベクトル，およびベクトル空間であるため，$/\!/$ や $\perp$ の記号を用いて表すこととする．

$$+\cdots+G[\phi,\phi^{(1)},\cdots,\phi^{(n-1)};x^{\mu}]=0 \tag{1.10}$$

と分解される．ここで，$(\partial_0)^{n-1}\partial_i\phi$ や $(\partial_0)^{n-2}\partial_{i_1}\partial_{i_2}\phi$ の係数の括弧内の i や (i_1,i_2) に関して，アインシュタインの縮約規約を取ることにする．また，最後の行の最初の $\cdots$ は，$F^{\mu_1\cdots\mu_n}\partial_{\mu_1}\cdots\partial_{\mu_n}\phi$ のうち，∂_0 の個数が $(n-3)$ 個以下のものを表している．この式の $(\partial_0)^n\phi$ の係数は $F^{0\cdots0}$ であるため（n 階の準線形偏微分方程式であるため $(\partial_0)^n\phi$ については線形であることに注意），$F^{0\cdots0}$ が 0 でないときのみ，$(\partial_0)^n\phi$ について解くことができる．

式 (1.10) を $(\partial_0)^n\phi$ について解いたとき，右辺は ∂_i 微分を含む量で書かれている．これらは与えられた初期条件そのものではない．解が唯一に定まるためには，運動方程式 (1.10) 内に現れる $(\partial_0)^n\phi$ 以外の変数が，すでに定まっている必要がある．この条件を調べてみよう．$(\partial_0)^n\phi$ 以外の変数は，∂_0 の微分の階数に関しては $(n-1)$ 階までである．式 (1.10) にはそれらに Σ_0 に平行方向への微分がかかっているものがある．Σ_0 に平行方向への微分（つまり $(i,j,\cdots)$ 方向への偏微分 ∂_i）に関しては，Σ_0 上で関数が与えられていれば，それを Σ_0 上で微分することで得ることができる．今，初期値として初期時刻面 Σ_0 に ϕ の ∂_0 に関する $(n-1)$ 階微分までが与えられている．それらの Σ_0 に平行方向への微分を計算することで，運動方程式 (1.10) 内に現れる $(\partial_0)^n\phi$ 以外の変数が初期条件の情報のみから定まる．したがって，$F^{0\cdots0}\neq0$ であれば運動方程式 (1.10) を $\partial_0^n\phi$ について解くことができ，その値は唯一に定まる．

以上のことから，**解が唯一に定まらないための条件**は $F^{0\cdots0}=0$ であることがわかった．この条件は，条件を満たすある Σ_0 上の 1 点から ξ^μ 方向に伸ばした線上の点における解が唯一に定まらないことを示している．もし，Σ_0 上の他の点が $F^{0\cdots0}\neq0$ を満たしていれば，その点から ξ^μ 方向に伸ばした線上の点の解は唯一に定まる．そのため，Σ_0 の初期条件からどのようにも時間発展が解けないための条件は，面 Σ_0 上すべての点で $F^{0\cdots0}=0$ となることである．初期面から時間発展を解いていき，面上すべてで $F^{0\cdots0}=0$ を満たす面にぶつかったとき，その面を超えて偏微分方程式を解くことができない．したがって，面上すべてで $F^{0\cdots0}=0$ を満たす面が**因果構造の境界**を与える．これが求めたい面である．この $F^{0\cdots0}=0$ となる面のことを，**特性曲面**と呼ぶ．

特性曲面は，初期の時間一定面に応じて無数に存在する．したがって，$F^{0\cdots0}=0$ となる特性曲面は，無数に表れる．境界を持つ初期時刻面 Σ_0 に初期条件を与えた際に解が唯一に定まる領域は，初期時刻面の境界から特性曲面を伸ばした領域になる．初期時刻面から時間発展を解いていき，最初に特性曲面にぶつかったところまでが解が唯一に解ける領域である．つまり，解が唯一に定まる領域は，Σ_0 の境界を通る特性曲面を考え，それら特性曲面のうち，その内部の体積が最小になる領域として定まる．図で表すと，解が唯一に定まる領域は図 1.3 のようになる．

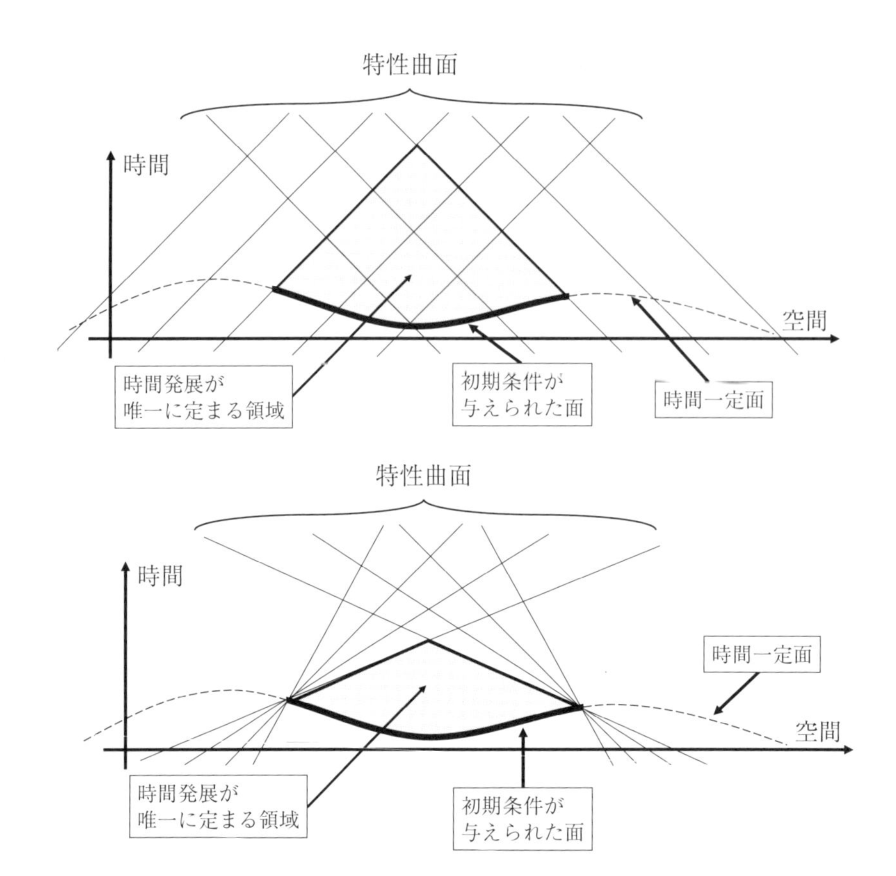

図 1.3　特性曲面から定まる解が唯一に定まる領域．特性曲面は無数にとれるが，上図のように無数ある特性曲面のうち，初期条件を与えた初期面の境界を通る特性曲面が，時間発展が唯一に定まる領域を決める．また，伝搬モードがたくさんある場合は，伝搬モード数に応じて，初期条件を与えた初期面の境界を通る特性曲面を取ることができる．その場合，下図のように，伝搬速度が最も早い伝搬，図的には初期面に最も近い特性曲面を基に，時間発展が唯一に決まる領域が定まる．

ある初期時刻面から解ける因果構造の境界は，最高速の伝搬が乗っている．様々な初期面を考え，その因果構造の境界を見つけることで様々な物理伝搬を見つけることができる．特性曲面は様々な初期面の因果構造の境界に対応するため，物理伝搬を捉える解析は，様々な特性曲面を求める問題となる．

特性曲面を求める問題は $F^{0\cdots 0}=0$ となる面を求める問題であり，偏微分 ∂_μ の中の ξ^μ 方向微分 $\xi^\mu\partial_\mu=\partial_0$ の係数のみに着目すればよい．偏微分 ∂_μ から ∂_0 を取り出すためには，式 (1.6) を書き直した式

$$\delta^\mu_\nu=\xi^\mu\zeta_\nu+\top^\mu{}_\nu \tag{1.11}$$

を用いて成分を分解すればよい．分解は具体的に

$$\partial_\mu=(\xi^\nu\zeta_\mu+\top^\nu{}_\mu)\partial_\nu=\zeta_\mu\partial_0+\top^\nu{}_\mu\partial_\nu \tag{1.12}$$

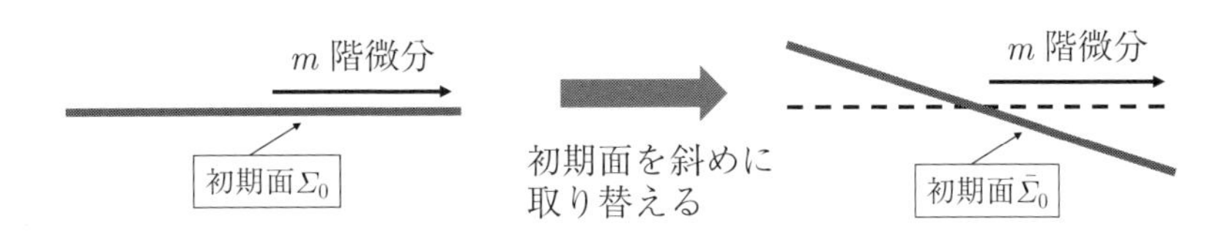

図 1.4　初期面を取り替えることで空間微分が時間微分に変化することを表す模式図．左の図において，初期面上に m 階の空間微分が存在する状況を考える．これの状況に対して，初期面を傾けた設定を考える（右図）．このとき，点線に沿った m 階の空間微分が存在する．この微分の方向は，明らかに初期面からはみ出す方向への微分となる．そのため，初期面からの発展を表す時間微分と解釈される．

と書ける．∂_μ に含まれる ∂_0 の係数は ζ_μ となるため，∂_0 の係数を調べるためには，運動方程式 (1.5) 内の偏微分 ∂_μ を ζ_μ に置き換えればよい．つまり，$F^{0\cdots0}$ の値は運動方程式内の最高階微分 $F^{\mu_1\cdots\mu_n}\partial_{\mu_1}\cdots\partial_{\mu_n}$ に対してすべての ∂_μ を ζ_μ に置き換えることにより，$F^{0\cdots0}=F^{\mu_1\cdots\mu_n}\zeta_{\mu_1}\cdots\zeta_{\mu_n}$ と求めることができる．つまり，特性曲面が満たすべき式は $F^{\mu_1\cdots\mu_n}\zeta_{\mu_1}\cdots\zeta_{\mu_n}=0$ と書ける．

最後に，今回の議論からは理解しにくい（しかし，よく勘違いされる）点を述べておく．詳しい数理構造を知りたい読者は，クーランとヒルベルトによる教科書『数理物理学の方法』[2] を参照するとよい．上の議論では，ある面からの時間発展を考える際，その面からはみ出る方向の微分のみを考慮すればよいように思われる．例として，ξ^μ 方向の微分の最高階数が n であり，一方，面 Σ_0 に平行な方向の微分の最高階数がそれより多い $m(>n)$ 個ある状況を考える．このとき，Σ_0 に平行な方向の微分は Σ_0 上で計算できるため特に気にする必要はなく，ξ^μ 方向の微分の最高階微分の係数のみに着目すればよいと思うかもしれない．しかし，この考えは間違いである．これは，差分法で近似したことによる弊害である．実は，正しく解析すれば，∂_0 の微分階数が ∂_i に比べて低いことは，この面 Σ_0 が特性曲面になっていることを示している．例えば，Σ_0 を少し傾けた面 $\bar{\Sigma}_0$ を考えてみよう．このとき Σ_0 に平行な方向は，傾けた面 $\bar{\Sigma}_0$ から少し飛び出した方向を向くものがある．Σ_0 に平行な方向には m 階の微分があったため，傾けた面では面から少し飛び出した方向の微分の最高階数は $m(>n)$ となる（図 1.4 参照）．そして，特性曲面はこの項の係数に関して $F^{0\cdots0}=0$ となる面として定義される．$F^{0\cdots0}$ は m 個の添え字を持ち，特性曲面は ∂_0 の m 階微分の係数が 0 になる面である．Σ_0 上では ∂_0 の微分の数は $n(<m)$ 個しかないとしていたので，この m 階の微分の係数は 0 である．つまり，m 階の微分の項の係数 $F^{0\cdots0}$ が 0 になるので，Σ_0 が特性曲面になる．

以上のことから，例えば，ローレンツ対称性を破った理論を考えたとき，もし空間偏微分の階数が時間偏微分の階数より多いと*6)，時間一定面は特性曲面となる．そのため，時間発展問題を唯一に解くことはできない．このような理論では，空間無限遠における場の値などを適当な数だけ（暗に）固定することで，時間発展を唯一に解くことができるようになっている．例えば，ニュートン重力のポテンシャルなどを表す式であるポアソン方程式は（時間発展問題ではないが）時間一定面が特性曲面になっている簡単な例である．ニュートン重力のポテンシャルは，通常，空間無限遠でのポテンシャルの値を 0 にすることにより唯一に解くことができる．しかし，境界条件を固定しないことには解は一つに定まらない．空間無限遠の境界条件は，一般に各時間一定面ごとに自由に課すことができる．非線形理論の場合は，空間偏微分の階数が時間偏微分の階数より多くなるローレンツ対称性を破る状況を考えると，同様の自由度が各時間一定面に存在し，それらが時間発展する物理自由度と複雑に相互作用する．つまり，遠く離れた場所で課す境界条件が時間発展に影響する奇妙な理論となる．

1.3.3　複数の場がある場合

この節では，物理変数が複数ある場合における特性曲面の見つけ方を説明する．複数の場が存在する場合でも，ある面 Σ が特性曲面になるための条件は，Σ からはみ出る方向に対する場の最高階微分について運動方程式が解けるかどうかが条件になることは容易に想像が付くであろう．この予想は正しい．実際，1.3.2 節と同様に差分的に考えると，この条件を満たす面を超えた時間発展問題の解が唯一に定まらないことは簡単に示すことができる．（説明は 1.3.2 節と同じものになるため，ここでは説明を書かない．）ただし，**場の最高階微分**と言っているものが何であるかを正確に理解しておかないと，間違った解析を行ってしまう．この小節では，場が複数ある場合の特性曲面の求め方を与える．そして，どのようなときに解析が複雑になるかを見る．複雑な系の解析手法は，1.3.4 節で説明する．

ここでは，N 個の場 ϕ_A $(A = 1, 2, \cdots, N)$ を導入して，それらすべての運動を記述する N 個の運動方程式がある状況を考える*7)．まず最初の簡単な例として，N 個それぞれの運動方程式が，N 個の場それぞれに対し n 次の準線

*6)　重力理論ではローレンツ対称性を破った理論として，ホジャバ-リフシッツという理論模型[3]がしばしば議論されている．

*7)　ラグランジアンの変分から得られた運動方程式は，理論の物理変数の数（場の数）と同じ数の運動方程式を与える．ただし，ゲージ自由度は物理変数の自由度には数えない．ゲージ自由度がある系でも，解を唯一に解くためにはゲージ固定条件が必要となる．ゲージ固定条件を解くべき方程式に加えることで，理論の物理変数の数とゲージ自由度の和が，運動方程式とゲージ固定条件の和の数に等しくなり，変数の数と発展方程式の数は等しくなる．一方，この章での解析は，運動方程式がラグランジアンから得られたものでなくとも成り立つ．しかし，場の数と過不足なく同じ数の独立な運動方程式が必要である．

形偏微分方程式になっている場合を考えよう．つまり，運動方程式は

$$F_{BA}^{\mu_1\cdots\mu_n}[\phi_C,\phi_C^{(1)},\cdots,\phi_C^{(n-1)};x^\mu]\partial_{\mu_1}\cdots\partial_{\mu_n}\phi_A \\ +G_B[\phi_C,\phi_C^{(1)},\cdots,\phi_C^{(n-1)};x^\mu]=0 \tag{1.13}$$

という形をしているとする．添え字 $(A,B,\cdots)$ に関しては，以降も含めてアインシュタインの縮約規約を用いることにする．つまり，第 1 項は A について和を取ることとする．B は方程式をラベルする添え字である．N 個の独立な式を考えるため $B=1,2,\cdots,N$ である．ラグランジアンの変分から運動方程式が構成されたとすると，場の数と運動方程式の数は一致するため，場の種類を表すラベルと式の種類を表すラベルを区別せずに同種のラベルとして扱うこととする．

1.3.2 節と同様の議論を行うと，添え字 A の成分 $(1,2,\cdots,N)$ すべてに対して，ϕ_A の Σ からはみ出す微分について，最高階の微分である n 階微分 $(\partial_0)^n\phi_A$ が運動方程式から唯一に決まれば，時間発展問題を唯一に解くことができることがわかる．運動方程式 (1.13) は $(\partial_0)^n\phi_A$ に関して 1 次の代数方程式であるので，$(\partial_0)^n\phi_A$ ついて解けるかどうかは，その係数が作る行列 $F_{BA}^{0\cdots0}$ の行列式で判別できる．行列式が 0 になると解が一意に得られず，それは，Σ からの発展方程式が唯一に解けないことを意味する．つまり，Σ が特性曲面になる条件は

$$\det\left(F_{BA}^{0\cdots0}\right)=0 \tag{1.14}$$

である．基本的にはこれでよい．ここで，最高階微分の係数が作る行列のことを**特性行列**と呼ぶ．特性行列の行列式が 0 と等しいという条件が，特性曲面を特長付ける．行列式が 0 であることを示す式 (1.14) を，**特性方程式**と呼ぶ．

上の例で「基本的にはこれでよい．」と書いたのは，気を付けなければならない例外があるからである．この例外を理解するために，例外が生じる簡単な例を考えてみよう．ϕ と ψ の 2 つの場による理論を考える．運動方程式は以下のように与えられているとする．

$$F_B^{\mu\nu}[\phi,\partial\phi,\psi]\partial_\mu\partial_\nu\phi+G_B^\mu[\phi,\partial\phi,\psi]\partial_\mu\psi+H_B[\phi,\partial\phi,\psi]=0 \tag{1.15}$$
$$(B=1,2).$$

2 階微分方程式であるため，2 階微分の係数を取り出すことにする．ψ が 2 階微分を持たないので，2 階微分の係数の行列は

$$\begin{pmatrix} F_1^{00} & 0 \\ F_2^{00} & 0 \end{pmatrix} \tag{1.16}$$

となる．この行列の行列式は，明らかに常に 0 になる．つまり，Σ としてどのような面を取ったとしても，この行列の行列式は 0 になる．これは，どのよ

うな面も特性曲面になることを意味しているように思える．しかし，実はそうではない．これは，最高階微分の取り方が正しくないことを示している．本来は，最高階微分として，ϕ に関しては 2 次まで，ψ に関しては 1 次まで取るべきである．（このような最高階微分の選び方の正当性は，1.3.4 節で証明する．）そのように最高階微分の項を選ぶと，その係数が作る行列は，

$$\begin{pmatrix} F_1^{00} & G_1^0 \\ F_2^{00} & G_2^0 \end{pmatrix} \tag{1.17}$$

となり，その行列式は一般に 0 ではない．これが，この運動方程式の正しい特性行列となる．この行列を基にした特性方程式を用いると，ある特別な面でのみ特性方程式は満たされ，その面が特性曲面になる．

先ほどの例 (1.15) では，微分方程式に含まれる ϕ と ψ の最高階微分が ϕ に関しては 2 次まで，ψ に関しては 1 次までである．そのため，特性方程式を得るための最高階微分の取り方は ϕ に関しては 2 次まで，ψ に関しては 1 次までであることが，予想できるかもしれない．そこで，もう少しだけ複雑な（しかし，まだシンプルな）系を考えてみよう．2 つの場 $\tilde{\phi}$ と ψ に対して，

$$\begin{aligned} &F_B^{\mu\nu}[\tilde{\phi}+\psi, \partial(\tilde{\phi}+\psi), \psi]\partial_\mu\partial_\nu(\tilde{\phi}+\psi) \\ &+G_B^\mu[\tilde{\phi}+\psi, \partial(\tilde{\phi}+\psi), \psi]\partial_\mu\psi + H_B[\tilde{\phi}+\psi, \partial(\tilde{\phi}+\psi), \psi] = 0 \quad (1.18) \\ &\qquad\qquad\qquad\qquad (B = 1, 2) \end{aligned}$$

という運動方程式が与えられた場合を考える．$\tilde{\phi}$ と ψ の最高階微分はともに 2 階である．したがって，愚直には 2 階微分の係数で構成された行列

$$\begin{pmatrix} F_1^{00} & F_1^{00} \\ F_2^{00} & F_2^{00} \end{pmatrix} \tag{1.19}$$

が特性行列になると考えられる．しかし，この行列式はまたしても恒等的に 0 となる．実は，先ほどの例に挙げた式 (1.15) で発展方程式が与えられた ϕ と ψ の理論と，式 (1.18) で与えられた今考えている理論とを比べると，今考えている理論は先ほどの理論で $\phi = \tilde{\phi} + \psi$ と置き換えたものに等しいことがわかる．$\phi = \tilde{\phi} + \psi$ の変換は可逆であるため，ϕ と ψ が唯一に解ける領域では，$\tilde{\phi}$ と ψ についても唯一に解けるはずである．そのため，特性行列は同じであるはずで，式 (1.17) になるべきである．これが示すことは，$\tilde{\phi}$ と ψ で書かれた理論 (1.18) では，$\tilde{\phi} + \psi$ を一つの自由度として捉える必要があり，これと独立な別の自由度（何でもよい）と合わせた 2 自由度系として，理論を捉え，特性行列を求めなければならない．つまり，$\tilde{\phi} + \psi$ を一つの自由度として，もう一つの別の独立な自由度を，例えば定数 α と β を用いて $\alpha\tilde{\phi} + \beta\psi$ $(\alpha \neq \beta)$ とする．そして，発展方程式を書き直す必要がある．この変数変換で，式 (1.18) は

$$F_B^{\mu\nu}\left[\tilde{\phi}+\psi, \partial(\tilde{\phi}+\psi), \frac{\alpha\tilde{\phi}+\beta\psi}{\beta-\alpha} - \frac{\alpha(\tilde{\phi}+\psi)}{\beta-\alpha}\right]\partial_\mu\partial_\nu(\tilde{\phi}+\psi)$$

$$
\begin{aligned}
&+G_B^\mu\left[\tilde{\phi}+\psi, \partial(\tilde{\phi}+\psi), \frac{\alpha\tilde{\phi}+\beta\psi}{\beta-\alpha}-\frac{\alpha(\tilde{\phi}+\psi)}{\beta-\alpha}\right]\\
&\qquad\qquad\qquad\qquad\times\partial_\mu\left(\frac{\alpha\tilde{\phi}+\beta\psi}{\beta-\alpha}-\frac{\alpha(\tilde{\phi}+\psi)}{\beta-\alpha}\right)\\
&+H_B\left[\tilde{\phi}+\psi, \partial(\tilde{\phi}+\psi), \frac{\alpha\tilde{\phi}+\beta\psi}{\beta-\alpha}-\frac{\alpha(\tilde{\phi}+\psi)}{\beta-\alpha}\right]=0 \qquad (1.20)\\
&\qquad\qquad\qquad\qquad\qquad\qquad\qquad\qquad (j=1,2)
\end{aligned}
$$

となる．この形は $\tilde{\phi}+\psi$ に関して 2 階微分まで含み，$\alpha\tilde{\phi}+\beta\psi$ に関しては 1 階微分まで含む準線形の偏微分方程式になっている．したがって，特性行列は

$$
\begin{pmatrix} F_1^{00} & \frac{G_1^0}{\beta-\alpha} \\ F_2^{00} & \frac{G_2^0}{\beta-\alpha} \end{pmatrix} \tag{1.21}
$$

である．この特性行列から得られる特性方程式は，先ほどの理論 (1.15) の理論で得られた特性行列 (1.17) から導出した特性方程式と比べて，0 でない定数 $(\beta-\alpha)^{-1}$ だけの違いしかない．したがって，特性方程式が満たされる面は同じになる．2 つの理論は，$\phi=\tilde{\phi}+\psi$ の変数変換で結び付く同値な理論なので，これは当然である．

このように，理論によっては適した変数を選ばないと，間違った答えを与えることがある．上の例で見てきたように，特性方程式が恒等的に満たされる場合は，一般に間違った解析を行っていることを示している．行列式が恒等的に 0 になることは，0 固有値を持つ固有ベクトルが存在することを示している．その固有ベクトルに対応するように運動方程式の線形結合を考えれば，最高階微分を消し，より低い階数の運動方程式（このような階数の低い式を拘束条件と呼ぶこともある）が得られる．上記の例は単純な変数変換で結び付く 2 自由度の例であったため，正しい変数，つまり最高階微分を持つ本当の自由度のみを容易に見つけることができた．理論によっては，最高階微分に表れている場の組み合わせを見ることにより，このような正しい変数の組み合わせを見つけることができる場合がある．しかし，一般にはそのような変数変換は容易には見つからない．例えば，変数変換が時空上の面の取り方により連続的に変形していくような場合においては，正しい解析は困難になる．このような場合の扱いについて，1.3.5 節で解析手法を与える．

1.3.4 1 階偏微分方程式系への変形

1.3.3 節では，場ごとに最高階微分の階数が違う場合の例を考えた．それぞれの場ごとの最高階微分をうまく選ぶことにより，そのまま解析することは可能である場合があるが，そのような例は稀である．最高階微分をうまく選ぶ変数変換が難しい例では，別の処方が必要になる．複雑な例では，考えている理論を 1 階偏微分のみで表される方程式系に書き直すことにより，解析が可能に

なる．また，1 階偏微分の方程式系での解析から，1.3.3 節で行ったそれぞれの場ごとの最高階微分をうまく選ぶ解析を正当化することができる．この節では，1.3.3 節で扱った ϕ と ψ からなる理論 (1.15) を例に，具体的に **1 階偏微分方程式系への変形**方法を説明する．複雑な系への応用例として，質量を持つスピン 2 粒子の因果構造解析を，後ほど 1.4.5 節で扱う．

式 (1.15) で現れる 2 階微分は，$\partial_0\partial_0\phi$, $\partial_0\partial_i\phi$, $\partial_i\partial_j\phi$ である．ここで，添え字 i, j は，式 (1.9) の下で定義したように，$\top^\mu{}_\nu$ で射影された空間の成分を表す添え字である．また，

$$u := \partial_0\phi, \tag{1.22a}$$

$$v_i := \partial_i\phi \tag{1.22b}$$

という変数を導入すると，$\partial_0\partial_0\phi$, $\partial_0\partial_i\phi$, $\partial_i\partial_j\phi$ は u と v_i の 1 階偏微分で表すことができる．そのとき，式 (1.15) は

$$\begin{aligned} &F_B^{00}[\phi,u,v_i,\psi]\partial_0 u + F_B^{0i}[\phi,u,v_i,\psi]\partial_i u + F_B^{ij}[\phi,u,v_i,\psi]\partial_i v_j \\ &+G_B^{0}[\phi,u,v_i,\psi]\partial_0 \psi + G_B^{i}[\phi,u,v_i,\psi]\partial_i \psi + H_B[\phi,u,v_i,\psi] = 0 \quad (1.23) \\ &\qquad\qquad\qquad\qquad\qquad\qquad\qquad\qquad (B = 1,2) \end{aligned}$$

となる．今，理論に現れる場は ϕ, ψ, u, v_i のみであり，式 (1.22a), (1.22b), (1.23) はすべて 1 階偏微分微分方程式である．しかし，式 (1.22b) には v_i 時間微分が含まれていないため，このままでは解析することができない．v_i の時間微分は式 (1.22a), (1.22b) から

$$\partial_0 v_i (= \partial_0\partial_i\phi) = \partial_i u \tag{1.24}$$

という形で得ることができる．

考えている場 ϕ, ψ, u, v_i に対し，同じ数の発展方程式 (1.22a), (1.23), (1.24) が得られたため，その最高階微分（今の場合 1 階微分）の係数から特性行列を作り，特性方程式を評価することで，特性曲面を特定することができる．行列式は

$$\det\begin{pmatrix} 1 & 0 & 0 & 0 \\ 0 & F_1^{00} & 0 & G_1^0 \\ 0 & F_2^{00} & 0 & G_2^0 \\ 0 & 0 & 1 & 0 \end{pmatrix} = -\det\begin{pmatrix} F_1^{00} & G_1^0 \\ F_2^{00} & G_2^0 \end{pmatrix} \tag{1.25}$$

となり，この行列式が 0 になる面が特性曲面となる．これは，1.3.3 節の結果と一致し，場ごとに違う階数の微分を最高階微分として選ぶことを正当化している．

1.3.5　縮退系の解析

最高階微分の係数が作る行列の行列式が恒等的に 0 になる場合，その行列を

用いた特性曲面の解析は間違いであることを 1.3.3 節で説明した．行列式が 0 になるということは行列が縮退しているということであり，発展方程式の線形結合を上手に取ると，最高階微分を相殺することができることを示している．つまり，方程式には潜在的に低い微分のみで書かれたものが含まれているのである．正しい特性行列を構成するためには，微分の階数を小さくするような運動方程式の上手な線形結合を選ぶ必要がある．そして，縮退していない自由度に対応する場の線形結合の最高階微分の係数と，それとは独立な場の自由度の最高階微分の係数とで，特性行列が構成される．この小節では，この構成法について説明し，最高階微分の係数が作る行列が縮退している場合についての解析法を与える．

1.3.3 節で紹介した例のように，適した変数が簡単に見つかる例であれば，場の変数変換を行うことで容易に解析ができる．難しい状況はそのような場の変換が容易に見つからない場合である．例えば，ベクトル場の理論などを考えると 4 次元時空の理論では 4 成分あるわけだが，場の自由度を (A^0, A^1, A^2, A^3) と選んだり，もしくは，縦波・横波（2 成分）・スカラー成分に分解して自由度を選んだりと，様々な自由度の選び方がある．もっと複雑な場の自由度の選び方をするべき可能性もある．さらには，より複雑な例では，微分の階数が異なる変数の組み合わせが必要となることもあり，一般に上手な変数変換を見つけることは容易ではない．

そこで，場の組み合わせに注目するのではなく，方程式の組み合わせに注目して，低い微分階数の方程式を導くことを試みる．まずは簡単な例として，式 (1.18) の理論を考えてみる．最高階微分の係数が作る行列は (1.19) で表されるものになっており，縮退している．この行列に右から $(F_2^{00}, -F_1^{00})$ を作用させると 0 となることは容易にわかるであろう．これは，1 つ目の式に F_2^{00} を作用させたものから 2 つ目の式に $-F_1^{00}$ を作用させると，$(\partial_0)^2$ の項が相殺することを言っている．しかしながら，実際にこの引き算の答えを書くと，

$$
\begin{aligned}
2&\left(F_2^{00}F_1^{0i} - F_1^{00}F_2^{0i}\right)\partial_0\partial_i(\tilde{\phi}+\psi) \\
&+\left(F_2^{00}F_1^{ij} - F_1^{00}F_2^{ij}\right)\partial_i\partial_j(\tilde{\phi}+\psi) \\
&+\left(F_2^{00}G_1^{0} - F_1^{00}G_2^{0}\right)\partial_0(\tilde{\phi}+\psi) \\
&+\left(F_2^{00}G_1^{i} - F_1^{00}G_2^{i}\right)\partial_i(\tilde{\phi}+\psi) \\
&+\left(F_2^{00}H_1 - F_1^{00}H_2\right) = 0
\end{aligned}
\tag{1.26}
$$

となり，最初の 2 項が 2 階の偏微分を持ってしまう．1.3.2 節の最後で議論したように，特性行列を用いた因果構造解析では，偏微分の階数で最高次になる項を考える際，すべての方向に関しての最高階微分の係数を見る必要がある．しかし，上の式では未だ $\tilde{\phi}$ や ψ について 2 階の微分方程式になっており，微分の階数が下がった式は得られていない．もし特性方程式が式 (1.26) である

と考えてしまうと，少し面を取り換える（ζ_μ の向きを変える）だけで再び 0 方向への 2 階微分が現れてしまう．特性方程式を用いた因果構造解析では，ζ_μ の向きを変え，その行列式が 0 になるところを見る解析を行う必要があるが，このように i 方向への 2 階の微分が残ると，異なる面で 0 方向への 2 階微分が現れてしまう．そのため，このような方法では微分の階数を落としたことにはならない．

式 (1.26) において i 方向への 2 階の微分が残ってしまったのは，式 (1.26) で表される愚直な引き算が共変性を壊した形になっているからである．すなわち，ある特定の面上のみでの縮退を考慮した引き算になっているからである．式 (1.26) は F_1^{00} や F_2^{00} などを各発展方程式にかけて導出している．しかし，F_i^{00} は定義より $F_i^{00} = F_i^{\mu\nu}\zeta_\mu\zeta_\nu$ であり ζ_μ はある特別な面を指定することで決まるベクトルである．そして，F_i^{00} を用いた演算は，ある特別な面を指定した後に行われる．そのため，共変性を壊した解析になっている．我々は，どのような面に対しても特性曲面の縮退が解けるような解析を行いたい．特定の面を指定した方法では，特性曲面の解析はうまくいかないのである．

最高階微分の係数が作る行列の行列式が恒等的に 0 になっているということは，どのような ζ_μ に対しても，

$$\begin{pmatrix} F_1^{\mu\nu}\zeta_\mu\zeta_\nu & F_1^{\mu\nu}\zeta_\mu\zeta_\nu \\ F_2^{\mu\nu}\zeta_\mu\zeta_\nu & F_2^{\mu\nu}\zeta_\mu\zeta_\nu \end{pmatrix} \tag{1.27}$$

が成立していることである．このように書くと，最高階微分を消すためには，1 つ目の式に $F_2^{\mu\nu}\zeta_\mu\zeta_\nu$ を，2 つ目の式に $F_1^{\mu\nu}\zeta_\mu\zeta_\nu$ をかけて差をとればよいということがわかるであろう．しかしながら，困ったことに ζ_μ は面を指定して決まるベクトルであり，面に依存しない方程式に導入はできない．そこで，例えば $F_i^{\mu\nu}\zeta_\mu\zeta_\nu$ を掛ける代わりに，$F_i^{\mu\nu}\partial_\mu\partial_\nu$ を作用させることにする*8)．すると，1 つ目の式は

$$\begin{aligned}
0 &= F_2^{\alpha\beta}\partial_\alpha\partial_\beta\left(F_1^{\mu\nu}\partial_\mu\partial_\nu(\tilde{\phi}+\psi) + G_1^\mu\partial_\mu\psi + H_1\right) \\
&= F_2^{\alpha\beta}F_1^{\mu\nu}\partial_\alpha\partial_\beta\partial_\mu\partial_\nu(\tilde{\phi}+\psi) + 2F_2^{\alpha\beta}\left(\partial_\alpha F_1^{\mu\nu}\right)\partial_\beta\partial_\mu\partial_\nu(\tilde{\phi}+\psi) \\
&\quad + F_2^{\alpha\beta}\left(\partial_\alpha\partial_\beta F_1^{\mu\nu}\right)\partial_\mu\partial_\nu(\tilde{\phi}+\psi) + F_2^{\alpha\beta}G_1^\mu\partial_\alpha\partial_\beta\partial_\mu\psi \\
&\quad + 2F_2^{\alpha\beta}\left(\partial_\alpha G_1^\mu\right)\partial_\beta\partial_\mu\psi + F_2^{\alpha\beta}\left(\partial_\alpha\partial_\beta G_1^\mu\right)\partial_\beta\partial_\mu\psi \\
&\quad + F_2^{\alpha\beta}\left(\partial_\alpha\partial_\beta H_1\right)
\end{aligned} \tag{1.28}$$

となる．右辺第 1 項は方程式の添え字 1, 2 に対して対称になっているので，2 つ目の式に $F_1^{\mu\nu}\partial_\mu\partial_\nu$ を作用しても現れる．これらの 2 つの式の差を取ることで，

*8) $F_i^{\mu\nu}\partial_\mu\partial_\nu$ を作用させるには，厳密には $\tilde{\phi}$ や ψ に対して必要なオーダーまでの微分可能性を仮定しないといけない．

$$
\begin{aligned}
&\epsilon^{AB}\Big(2F_A^{\alpha\beta}\left(\partial_\alpha F_B^{\mu\nu}\right)\partial_\beta\partial_\mu\partial_\nu(\tilde{\phi}+\psi) \\
&\quad +F_A^{\alpha\beta}\left(\partial_\alpha\partial_\beta F_B^{\mu\nu}\right)\partial_\mu\partial_\nu(\tilde{\phi}+\psi)+F_A^{\alpha\beta}G_B^\mu\partial_\alpha\partial_\beta\partial_\mu\psi \\
&\quad +2F_A^{\alpha\beta}\left(\partial_\alpha G_B^\mu\right)\partial_\beta\partial_\mu\psi+F_A^{\alpha\beta}\left(\partial_\alpha\partial_\beta G_B^\mu\right)\partial_\beta\partial_\mu\psi \\
&\quad +F_A^{\alpha\beta}\left(\partial_\alpha\partial_\beta H_B\right)\Big)=0
\end{aligned}
\tag{1.29}
$$

を得る．ここで，ϵ^{AB} は $\epsilon^{11}=\epsilon^{22}=0$, $\epsilon^{12}=-\epsilon^{21}=1$ となるレヴィ＝チヴィタの完全反対称テンソル（エディントンのイプシロン）である．この式は3階微分方程式であるため，もともとの運動方程式 (1.18) に比べて微分の階数が多い．しかし，この方程式を得るために運動方程式 (1.18) に微分を2つ作用しており，4次の方程式を導いてから，その線形和を取っていることに注意しよう．4次の方程式の線形和から3階微分方程式が得られており，この意味で**微分の階数が低い方程式**が得られたと解釈できる．

今，もともとの運動方程式 (1.18) に加えて，もう一つの微分の階数が低い方程式 (1.29) がある．方程式 (1.29) はおおよそ運動方程式 (1.18) の線形結合であるので，方程式 (1.29) とそれと独立な任意の運動方程式 (1.18) を一つ持ってきて，特性行列を考えればよい．方程式 (1.29) と独立な任意の方程式は，式 (1.18) の添え字 B が1の場合と2の場合の線形結合で表されるため，その線形結合の係数を2つの定数 α と β と置いておくと，特性行列は，

$$
M=\begin{pmatrix}
\alpha F_1^{\mu\nu}\zeta_\mu\zeta_\nu+\beta F_2^{\mu\nu}\zeta_\mu\zeta_\nu & \alpha F_1^{\mu\nu}\zeta_\mu\zeta_\nu+\beta F_2^{\mu\nu}\zeta_\mu\zeta_\nu \\
C_3 & C_3+\epsilon^{ij}F_i^{\alpha\beta}G_j^\mu\zeta_\alpha\zeta_\beta\zeta_\mu
\end{pmatrix}
\tag{1.30}
$$

となる．ここで，C_3 は式 (1.29) から得られ，

$$
\begin{aligned}
C_3=\epsilon^{AB}\Bigg(&2F_A^{\alpha\beta}\left(\partial_\alpha F_B^{\mu\nu}\right)\zeta_\beta\zeta_\mu\zeta_\nu \\
&+F_A^{\alpha\beta}\partial_\mu\partial_\nu(\tilde{\phi}+\psi)\frac{\delta F_B^{\mu\nu}}{\delta\left(\partial_\gamma(\tilde{\phi}+\psi)\right)}\zeta_\alpha\zeta_\beta\zeta_\gamma \\
&+F_A^{\alpha\beta}\partial_\mu\psi\frac{\delta G_B^\mu}{\delta\left(\partial_\gamma(\tilde{\phi}+\psi)\right)}\zeta_\alpha\zeta_\beta\zeta_\gamma \\
&+F_A^{\alpha\beta}\frac{\delta H_B}{\delta\left(\partial_\gamma(\tilde{\phi}+\psi)\right)}\zeta_\alpha\zeta_\beta\zeta_\gamma\Bigg)
\end{aligned}
\tag{1.31}
$$

である．$\partial_\alpha\partial_\beta F_B^{\mu\nu}$ などにも $(\tilde{\phi}+\psi)$ の3階微分が含まれていることに注意しよう．今回の例では，$\partial_\alpha\partial_\beta F_B^{\mu\nu}$ 由来の項は最終結果に影響しないが，考える理論によってはこのような項が効いてくることがあるので注意が必要である．このような項は，$F_A^{\mu\nu}\zeta_\mu\zeta_\nu$ を式 (1.18) にかけただけでは現れず，$F_A^{\mu\nu}\partial_\mu\partial_\nu$ を式 (1.18) に作用させたことで現れるのである．もう一度強調しておくが，方程式の変形は $F_A^{\mu\nu}\partial_\mu\partial_\nu$ を運動方程式に作用させて行われ，そのため $\partial_\alpha\partial_\beta F_B^{\mu\nu}$ などの項をきちんと考慮しなければならない．

特性方程式は

$$0 = \det M = (\alpha F_1^{\mu\nu}\zeta_\mu\zeta_\nu + \beta F_2^{\mu\nu}\zeta_\mu\zeta_\nu)\epsilon^{AB}F_A^{\alpha\beta}G_B^\mu\zeta_\alpha\zeta_\beta\zeta_\mu \tag{1.32}$$

となり，任意の α, β でこの特性方程式が成立する条件は，

$$0 = \epsilon^{AB}F_A^{\alpha\beta}G_B^\mu\zeta_\alpha\zeta_\beta\zeta_\mu = \det\begin{pmatrix} F_1^{\mu\nu}\zeta_\mu\zeta_\nu & G_1^\mu\zeta_\mu \\ F_2^{\mu\nu}\zeta_\mu\zeta_\nu & G_2^\mu\zeta_\mu \end{pmatrix} \tag{1.33}$$

である．（$\alpha F_1^{\mu\nu}\zeta_\mu\zeta_\nu + \beta F_2^{\mu\nu}\zeta_\mu\zeta_\nu = 0$ が任意の α, β で成り立つ条件は，$F_A^{\mu\nu}\zeta_\mu\zeta_\nu = 0$ $(A = 1, 2)$ のみであり，その条件は式 (1.33) は満たす条件に含まれている．）これは 1.3.3 節で求めた結果と一致する．

今まで見てきた例を基に，一般的な解析方法を示しておく．N 個の場 ϕ_A $(A = 1, \cdots, N)$ に対して，N 個の独立な n 階の準線形偏微分方程式で書かれた運動方程式

$$F_{BA}^{\mu_1\cdots\mu_n}\partial_{\mu_1}\cdots\partial_{\mu_n}\phi_A + G_B = 0 \tag{1.34}$$

が与えられているとする．ここで，$F_{BA}^{\mu_1\cdots\mu_n}$ と G_j は ϕ_A の $(n-1)$ 階微分までの関数である．（座標値 x^μ に陽に依存していてもよい．）このときまず，$F_{BA}^{\mu_1\cdots\mu_n}\zeta_{\mu_1}\cdots\zeta_{\mu_n}$ が恒等的に 0 になっていなければ，これが特性行列となり，この行列の行列式が 0 になる面が特性曲面となる．

もし，$F_{BA}^{\mu_1\cdots\mu_n}\zeta_{\mu_1}\cdots\zeta_{\mu_n}$ がすべての面に対して 0 になっているとすると，その場合は考えている方程式の中に，より低い階数の偏微分方程式が含まれていることを意味する．この方程式を取り出すため，$F_{BA}^{\mu_1\cdots\mu_n}\zeta_{\mu_1}\cdots\zeta_{\mu_n}$ の添え字 j に対して，固有値 0 となる固有ベクトル $v^j[\zeta^\mu]$ を求める．この $v^j[\zeta^\mu]$ は ζ^μ の多項式になるように選ぶ．（これは，方程式の引き算で順番に項を相殺していく操作を考えれば，常に可能であることがわかる．）この $v^j[\zeta^\mu]$ を $v^j[\partial^\mu]$ と書き直して，方程式 (1.34) に作用させることで，より低い階数の偏微分方程式が得られる．こうして得られた低い階数の偏微分方程式と，元の方程式のうちそれと独立な成分を取り出し，それらの方程式の組について最高階微分の係数を取り出して行列を作る．もし，この行列の行列式が恒等的に 0 でなければ，その行列式が 0 になる面が特性曲面となる．一方，行列式が恒等的に縮退していれば，行列式が縮退が完全に解けるまで，同じ操作によりさらに低い階数の方程式を導き出せばよい．また，ここでは詳しく解析を与えていないが，これらの操作を繰り返して，低い階数の方程式が $0 = 0$ となれば，それはある場の自由度が方程式に現れないことを意味する．つまり，理論が**ゲージ自由度**を持っていることを意味する[*9)]．ゲージ自由度は物理的な伝搬とは関係ない

*9) ただし，運動方程式がラグランジアンの変分から得られた場合に関してのみである．$0 = 0$ が得られれば，その運動方程式を与える変分が恒等的に 0 であることを示しており，それはラグランジアン自体にその自由度が含まれていないことを示しているからで

ので，このようなとき，場の自由度の中のゲージ自由度を省き，方程式として $0 = 0$ を省いて，残りの成分で特性行列を構成すればよい．

1.4 具体的な理論模型での解析例

前節では因果構造の一般的解析法を与えた．この節では，様々な理論模型を取り扱い，具体的に因果構造を探ってみる．まず，"通常" の物理で考えられる "自然" な理論では，因果構造の境界が光的曲面として現れることを見てみよう．一方，方程式の概要からは "自然" な理論と特に違いがなく見える massive ベクトル場などでは，因果構造の境界が光的曲面以外に現れる．次いで，このことを見ていこう．massive ベクトル場における特性曲面は，場合によっては空間的になることがある．1.2 節で説明したように，因果構造の境界面が空間的になるときは，対応する超光速伝搬が現れることを意味している．つまりこれは，ベクトル場に質量を与えただけで，容易に超光速伝搬が現れることを示している．

まず初めに 1.4.1 節で，最も簡単な場合であるスカラー場の解析から行おう．その後，1.4.2 節でゲージ場の因果構造解析を行う．これらの理論は "通常" の場の理論で現れる場であり，光より速い伝搬が現れないことが知られている．これを特性曲面を用いた非線形解析で導く．その後，1.4.3 節で，質量を持つベクトル場の理論を考える．質量を持つベクトル場の理論は，ラグランジアンの形はゲージ場に似ているが，その性質は大きく異なる．ゲージ対称性を持たないため，ゲージ場の理論でのゲージ自由度に対応する自由度が物理的自由度になる．運動方程式の運動項の構造は見た目にはゲージ場の理論に似ているが，ゲージ理論においてゲージ自由度であった自由度が物理的な自由度になる影響で，特性行列の構造が大きく異なる形になることを見る．1.4.4 節では，一般相対性理論の重力自由度に関しての因果構造解析を行う．一般相対性理論は計量自体が動的に動くため，背景計量を固定した摂動解析との関係が非自明である．1.4.4 節の解析では，完全非線形の解析で因果構造の境界（すなわち特性曲面）が光的曲面になっていることを見る．そして，1.4.5 節では，最近提案された重力子が質量を持つ完全非線形の理論模型である dRGT 理論の解析を行う．一般相対性理論との関係は，ゲージ場の理論と質量を持つベクトル場の理論の関係に非常に似ている．すなわち，ラグランジアンの形からは一般相対性理論に質量項を加えたわずかな違いに見える．しかし，dRGT 理論は対称性（重力の場合は一般座標変換の下での不変性）を持たず，そのため新たな伝搬

ある．一方，運動方程式がラグランジアンの変分から得られた場合ではないとき，自明な式 $0 = 0$ は，一つの式が自明に満たされることを示しており，変数を特定する運動方程式が一つ少ないことを意味する．このとき，一つの物理自由度に対する運動方程式が存在せず，時間発展は唯一に決まらない．

自由度が現れ，理論の構造が大きく変わる．dRGT 理論の因果構造解析は非常に煩雑であるが，この章で示した解析を練習するにはよい題材であるため，詳細を示すことにした．

1.4.1　スカラー場

まずはこの小節で，**スカラー場理論**の因果構造解析から始めよう．スカラー場として，共変性を持つスカラー場である正準スカラー場を考えよう．正準スカラー場とは，運動項が"通常"の形をしているスカラー場のことである．つまり，ラグランジアンが

$$\mathcal{L} = \sqrt{-g}\left(-\frac{1}{2}\partial_\mu\phi\partial^\mu\phi - V(\phi)\right) \tag{1.35}$$

で与えられるスカラー場 ϕ の理論を考える．その運動方程式は，ラグランジアンをスカラー場 ϕ で変分することで得られ，それは

$$g^{\mu\nu}\left(\partial_\mu\partial_\nu - \Gamma^\alpha_{\mu\nu}\partial_\alpha\right)\phi - V'(\phi) = 0 \tag{1.36}$$

という自己相互作用を持つ**クライン–ゴルドン型の発展方程式**になる．クライン–ゴルドン型の運動方程式の摂動解析では，分散関係を調べることにより，（質量が 0 でない場合は）エネルギーを上げるに従って伝搬モードの速度が上がることがわかる．最高速度は運動エネルギーが無限大の極限で達成され，その極限では速度は光の速度に漸近する．つまり，特性曲面は光的曲面となるはずである．これが非線形でも正しいことを，因果構造解析の手法で見てみよう．

特性曲面になるための条件は，最高階微分の ∂_μ を ζ_μ に置き換えることで導くことができる．しかし，ここでは時空の分解を具体的に理解するため，∂_μ を ζ_μ に置き換えるのではなく，面 Σ をベースとして ∂_μ を分解することで，解析してみよう．式 (1.11) を用いて運動方程式 (1.36) を分解すると，

$$\begin{aligned}
0 &= g^{\mu\nu}\partial_\mu\partial_\nu\phi - g^{\mu\nu}\Gamma^\alpha_{\mu\nu}\partial_\alpha\phi + V'(\phi) \\
&= g^{\alpha\beta}(\xi^\mu\zeta_\alpha + \top^\mu_\alpha)(\xi^\nu\zeta_\beta + \top^\nu_\beta)\partial_\mu\partial_\nu\phi - g^{\mu\nu}\Gamma^\alpha_{\mu\nu}\partial_\alpha\phi + V'(\phi) \\
&= \zeta^\alpha\zeta_\alpha\partial_0\partial_0\phi + 2\zeta^i\partial_0\partial_i\phi + g^{ij}\partial_i\partial_j\phi - g^{\mu\nu}\Gamma^\alpha_{\mu\nu}\partial_\alpha\phi + V'(\phi)
\end{aligned} \tag{1.37}$$

となる．この式から，0 方向微分に対する最高階微分の係数は $\zeta^\alpha\zeta_\alpha$ であることがわかる．（今，場の数が一つであるため，最高階微分の係数の行列は 1×1 行列になることに注意．）これは確かに，運動方程式 (1.36) の最高階微分において ∂_μ を ζ_μ に置き換えたものになっている．

面 Σ が特性曲面になるための条件は，$\partial_0\partial_0\phi$ の係数が 0 になるとき，つまり

$$\zeta^\alpha\zeta_\alpha = 0 \tag{1.38}$$

である．このことは，ζ^α が光的ベクトルになっているときのみ，Σ が特性曲

面になることを示している．このことは考えている面 Σ に対して直交なベクトル ζ_μ が光的であることを示しており，因果構造の境界が光的曲面になっていることを示している．

スカラー場に微分相互作用を入れた理論の解析は面白い結果を導くため，ここで紹介しよう．以下のように相互作用項を導入したラグランジアンを考える．

$$\mathcal{L} = \sqrt{-g}\left(-\frac{1}{2}\partial_\mu\phi\partial^\mu\phi - \frac{1}{2}m^2\phi^2 + \frac{1}{4}\lambda\partial_\mu\phi\partial^\mu\phi\partial_\nu\phi\partial^\nu\phi\right). \tag{1.39}$$

ここで，λ は相互作用定数である．この理論ではスカラー場に質量を持たせたが，因果構造解析の議論には効いてこない*10)．運動方程式は，

$$\begin{aligned}(1-\lambda\partial_\alpha\phi\partial^\alpha\phi)g^{\mu\nu}&\left(\partial_\mu\partial_\nu\phi - \Gamma^\alpha_{\mu\nu}\partial_\alpha\phi\right)\\ &-2\lambda\partial^\mu\phi\partial^\nu\phi\left(\partial_\mu\partial_\nu\phi - \Gamma^\alpha_{\mu\nu}\partial_\alpha\phi\right) - m^2\phi = 0\end{aligned} \tag{1.40}$$

となる．このとき，特性方程式は ϕ の 2 階微分の項を取り出し，2 階微分の ∂_μ を ζ_μ に置き換えることで得られる．具体的に，特性方程式は

$$(1-\lambda\partial_\alpha\phi\partial^\alpha\phi)\zeta^\mu\zeta_\mu - 2\lambda\left(\zeta^\mu\partial_\mu\phi\right)^2 = 0 \tag{1.41}$$

となる．

ここで，量子論の散乱振幅と比べることを考慮して，摂動的量子論の計算が可能なように，相互作用定数 λ の絶対値は十分小さいとしておく（$|\lambda| \ll 1$）．このとき $(1-\lambda) > 0$ である．$\zeta^\mu\partial_\mu\phi \neq 0$ の場合を考えてみよう．このとき，もし $\lambda < 0$ であるならば，式 (1.41) から $\zeta^\mu\zeta_\mu$ は負となる．これは ζ_μ が時間的方向を向いていることを意味する．つまり，ζ_μ に垂直な特性曲面 Σ は空間的になり，**超光速伝搬**が存在することを意味する．

量子散乱振幅の解析性を課し，高エネルギーでの散乱過程のユニタリ性，局所性，および，因果律の条件を仮定すると，$\lambda < 0$ の条件が得られることが知られている[4]．このような高エネルギー量子物理に一般的な条件を課して求めた条件を紫外完全条件と呼び，ユニタリ性，局所性，および，因果律から得られる微分相互作用の条件は Positivity Bound と呼ばれる．超光速伝搬と Positivity Bound の関係は，ラグランジアンの次のオーダーの相互作用項を調べると壊れてしまうが，λ に関する超光速伝搬と Positivity Bound の関係は，超光速伝搬が何かしらの量子論的悪さを示しているという可能性を表していると考えられる．

*10) 後に，スカラー場の量子散乱から得られる紫外完全条件の一つ Positivity Bound の議論との対応を少し述べる．Positivity Bound の議論は，スカラー場の質量が存在しないと厳密には成立しない．

1.4.2 ゲージ場

次に，**ゲージ場**の因果構造解析を行う．ラグランジアンは

$$\mathcal{L} = \sqrt{-g}\left(-\frac{1}{4}F^{\mathfrak{a}\mu\nu}F^{\mathfrak{a}}_{\mu\nu}\right) \tag{1.42}$$

$$(F^{\mathfrak{a}}_{\mu\nu} := \partial_\mu A^{\mathfrak{a}}_\nu - \partial_\nu A^{\mathfrak{a}}_\mu + g f^{\mathfrak{a}}{}_{\mathfrak{bc}} A^{\mathfrak{b}}_\mu A^{\mathfrak{c}}_\nu)$$

で与えられる．ここで，$f^{\mathfrak{a}}{}_{\mathfrak{bc}}$ は構造定数であり，添え字 $\mathfrak{a}, \mathfrak{b}, \mathfrak{c}$ に対して反対称である．ここでは，他の場との相互作用を導入しないが，他の場を導入した場合も（ゲージ対称性を保つ限り）解析は同様に行うことができ，この小節で得られる結果と同じ結果を与える．

ラグランジアンの変分が与える運動方程式は，

$$\nabla_\mu F^{\mathfrak{a}\mu\nu} = 0 \tag{1.43}$$

である[*11]．これは 2 階の偏微分方程式であり，その 2 階の偏微分項で偏微分 ∂_μ を ζ_μ に置き換えたものは，

$$\zeta_\mu \zeta^\mu A^{\mathfrak{a}\nu} - \zeta_\mu \zeta^\nu A^{\mathfrak{a}\mu} \tag{1.44}$$

となる．(1.44) と ζ_ν との縮約を取ると恒等的に 0 になるため，A^μ の 2 階微分の係数が作る行列は縮退していることがわかる．式 (1.43) は各 $\mathfrak{a}$ に対して ν の取り得る変数の数 4 つの式があるが，(1.44) が縮退しているということは，式 (1.43) に含まれる 2 階微分方程式の数はその縮退の数だけ少ないはずで，3 つしかないことを示している．(1.44) を ζ_ν との縮約を取ることで恒等的に 0 になったことを考えると，共変的により低い微分の式を得るには運動方程式 (1.43) に ∂_ν を作用させればよいことがわかる．そこで，運動方程式 (1.43) に ∂_ν を作用させると

$$\nabla_\nu \nabla_\mu F^{\mathfrak{a}\mu\nu} = 0 \tag{1.45}$$

という式を得る．しかし，$F^{\mathfrak{a}\mu\nu}$ の添え字 μ, ν に対する反対称性から，左辺は恒等的に 0 になることがわかり，この式は $0 = 0$ を表している．このことは，ラグランジアンが本質的に $A^{\mathfrak{a}\mu}$ の各 $\mathfrak{a}$ に対して 3 つの自由度の式しか与えていないことを示しており，ゲージの自由度が $\mathfrak{a}$ の数だけ存在することを示している．運動方程式 (1.43) の 2 階微分の係数 (1.44) が作る行列は，$A^{\mathfrak{a}\mu}$ の各 $\mathfrak{a}$ に対して固有値が 0 の固有ベクトル ζ_ν が 1 つと，残り 3 つの空間を張っている．その 3 つが物理的に意味のある変数であり，運動方程式 (1.43) の 4 つの式のうちの自明な式である式 (1.45) を除いた 3 つの式が，$A^{\mathfrak{a}\mu}$ の**ゲージ自由度**以外の物理的自由度の時間発展を決めている．

ゲージ場 $A^{\mathfrak{a}\mu}$ に対する運動方程式 (1.44) が作る特性行列は，添え字 $\mathfrak{a}$ ごと

---

*11) ここでの共変微分 ∇_μ は，ゲージ場の接続も含んだ共変微分である．

に場 $A^{\mathfrak{a}\mu}$ の数が 4 つあり，運動方程式 (1.44) が 4 成分あるため，愚直には添え字 $\mathfrak{a}$ ごとに 4×4 行列が現れる．しかし，前段落の議論により，(1.44) が作るこの 4×4 の行列から場の自由度としてゲージ自由度を省き，方程式の自由度として 0=0 の恒等式を表す部分を省いた 3×3 行列を解析すればよいことがわかる．特性行列を表す (1.44) の $A^{\mathfrak{a}\mu}$ の係数を見ると，μ, ν の添え字に関してそれぞれ ζ_μ, ζ_ν が固有値 0 を与える固有ベクトルとなっている．そこで，物理的な 3 自由度と自明でない 3 つの方程式に対する特性行列を得るためには，行列 (1.44) において ζ_μ と ζ_ν に独立な成分と取ってくればよく，つまり上付きの i, j 成分を取ればよいことを言っている．結果，$A^{\mathfrak{a}\mu}$ の各 $\mathfrak{a}$ に対する特性行列は，

$$\zeta_\mu\zeta^\mu g^{ij} - \zeta^i\zeta^j =: \zeta_\mu\zeta^\mu h^{ij} \tag{1.46}$$

となり，特性方程式は

$$(\zeta_\mu\zeta^\mu)^3 \det h^{ij} = 0 \tag{1.47}$$

となる．ここで h^{ij} は今考えている面 Σ 上，つまり ζ_μ に直交するの誘導計量 h_{ij} の逆行列になっている．Σ が光的曲面の場合は逆行列が存在しないが，そこはとりあえずは気にせずこのように書いておくことにしよう．

Σ が光的曲面でない場合は $\zeta_\mu\zeta^\mu \neq 0$ であり，また，**誘導計量** h_{ij} は正則であるため $\det h^{ij} \neq 0$ である．そのため，特性方程式 (1.47) は満たされない．

Σ が光的曲面のときは $\zeta_\mu\zeta^\mu = 0$ であるため，特性方程式 (1.47) は満たされそうであり，$\zeta_\mu\zeta^\mu$ の 3 乗の係数があるため，$\zeta_\mu\zeta^\mu = 0$ は特性方程式 (1.47) の 3 重解であるように見える．しかし，このとき $\det h^{ij}$ が正則でないため，慎重な解析が必要になる．h^{ij} は（Σ が光的曲面でないときは）

$$h^{ij} = g^{ij} - \frac{g^{0i}g^{0j}}{g^{00}} \tag{1.48}$$

と書ける．$g^{00} = \zeta_\mu\zeta^\mu$ である．Σ が光的曲面となる極限では g^{00} が 0 になるため，h^{ij} には発散する成分が含まれる．一方，$g^{00}h^{ij}$ という量を考えると，式 (1.48) からこの量は発散が生じずにスムーズに Σ が光的になる極限を取ることができる．ここで，Σ 上の座標を，Σ が光的曲面になる極限で光的方向を指す方向を 1 方向にとり，それに直交する方向を $p, q, \cdots$ の添え字で表すことにしよう．つまり，Σ が光的曲面になる極限で $\zeta^\mu \to (\partial/\partial x^1)^\mu$ となるように座標を張る．このとき 1 方向と p 方向は直交しているので，$h^{pq} = g^{pq}, h^{1p} = 0$ となる．h^{ij} の中で Σ が光的曲面になる極限で発散するのは h^{11} のみである．また，h^{11} も $g^{00}h^{11}$ という組にしておけば，式 (1.48) から

$$\zeta_\mu\zeta^\mu h^{11} = g^{00}h^{11} = g^{00}g^{11} - g^{01}g^{01} \tag{1.49}$$

となり，Σ が光的曲面になる極限でもこの値は有限値になる．また，この極限

では g^{00} が 0 に収束するため，正則性から $g^{01} \neq 0$ であり，$g^{00}h^{11}$ はこの極限で 0 にならないことにも注意しよう．特性方程式 (1.47) は

$$0 = (\zeta^\alpha \zeta_\alpha)^3 \det h^{ij} = (\zeta^\alpha \zeta_\alpha)^2 g^{00} h^{11} \det h^{pq} \tag{1.50}$$

となる．$g^{00}h^{11} \det h^{pq}$ は発散することはなく，また，0 でない値を取る．一方，式 (1.50) には $\zeta^\alpha \zeta_\alpha$ の係数があるため，$\zeta^\alpha \zeta_\alpha = 0$ は式 (1.50) の解になっている．$\zeta^\alpha \zeta_\alpha$ の項が 2 乗で表れるのは，この解に対応する伝搬モードが 2 つあることに対応する．各 $\mathfrak{a}$ について，ゲージモードを除いた特性行列は 3×3 行列であり，3 つの物理変数が対応していた．$\zeta^\alpha \zeta_\alpha$ の項が 2 乗で表れることは，この 3 つの物理変数のうちの 2 つの自由度に関してのみが伝搬モードになることを表している．残りの一つは伝搬の式ではなく，**拘束条件**として現れることと対応する．まとめると，$A^{\mathfrak{a}\mu}$ の各 $\mathfrak{a}$ に対する伝搬モードが 2 つあり，このモードは高エネルギー極限で光的曲面上を伝搬する．この自由度は，摂動解析での**伝搬自由度**の数と一致している．

1.4.3 質量を持つベクトル場

次に，**質量を持つベクトル場**に対しての因果構造解析を見てみよう．簡単のため，平坦な時空（ミンコフスキー時空）上での場の伝搬を考えることにする．曲がった時空上の解析でも，違いは偏微分が共変微分になるため解析が面倒になるだけで，本質的なところは全く変わらない．面白いことに，質量を持つベクトル場の因果構造境界は，光的曲面以外のものが存在する．質量項の影響でゲージ対称性がなく，ゲージ理論のときにゲージ自由度であった自由度が物理的自由度になり，その自由度が空間方向に情報が伝搬する超光速伝搬モードになることがある．これを見てみよう．

質量を持つベクトル場として

$$\mathcal{L} = -\frac{1}{4} F^{\mu\nu} F_{\mu\nu} - \frac{1}{2} m^2 A^\mu A_\mu - \frac{1}{4} \lambda (A^\mu A_\mu)^2 \tag{1.51}$$
$$(F_{\mu\nu} := \partial_\mu A_\nu - \partial_\nu A_\mu)$$

というラグランジアンで表される理論を考えてみよう．ゲージ場の運動項に質量項を加え，さらに 4 点相互作用項を加えた．この理論の運動項は，通常のゲージ理論の運動項に微分を含まない項を足しただけであるので，空間方向に情報が伝搬する超光速伝搬モードは現れないように思われる．しかし，特性方程式を求め解析すると，場が値を持つときには超光速伝搬モードが現れることがわかる．

ラグランジアン (1.51) から導かれる運動方程式は

$$\partial_\mu F^{\mu\nu} - m^2 A^\nu - \lambda A^\mu A_\mu A^\nu = 0 \tag{1.52}$$

となる．最高階微分の係数は，

$$\zeta^\alpha \zeta_\alpha \delta^\mu{}_\nu - \zeta^\mu \zeta_\nu \tag{1.53}$$

である．（ここで，μ の添え字は方程式の成分，ν の添え字は場の成分を表している．）この行列に ζ_μ を作用させると 0 となる．これは，この行列が縮退していることを示している．このことは，運動方程式 (1.52) の中に，より低い微分のみで表される式が内在していることを示している．質量を持つベクトル場の理論 (1.51) は拘束系であることは良く知られており，より低い微分のみで表される式は拘束条件を与える．微分の階数が低い方程式である拘束条件を表す式の見つけ方は 1.3.5 節で与えた．その解析手法に従って，拘束条件を導き出そう．

1.3.5 節の議論に従って，ζ_ν を ∂_ν に置き換えて方程式に作用させよう．つまり，運動方程式 (1.52) に ∂_ν を作用させる．すると，拘束条件を与える方程式が，以下のように得られる．

$$(m^2 + \lambda A^\mu A_\mu)\partial_\nu A^\nu + 2\lambda A_\mu A^\nu \partial_\nu A^\mu = 0. \tag{1.54}$$

この式は，微分の階数が低い方程式であり，拘束条件を与える．

運動方程式 (1.52) の 0 固有値成分以外の成分と，拘束条件 (1.54) の最高階微分の係数を調べることで，特性曲面を見つけることができる．運動方程式 (1.52) の最高階微分の係数 (1.53) は，添え字 μ, ν に関してそれぞれ ζ_μ, ζ_ν が固有値 0 を与える固有ベクトルとなっているので，それと独立な成分，つまり上付きの i, j 成分をとればよい．その最高階微分は 2 階であり，一方，拘束条件 (1.54) の最高階微分は 1 階である．結果，特性方程式は，

$$\begin{aligned} 0 &= \det \begin{pmatrix} \zeta^\alpha \zeta_\alpha g^{ij} - \zeta^i \zeta^j & 0 \\ 2\lambda A_i A^0 & m^2 + \lambda A^\mu A_\mu + 2\lambda A_0 A^0 \end{pmatrix} \\ &= (\zeta^\alpha \zeta_\alpha)^3 \left(\det h^{ij}\right) (m^2 + \lambda A^\mu A_\mu + 2\lambda A_0 A^0) \end{aligned} \tag{1.55}$$

となる．ここで，1 行目右辺の行列では，行列 1 行目が式 (1.52) の $\nu = a$ 成分 3 つの式を，2 行目が式 (1.54) を，1 列目が A^a の 3 成分を 2 列目が A^0 成分を表しており，4×4 行列であることに注意しよう．考えている場 A^μ の成分は 4 つあるため，考える行列は 4×4 行列でなければならない．h^{ij} は 1.4.2 節の式 (1.47) の下で定義したように，Σ 上の誘導計量 h_{ij} の逆行列である．

式 (1.55) の $(\zeta^\alpha \zeta_\alpha)^3 \det h^{ij}$ が 0 となる場合は，1.4.2 節の解析と同じである．つまり，高エネルギー極限で光的曲面を伝搬するモードが 2 つあることを示している．一方，1.4.2 節と違い，$(m^2 + \lambda A^\mu A_\mu + 2\lambda A_0 A^0) = 0$ となることで特性方程式が満たされる可能性がある．ゲージ理論と異なり，質量を持つベクトル場の理論では**縦波伝搬**が物理的モードになる．そのため，縦波の伝搬モードに対応する特性方程式の解が存在する．

$(m^2 + \lambda A^\mu A_\mu + 2\lambda A_0 A^0) = 0$ を満たす面は，空間的にも時間的にも光的

にもなる可能性がある．その面が空間的になる場合の条件を求めてみよう．面 Σ が空間的であるとき，直交ベクトル ζ_μ を単位ベクトルに選んで，さらに $\zeta_\mu = \xi_\mu$ となるような，**ガウス直交座標**を選ぶことができる．そのとき，

$$0 = m^2 + \lambda A^\mu A_\mu + 2\lambda A_0 A^0 = m^2 - 3\lambda (A^0)^2 + \lambda A_i A^i \tag{1.56}$$

となる．つまり，面 Σ に対するガウス直交座標で

$$(A^0)^2 = \frac{1}{3}\left(A_i A^i + \frac{m^2}{\lambda}\right) \tag{1.57}$$

を満たす配位にベクトル場がなっていれば，考えている面 Σ は特性曲面になっているのである．この面は空間的に広がっており，この面が特性曲面であるということは（高エネルギー極限で）この面上に伝搬モードが存在することを表している．空間的な面に伝搬する自由度があることは，つまり，超光速伝搬が存在することを意味する．これは，λ が 0 でなければ，その値の正負に関わらず，場 A^μ の配位が式 (1.57) を満たす配位を取ることで超光速伝搬が現れることを示している．ラグランジアンの運動項がゲージ場の理論と同じ $-\frac{1}{4}F^{\mu\nu}F_{\mu\nu}$ であっても質量を持つベクトル場の理論では，相互作用を導入したとたんに超光速伝搬が現れるのである．

以上，まとめると，ゲージ場の物理自由度に対応する $(\zeta^\alpha \zeta_\alpha)^2$ 由来の伝搬モードが 2 つあり，これらの高エネルギー極限は常に光的曲面上の伝搬を与える．加えて $(m^2 + \lambda A^\mu A_\mu + 2\lambda A_0 A^0)$ 由来の伝搬モードが 1 つあり，このモードの高エネルギー極限の伝搬方向は，場 A^μ の配位により空間的にも時間的にも光的にもなり得る．

1.4.4　一般相対性理論

では，重力理論の解析を行っていこう．ここではまず，一般相対性理論の因果構造を調べる．一般相対性理論では伝搬する物理自由度は時空計量であり，また，時間的・光的・空間的な方向を定めるのも時空計量である．そのため，伝搬自由度と時空構造が関連しており，愚直には両方の情報を同時に解く必要があると思われる．**摂動解析**で問題を扱った場合，ある固定された背景計量 $g^{(0)}_{\mu\nu}$ を考え，その背景時空上に与えられた摂動計量 $h_{\mu\nu}$（重力波の自由度である）の方程式を解き，背景計量 $g^{(0)}_{\mu\nu}$ 上での因果構造を導くことになる．このように扱うと，固定された計量上の線形テンソル場の発展問題となり，解析は容易である．そのとき，因果構造は背景計量 $g^{(0)}_{\mu\nu}$ を用いて表される．しかし，現実の計量 $g_{\mu\nu}$ は，**背景計量**と**摂動計量**を合わせた $g_{\mu\nu} = g^{(0)}_{\mu\nu} + h_{\mu\nu}$ である．背景計量 $g^{(0)}_{\mu\nu}$ で表される時空と，実際の計量 $g^{(0)}_{\mu\nu} + h_{\mu\nu}$ で表される時空とは，摂動の分だけ異なる．そのため，背景計量 $g^{(0)}_{\mu\nu}$ と実際の計量 $g^{(0)}_{\mu\nu} + h_{\mu\nu}$ で表される光的方向は一般に摂動のオーダーでずれがあり，因果構造が同じになる保証はない．そのずれを考慮した際，果たして背景計量 $g^{(0)}_{\mu\nu}$ で解いた因果構造が実

際の計量 $g^{(0)}_{\mu\nu}+h_{\mu\nu}$ の時空構造と厳密に一致するかに関して，疑問が生じる．

因果構造解析の手法では，摂動論を用いず，非線形に因果構造を解くことができるため，上で書いたような問題は生じない．因果構造を摂動近似に頼ることなく厳密に求めることができる．これから行う因果構造解析により，非線形効果をすべて取り入れた計量における光的曲面が特性曲面になっていることがわかる．一方，ガウス–ボンネ項などの高階曲率を与えた理論では，一般に光的曲面が特性曲面にならないことが知られている．解析はここで示す方法と同様な手法で行うことができる．その解析に興味のある読者は，[5] などの参考文献を読むとよい．

ここでは真空の場合の一般相対性理論を考えよう．物質を導入しても，解析手法と得られる結果は基本的に同じである．真空の一般相対性理論のラグランジアンは

$$\mathcal{L}=\sqrt{-g}R \tag{1.58}$$

で与えられ，運動方程式（**真空のアインシュタイン方程式**）は

$$R_{\mu\nu}-\frac{1}{2}Rg_{\mu\nu}=0 \tag{1.59}$$

である．計量 $g_{\mu\nu}$ は μ,ν に対して対称性であるため，$g_{\mu\nu}$ の変分で得られるこの運動方程式も μ,ν に対して対称な式となる．そのため，式の数は合計 10 個であることに気を付けよう．この運動方程式の最高階微分は 2 階である．偏微分 ∂_μ を ζ_μ に置き換えてからその係数を引き出すと，

$$\frac{1}{2}\left(2\zeta_{(\mu}\zeta^{(\alpha}\delta^{\beta)}_{\nu)}-\zeta^\gamma\zeta_\gamma\delta^{(\alpha}_\mu\delta^{\beta)}_\nu-\zeta_\mu\zeta_\nu g^{\alpha\beta}-\zeta^\alpha\zeta^\beta g_{\mu\nu}+\zeta^\gamma\zeta_\gamma g_{\mu\nu}g^{\alpha\beta}\right) \tag{1.60}$$

となる．ここで，μ,ν は運動方程式 (1.59) の成分を表す添え字であり，α,β は運動式内の 2 階微分項 $\partial_0^2 g_{\alpha\beta}$ の計量成分に対応する．また，添え字のところに現れる括弧 $(\mu\nu)$ などは，添え字に対して**対称化**を行うことを意味する．つまり，

$$T^{\alpha\cdots(\beta\gamma)\cdots}=\frac{1}{2}\left(T^{\alpha\cdots\beta\gamma\cdots}+T^{\alpha\cdots\gamma\beta\cdots}\right) \tag{1.61}$$

である．

式 (1.60) に ζ^μ を作用させると 0 になることが容易にわかる．このことから，運動方程式 (1.59) に ∂^μ を作用させることで，微分階数がより低い方程式が与えられると期待される．この理論は共変的な理論であるため，共変微分 ∇^μ を作用させたほうが見通しがよい．すると，

$$\nabla^\mu\left(R_{\mu\nu}-\frac{1}{2}Rg_{\mu\nu}\right)=0 \tag{1.62}$$

を得る．しかし，この式の左辺は**ビアンキ恒等式**から恒等的に 0 になることが

わかり，この式は $0=0$ の自明な式になる．このことは，2 階微分だけでなく，より低い次数の方程式でさえ (1.60) に含まれていないことを意味し，場の自由度にゲージ自由度が含まれていることを示している．今，自明な式の数は式 (1.62) の数だけあり，それは ν でラベルされているので合計 4 個ある．そのため，独立な方程式の数は $10-4=6$ 本である．そして，$g_{\mu\nu}$ の中にはゲージ自由度が 4 自由度あり，物理的自由度は 6 自由度である．ゲージ自由度は一般座標変換に対する理論の不変性に対応する自由度であり，確かにそれは時空次元の数である 4 個ある．このことから，一般相対性理論の特性行列は，10×10 行列である (1.60) から，0 固有値を与える 4 つのベクトルに対応する自由度を除いた 6×6 成分の行列である．そして，この 6×6 成分の行列に対して，その行列式を調べることで特性方程式が得られる．

行列 (1.60) は，$\zeta^\mu, \zeta^\nu, \zeta^\alpha, \zeta^\beta$ を作用させるとそれぞれ 0 になるため，これらの成分に直交する成分を考えればよい．つまり，それぞれの方向について ζ_μ 方向に直交する方向に射影すればよい．それは，μ, ν, α, β を上付きの添え字 i, j, k, l に置き換えることで行うことができ，特性行列は，

$$\begin{aligned}
&\frac{1}{2}\Big(\zeta^i\zeta^{(k}g^{l)j}+\zeta^j\zeta^{(k}g^{l)i}-\zeta^\gamma\zeta_\gamma g^{i(k}g^{l)j}\\
&\qquad\qquad -\zeta^i\zeta^j g^{kl}-\zeta^k\zeta^l g^{ij}+\zeta^\gamma\zeta_\gamma g^{ij}g^{kl}\Big)\\
&=\frac{1}{2}\zeta^\gamma\zeta_\gamma\left(h^{ij}h^{kl}-h^{i(k}h^{l)j}\right)
\end{aligned}\tag{1.63}$$

となる．ここで，h^{ij} は (1.48) で表されたものであり，それは Σ の誘導計量 h_{kl} の逆行列である．特性方程式は (1.63) の行列式を取ることで得られる．特性行列 (1.63) において，添え字 i,j は，もともとのアインシュタイン方程式 (1.59) の添え字 μ, ν 由来のものであり，i,j の組が運動方程式の各成分を表している．一方で，k,l の添え字はアインシュタイン方程式 (1.59) において，2 階微分を持つ計量 $g_{\alpha\beta}$ の添え字が由来であり，場の種類を表す．それぞれ，添え字の組 (i,j) と (k,l) は，添え字が対称であることを考慮すると，2 個の添え字を対称に組む 6 通りの組み方の自由度がある．つまり，特性行列 (1.63) は (i,j) と (k,l) の組み合わせを縦，横に持つ行列として見るべきであり，6×6 行列である．特性行列 (1.63) を，(i,j) と (k,l) の組み合わせを縦，横に持つ行列として見て行列式を取ると，

$$(\zeta^\gamma\zeta_\gamma)^6\det\left(h^{ij}h^{kl}-h^{i(k}h^{l)j}\right)=0 \tag{1.64}$$

が得られる．（特性方程式は定数倍してもよいので，定数係数を省いた．）ここで，右辺の行列式は (i,j) と (k,l) の組み合わせを縦，横に持つ行列として見たときの行列式である．

まず，特性曲面 Σ が光的曲面ではない場合があるかどうかを解析してみよう．特性曲面 Σ が光的曲面ではないとして，Σ 上の座標を 1, 2, 3 方向が直交

するようにとっておく．（つまり，$p \neq q$ のとき $h^{pq} = 0$ となるように座標を取る．）特性曲面 Σ が光的曲面ではないとしているので，$(\zeta^\gamma \zeta_\gamma) \neq 0$ である．そこで，特性方程式 (1.64) の左辺を $(\zeta^\gamma \zeta_\gamma)^6$ で割り

$$\det\left(h^{ij}h^{kl} - h^{i(k}h^{l)j}\right) = \left(h^{11}h^{22}h^{33}\right)^4 \tag{1.65}$$

を得る．Σ は光的曲面でないため，h^{11}, h^{22}, h^{33} は 0 でなく，この特性行列の行列式は 0 にはなり得ない．したがって，特性方程式 (1.64) を満たすことはない．このことから，光的曲面以外の面は特性曲面にはならないことがわかる．

では，Σ が光的曲面の場合を考えよう．Σ を光的曲面から少しずらし，光的曲面になる極限を取る．このとき，ゲージ場の場合（1.4.2 節）で行った解析と同様に，この極限で 1 方向が Σ 上の光的ベクトルの方向になるように 1 方向を取る．Σ を光的曲面から少しずらしたとき，特性方程式 (1.64) の行列式 $\det\left(h^{ij}h^{kl} - h^{i(k}h^{l)j}\right)$ は式 (1.65) で変形でき，このとき特性方程式 (1.64) は

$$\left(\zeta^\gamma \zeta_\gamma\right)^2 \left(\zeta^\gamma \zeta_\gamma h^{11}\right)^4 \left(h^{22}h^{33}\right)^4 = 0 \tag{1.66}$$

と書ける．Σ が光的になる極限を取ったとき，式 (1.49) から $\zeta^\gamma \zeta_\gamma h^{11}$ は有限の 0 でない値になり，$h^{22}h^{33}$ も 0 ではない有限値を取る．一方，最初の係数 $\zeta^\gamma \zeta_\gamma$ は 0 になる．したがって，光的曲面は特性曲面になる．また，式 (1.66) の $\zeta^\gamma \zeta_\gamma$ の次数は 2 であり，これは光的曲面上に 2 つの物理自由度が伝搬していることに対応している．この 2 つの自由度は，摂動解析で現れる 2 つの重力波の自由度である．

1.4.5 dRGT massive gravity

最後の例として，質量を持つスピン 2 の理論を考える[6]．一般相対性理論に類似した（非線形相互作用を含む）運動項を持つ質量を持つスピン 2 の理論を考える．一般相対性理論のラグランジアン (1.58) に単純に質量を加えると，スピン 0 の粒子が現れ，しかも，そのスピン 0 の運動項の係数が負になることが知られている．運動項の係数が負になる場は**ゴースト場**と呼ばれ，**真空の安定性**を壊すか，もしくは**負ノルム**の量子状態を与える（3.2 節参照）．このため，ゴースト場が存在すると，理論は整合性を失う．線形近似の理論では，質量項をうまく調整することでゴースト場となるスピン 0 が消えるようにできることが知られている．そのような線形の理論は**フィールツ–パウリ理論**[7]と呼ばれる．しかし，フィールツ–パウリ理論に一般相対性理論と同様な運動項の非線形成分を加えると，残念ながらスピン 0 成分が現れ，その理論の真空が量子的に不安定性になることが知られていた[8]．その後，ド・ラーム，ガバダゼ，トリーらにより，質量項も非線形化することで，スピン 0 成分が完全に現れないようにする理論が構築された．つまり，真空を量子的に不安定にする自由度を非線形レベルで完全に消した，**質量を持つスピン 2** の理論が構築されたのであ

る．この理論は彼らの名を取って，**dRGT 理論**[9]と呼ばれている．

ここでは，dRGT 理論の因果構造解析を行う．解析により，1.4.2 節で見た質量を持つベクトル場（スピン 1）の理論のように，質量を持つスピン 2 の場の理論でも非線形項の効果により空間的な伝搬が現れることがわかる．今までの他の例と同様に，解析は基本的に 1.3.5 節の指針に従って行えばよい．しかし，方程式系は非常に複雑であり，完全な解析には元の方程式から比べて 3 次次数の低い方程式まで見ないといけない．つまり，行列の縮退を解く作業を 3 回行う必要がある．この困難を（少し）和らげるため，ここでは 1.3.4 節で説明した手法を用いて，方程式を 1 階微分方程式に書き直して解析を行うことにしよう．

dRGT 理論については，本書と同シリーズの [10] に詳しく解説されている．理論の詳細について知りたい読者は [10] を参照されたい．[10] では計量を用いて理論が定義されるが，その際，行列の 2 乗根を取る操作が入る．しかし，行列の 2 乗根は唯一には定まらないため，その不定性を除去するためここでは四脚場を用いた形式で理論を構成する．四脚場の定義や詳しい性質などは，相対性理論の様々な教科書に載っているため（例えば，[1] など），**四脚場**に詳しくない読者は相対論の教科書を参照されたい．本書では，四脚場の詳細な説明は行わない．

四脚場 $e^a{}_\mu$ を用いて，計量は

$$g_{\mu\nu} = e^a{}_\mu e_{a\nu} \tag{1.67}$$

と表される．ここで，添え字 a は局所ローレンツ対称な内部空間の基底に対するものであり，上げ下げはミンコフスキー計量 $\eta_{ab} = \mathrm{diag}(-1,1,1,1)$ で行われる．dRGT 重力理論では，時間発展する実際の計量に加えて，背景計量を導入して，その背景計量と時間発展する計量の差をスピン 2 の場とする．そして，そのスピン 2 の場に質量項を加える．そのため，時間発展する計量 (1.67) に加えて，背景計量を与える必要がある．背景計量も四脚場で導入することとし，その四脚場を $f^a{}_\mu$ とする．すなわち，背景計量 $\bar{g}_{\mu\nu}$ は

$$\bar{g}_{\mu\nu} = f^a{}_\mu f_{a\nu} \tag{1.68}$$

と書ける．以後，時空座標に関する添え字の上げ下げは，時間発展する計量 $g_{\mu\nu}$ とその逆行列 $g^{\mu\nu}$ で行うことにする．

dRGT 理論のラグランジアンは

$$\mathcal{L} = e\left(R + 2\sum_{n=0}^{4} \alpha_n \mathcal{L}_n\right) \tag{1.69}$$

で与えられる．ここで e は 4×4 行列 $e^a{}_\mu$ の行列式であり，R は時間発展する計量 $g_{\mu\nu}$ のリッチスカラーである．また，$\mathcal{L}_n$ は質量項であり，

$$\mathcal{L}_0 = 1, \tag{1.70a}$$

$$\mathcal{L}_1 = f, \tag{1.70b}$$

$$\mathcal{L}_2 = f^2 - f^\mu{}_\nu f^\nu{}_\mu, \tag{1.70c}$$

$$\mathcal{L}_3 = f^3 - 3ff^\mu{}_\nu f^\nu{}_\mu + 2f^\mu{}_\nu f^\nu{}_\lambda f^\lambda{}_\mu, \tag{1.70d}$$

$$\mathcal{L}_4 = f^4 - 6f^2 f^\mu{}_\nu f^\nu{}_\mu + 8ff^\mu{}_\nu f^\nu{}_\lambda f^\lambda{}_\mu + 3(f^\mu{}_\nu f^\nu{}_\mu)^2 - 6f^\mu{}_\nu f^\nu{}_\lambda f^\lambda{}_\delta f^\delta{}_\mu \tag{1.70e}$$

と定義される．$f_{\mu\nu}$ は

$$f_{\mu\nu} := e^a{}_\mu f^b{}_\nu \eta_{ab} \tag{1.71}$$

と定義され，また，$f := f^\mu_\mu$ と定義する．今回は，この dRGT 理論の中でも簡単な例として，$\alpha_2 = \alpha_3 = \alpha_4 = 0$ の場合を考えてみよう．

運動方程式は，ラグランジアンを（時間変化する）物理的変数 $e^a{}_\mu$ で変分することで得られる．得られた運動方程式に $e^a{}_\nu$ を作用させると，

$$\mathcal{G}_{\mu\nu} := G_{\mu\nu} - \alpha_0 g_{\mu\nu} + \alpha_1(f_{\nu\mu} - fg_{\mu\nu}) = 0 \tag{1.72}$$

という式が得られる．この理論の物理的変数は $e^a{}_\mu$ であるが，式 (1.71) で定義された $f_{\mu\nu}$ の時間発展を解くことで $e^a{}_\mu$ の解を得ることができる．$f^b{}_\nu$ は正則な行列であるため逆行列を持ち，$f_{\mu\nu}$ が決まるとその逆行列を式 (1.71) に作用させることで，$e^a{}_\mu$ が求まるからである．したがって，$e^a{}_\mu$ の代わりに $f_{\mu\nu}$ を物理的自由度として解析してもよい．以下では，$f_{\mu\nu}$ を物理的自由度として特性曲面を求めていく．

式 (1.71) からは，$f_{\mu\nu}$ が対称である必要はない．しかし，$f_{\mu\nu}$ は対称性テンソルであることが，以下の議論からすぐにわかる．運動方程式 (1.72) の反対称部分を見ると，

$$f_{[\mu\nu]} = 0 \tag{1.73}$$

が得られる．ここで添え字の括弧 $[\cdots]$ は**反対称化**を表し，つまり，

$$T_{\alpha\ldots[\beta\gamma]\ldots} = \frac{1}{2}\left(T_{\alpha\ldots\beta\gamma\ldots} - T_{\alpha\ldots\gamma\beta\ldots}\right) \tag{1.74}$$

と定義する．式 (1.73) は，$f_{\mu\nu}$ が反対称成分を持たないことを表しており，$f_{\mu\nu}$ が対称性テンソルであることを意味する．したがって，以下，$f_{\mu\nu}$ は対称性テンソルとし，対称性テンソル $f_{\mu\nu}$ の 10 成分の物理的伝搬自由度を調べよう．

dRGT 理論は拘束条件を持っていることが知られている．まず，この拘束条件を最高階微分の係数を調べることで求めてみよう．運動方程式 (1.72) の最高階微分は 2 階であり，$G_{\mu\nu}$ に現れる．$G_{\mu\nu}$ の 2 階微分の係数は，時間発展する計量 $g_{\mu\nu}$ の係数として見ると，式 (1.60) と同じである．実は，この形から

拘束条件の式を導くことはできるが，ここでは 1.3.5 節で行った方法に従って拘束条件を導き出そう．

$G_{\mu\nu}$ において，$f_{\alpha\beta}$ の 2 階微分の係数は，

$$\left(2\zeta_{(\mu}\zeta^{(\omega}\delta_{\nu)}^{\lambda)} - \zeta^{\gamma}\zeta_{\gamma}\delta_{\mu}^{(\omega}\delta_{\nu}^{\lambda)} - \zeta_{\mu}\zeta_{\nu}g^{\omega\lambda} - \zeta^{\omega}\zeta^{\lambda}g_{\mu\nu} + \zeta^{\gamma}\zeta_{\gamma}g_{\mu\nu}g^{\omega\lambda}\right)\delta_{\omega}^{(\alpha}l_{\lambda}^{\beta)} \tag{1.75}$$

となっていることがわかる．ここで，$l^{\mu\nu}$ は $f_{\mu\nu}$ の逆行列である．これに ζ^{μ} を作用させると 0 になる．したがって，運動方程式 (1.72) に ∂_{μ} を作用させると，運動方程式 (1.72) の中のより低い次数の部分を取り出すことができる．共変的に書いたほうが見通しがよいため，∂_{μ} の代わりに ∇_{μ} を作用させよう．運動方程式 (1.72) に ∇_{μ} を作用させると，

$$\mathcal{C}_{\mu} := \nabla^{\nu}f_{\mu\nu} + \nabla_{\mu}f = 0 \tag{1.76}$$

という拘束条件を得る．

運動方程式 (1.72) の中に含まれる，次数がより低い部分である拘束条件 (1.76) と，運動方程式 (1.72) の 2 階微分を含む部分を取り出し，それらの最高階微分の係数を用いて行列を組むことで，特性行列（の候補）を得ることができる．拘束条件 (1.76) の最高階微分の係数は，

$$\zeta^{(\alpha}\delta_{\mu}^{\beta)} + \zeta_{\mu}g^{\alpha\beta} - \zeta_{\gamma}f^{\gamma(\alpha}l^{\beta)}{}_{\mu} - \zeta_{\gamma}l^{\gamma(\alpha}f^{\beta)}{}_{\mu} \tag{1.77}$$

である．ここで μ の添え字は拘束条件 (1.76) の添え字に対応した拘束条件の種類を表す添え字であり，α, β はそれら拘束条件の中の $\partial_0 f_{\alpha\beta}$（の対称成分）の係数を表示している．この係数 (1.77) に $\zeta_{\nu}l^{\nu\mu}$ を作用させると，

$$\begin{aligned}&\zeta_{\nu}l^{\nu\mu}\left(\zeta^{(\alpha}\delta_{\mu}^{\beta)} + \zeta_{\mu}g^{\alpha\beta} - \zeta_{\gamma}f^{\gamma(\alpha}l^{\beta)}{}_{\mu} - \zeta_{\gamma}l^{\gamma(\alpha}f^{\beta)}{}_{\mu}\right)\\ &= \zeta_{\mu}\zeta_{\nu}l^{\mu\nu}g^{\alpha\beta} - \zeta_{\nu}l^{\nu\mu}l_{\mu}{}^{\alpha}f^{\beta)\gamma}\zeta_{\gamma}\end{aligned} \tag{1.78}$$

となる．一方で，運動方程式 (1.72) の最高階微分の係数 (1.75) に $g^{\mu\nu}$ を作用させると，

$$2(\zeta_{\mu}\zeta_{\nu}l^{\mu\nu}g^{\alpha\beta} - \zeta_{\nu}l^{\nu\mu}l_{\mu}{}^{\alpha}f^{\beta)\gamma}\zeta_{\gamma}) \tag{1.79}$$

を得る．(1.79) の結果は，(1.78) の結果のちょうど 2 倍になっている．これは，拘束条件 (1.76) と運動方程式 (1.72) のある線形結合が，最高階微分の係数の部分に関して縮退していることを示している．縮退している成分は，拘束条件 (1.76) に $\partial_{\nu}l^{\nu\mu}$ を作用させて 2 倍したものと運動方程式 (1.72) に $g^{\mu\nu}$ を作用させたものである．したがって，

$$\mathcal{C} := 2\nabla_{\mu}\left(l^{\mu\nu}\mathcal{C}_{\nu}\right) - \mathcal{G}^{\mu}{}_{\mu} = 0 \tag{1.80}$$

とすることで新たな拘束条件が得られる．ここでは共変的な式を得るために，拘束条件 (1.76) には $\partial_\nu l^{\nu\mu}$ の代わりに $\nabla_\nu l^{\nu\mu}$ を作用させた．dRGT 理論がこれらの拘束条件を持つことはよく知られているが，何の知識もなくこの拘束条件を導き出すのは難しい．しかし，因果構造解析の手法を用いると，導出法を知らなくとも拘束条件を求めることができる，ということをここで強調しておく．

今，運動方程式 (1.72) と拘束条件として (1.76) と (1.80) がある．拘束条件 (1.76) と (1.80)，そしてそれらに直交する運動方程式 (1.72) の最高階微分の係数を組み合わせて，行列を作ることで特性行列（の候補）を得る．しかし，得られた行列はさらにまだ縮退しているのである．したがって，さらなる縮退を解いていく必要がある．しかしながら，1.3.4 節で示した 1 階微分形式に書き直すことで，さらなる縮退を生じさせず解析を行うことができる．さらに縮退を解いていく解析は煩雑であるため，ここでは（いくらか煩雑性がましになる）1 階微分形式へ書き直しの手法を用いて解析を進めよう．

運動方程式 (1.72) は $f_{\mu\nu}$ に関して 2 階微分方程式である．これを 1 階微分形式へ書き直すためには，1.3.4 節で示した手法に従い，$f_{\mu\nu}$ の 1 階偏微分を新たな場として定義する必要がある．愚直には $\partial_\alpha f_{\beta\gamma}$ を新たな場として定義しないといけないが，実は，運動方程式 (1.72) には $\partial_\mu \partial_{[\alpha} f_{\beta]\gamma}$ の形でしか $f_{\beta\gamma}$ の 2 階微分は現れないため，$\partial_{[\alpha} f_{\beta]\gamma}$ のみに対して新たな場を導入すればよい．そこで，

$$M_{\alpha\beta\gamma} := \partial_{[\alpha} f_{\beta]\gamma} \tag{1.81}$$

で定義される補助場 $M_{\alpha\beta\gamma}$ を導入する．$M_{\alpha\beta\gamma}$ の成分数は，$[\alpha\beta]$ の成分数が 6 つ，γ の成分数が 4 つであるため，$6 \times 4 = 24$ と見積もれるかもしれない．しかし，$f_{\mu\nu}$ の対称性を考えると，

$$\epsilon^{\mu\alpha\beta\gamma} M_{\alpha\beta\gamma} = 0 \tag{1.82}$$

であるため実際にはさらに 4 成分少なく，$M_{\alpha\beta\gamma}$ の成分数は 20 である．

考える面 Σ を導入し ζ_μ を用いて面に垂直な 0 成分と平行な成分 $i, j, \cdots$ 成分に分解する．すると，M の定義から，

$$M_{0i0}(= -M_{i00}) = \frac{1}{2}\left(\partial_0 f_{i0} - \partial_i f_{00}\right), \tag{1.83a}$$

$$M_{0ij}(= -M_{i0j}) = \frac{1}{2}\left(\partial_0 f_{ij} - \partial_i f_{0j}\right), \tag{1.83b}$$

$$M_{ij0}(= -M_{ji0}) = \frac{1}{2}\left(\partial_i f_{j0} - \partial_j f_{i0}\right), \tag{1.83c}$$

$$M_{ijk}(= -M_{jik}) = \frac{1}{2}\left(\partial_i f_{jk} - \partial_j f_{ik}\right) \tag{1.83d}$$

という式が得られる．最初の 2 つの式は，1.3.4 節の u の定義式 (1.22a) に対

応する．これらは f_{i0} と f_{ij} の 0 方向の 1 階微分 ∂_0 を含んでおり，f_{i0} と f_{ij} の時間発展を決める式であると解釈するべき式である．一方，残り 2 つの式は，1.3.4 節の v_i の定義式 (1.22b) に対応する．v_i の定義式 (1.22b) はこれのみでは 0 方向への発展方程式の形をしていなかった．1.3.4 節では，u の定義式と合わせることで，式 (1.24) に示されるように v_i の発展方程式を得た．今行っている dRGT 理論の解析でも，同様のことをしなければならない．$M_{\alpha\beta\gamma}$ の定義式 (1.81) から，

$$\partial_{[\mu}M_{\alpha\beta]\gamma} = \partial_{[\mu}\partial_\alpha f_{\beta]\gamma} = 0 \tag{1.84}$$

となることがわかる．これから，

$$\partial_0 M_{ij0} = \partial_i M_{0j0} - \partial_j M_{0i0}, \tag{1.85a}$$

$$\partial_0 M_{ijk} = \partial_i M_{0jk} - \partial_j M_{0ik} \tag{1.85b}$$

を得る．これらの式は，M_{ij0} と M_{ijk} の時間発展を唯一に決める．

以上のことから，式 (1.83a), (1.83b), (1.85a), (1.85b) を用いて，f_{i0}, f_{ij}, M_{ij0} と M_{ijk} の時間発展は唯一に決まることがわかった．時間発展がまだ唯一に決まっていない変数は f_{00}, M_{0i0}, M_{0ij} である．これらの自由度を数えてみる．実は，M_{0ij} に関して i, j に対して反対称な成分は，式 (1.82) を用いて

$$M_{0ij} - M_{0ji} = M_{ij0} \tag{1.86}$$

であることがわかる．M_{ij0} の時間発展はすでに唯一に定まることが示されているので，この式を通して M_{0ij} の i, j に対する反対称成分はその時間発展が唯一に定まっているのである．したがって，考えるべき残りの成分は f_{00}, M_{0i0}, $M_{0(ij)}$ である．f_{00} は 1 成分，M_{0i0} は 3 成分，$M_{0(ij)}$ は 6 成分あり，合計 10 成分ある．この数は，運動方程式 (1.72) の数と一致している．つまり，運動方程式を解くことで，これらの時間発展が定まるのである．(f_{i0}, f_{ij}, M_{ij0} と M_{ijk} の発展は $M_{\alpha\beta\gamma}$ の定義式 (1.81) のみから得られており，運動方程式はこの段階では全く用いていないことに注意しよう．)

運動方程式 (1.72) と，その運動方程式から得られる拘束条件 (1.76), (1.80) に現れる f_{00}, M_{0i0}, $M_{0(ij)}$ に関する特性行列を調べていこう．拘束条件 (1.76), (1.80) は，$f_{\mu\nu}$ と $M_{\alpha\beta\gamma}$ を用いて表すと，それらの微分は現れない式になっており，また，それらに対して非線形の式になっている．準線形の 1 階微分方程式を得るため，これらの拘束条件に ∂_0 を作用させた式を考える．また，これらの拘束条件 (1.76), (1.80) に関しては代わりに

$$l^\nu{}_\mu \mathcal{C}_\nu = 2l^{\alpha\beta}N_{\mu\alpha\beta} + 2l^\beta{}_\mu e_a{}^\alpha \partial_{[\alpha}f^a{}_{\beta]} = 0, \tag{1.87a}$$

$$\begin{aligned}\mathcal{B} &:= \mathcal{C} - \mathcal{C}_\mu \bar{g}^{\mu\nu}\mathcal{C}_\nu \\ &= 4\alpha_0 + 3\alpha_1 f - g^{\mu\alpha}(2l^{\beta\lambda}l^{\gamma\nu} + g^{\beta\nu}\bar{g}^{\lambda\gamma})N_{\mu\nu\lambda}N_{\alpha\beta\gamma}\end{aligned}$$

$$
+ e_a{}^\mu e_b{}^\nu R(f)_{\mu\nu}{}^{ab} - 2N_{\nu\rho\gamma}\left(2l^{\gamma\mu}l^{\beta\nu}e^{b\rho}\mathcal{F}_{\mu\beta b} + e^{b\gamma}l^{\beta\nu}l^{\rho\lambda}\mathcal{F}_{\lambda\beta b}\right)
$$

$$
+ \left(2\eta^{ab}l^{\beta\nu}l^{\mu\alpha} + \bar{g}^{\nu\alpha}f^a_{\ \lambda}e^{b\lambda}l^{\beta\mu}\right)\mathcal{F}_{\mu\nu a}\mathcal{F}_{\alpha\beta b} \tag{1.87b}
$$

を考えることにする．ここで，

$$
N_{\delta\epsilon\lambda} := M_{\delta\epsilon\lambda} + e_{a[\delta}\partial_{\epsilon]}f^a_{\ \lambda}, \tag{1.88a}
$$

$$
\mathcal{F}_{\alpha\beta}{}^c := \partial_{[\alpha}f^c_{\ \beta]}, \tag{1.88b}
$$

である．$N_{\delta\epsilon\lambda}$ と $\mathcal{F}_{\alpha\beta}{}^c$ には $f^a_{\ \mu}$ の微分が入っているが，これは物理自由度の発展には関係ない．$f^a_{\ \mu}$ は背景計量であり，dRGT 理論では理論を定義するときに固定される四脚場であるからである．（一方，$f_{\mu\nu}$ は $f_{\mu\nu} = e^a{}_\mu f_{a\nu}$ であり，背景四脚場 $f_{a\nu}$ を通して物理的自由度 e^a_μ と 1 対 1 対応する物理的自由度であり，今この解析で調べている物理的そのものである．）$N_{\delta\epsilon\lambda}$ と $\mathcal{F}_{\alpha\beta}{}^c$ には理論の発展する物理自由度である四脚場 $e^a{}_\mu$ の微分は表れていないことに注意しよう．つまり，理論を定めるときに決まるテンソルである．運動方程式 (1.72) とこれらの拘束条件に ∂_0 を作用させた式に現れる f_{00}, M_{0i0}, $M_{0(ij)}$ の ∂_0 に関しての 1 階微分項を考えればよい．これらの式は 15 本ある．しかし，拘束条件 (1.76) と (1.80) が $\mathcal{G}_{\mu\nu}$ や $l^\nu{}_\mu\mathcal{C}_\nu$ に微分 ∇^μ を作用することで得られたことを思い出すと，$\mathcal{G}_{\mu\nu}$ や $l^\nu{}_\mu\mathcal{C}_\nu$ の情報の一部は拘束条件 (1.76) と (1.80) に含まれている．この重複自由度を省かないといけない．微分の作用は微分の方向への射影と考えられ，ζ^μ の方向への射影と捉えることができるため，$\mathcal{G}_{\mu\nu}$ や $l^\nu{}_\mu\mathcal{C}_\nu$ に対しては ζ^μ と直交するもの，すなわち，添え字を上付きにして i, j とした式のみを取り出さないといけない．すると，考えるべき式の数は 10 本となる．それらは，

$$
\begin{aligned}
\mathcal{G}^{ij} \sim\ & 2\left[g^{00}\left(l^{0k}h^{ij} - l^{0(i}h^{j)k}\right) - l^{00}\left(g^{0k}h^{ij} - g^{0(i}h^{j)k}\right)\right]\partial_0 M_{0k0} \\
& + 2\left[g^{00}\left(l^{kl}h^{ij} - l^{k(i}h^{j)l}\right) - l^{0l}\left(g^{0k}h^{ij} - g^{0(i}h^{j)k}\right)\right]\partial_0 M_{0(kl)} \\
& + \left[g^{00}\left(l^{\lambda(i}h^{j)\nu} - l^{\nu\lambda}h^{ij}\right) - l^{0\lambda}\left(g^{0(i}h^{j)\nu} - g^{0\nu}h^{ij}\right)\right] \\
& \qquad \times \left[2N_{\mu\nu\lambda}l^{0\mu} - l^0_{\ b}\left(\partial_\nu f^b{}_\lambda\right)\right]\partial_0 f_{00},
\end{aligned} \tag{1.89a}
$$

$$
\begin{aligned}
l^{i\nu}\mathcal{C}_\nu \sim\ & -2\left(l^{0j}g^{0i} - l^{00}g^{ij}\right)\partial_0 M_{0j0} - 2\left(l^{jk}g^{0i} - l^{0k}g^{ij}\right)\partial_0 M_{0(jk)} \\
& + 2\Big(l^{0\gamma}l^{0\delta}N^i{}_{\gamma\delta} - g^{0i}l^0{}_\lambda l^{\delta\lambda}e_a{}^\gamma\partial_{[\gamma}f^a{}_{\delta]} \\
& \qquad + l^{0\gamma}e_a{}^0 l^{\delta i}\partial_{[\gamma}f^a{}_{\delta]} - l^0{}_a l^{\gamma\delta}g^{\mu\alpha}\delta^0{}_{[\alpha}\partial_{\gamma]}f^a{}_\delta\Big)\partial_0 f_{00},
\end{aligned} \tag{1.89b}
$$

$$
\begin{aligned}
\mathcal{B} \sim\ & \left(g^{i\alpha}l^{0\beta}l^{0\gamma} - g^{0\alpha}l^{0\beta}l^{i\gamma} - g^{0\alpha}g^{i\beta}l^{0\mu}l_\mu{}^\gamma\right)N_{\alpha\beta\gamma}\partial_0 M_{0i0} \\
& + \left(g^{i\alpha}l^{j\beta}l^{0\gamma} - g^{0\alpha}l^{j\beta}l^{i\gamma} - g^{0\alpha}g^{i\beta}l^{j\mu}l_\mu{}^\gamma\right)N_{\alpha\beta\gamma}\partial_0 M_{0(ij)}
\end{aligned}
$$

$$+\frac{1}{4}\Xi\partial_0 f_{00} \tag{1.89c}$$

となる．ここで記号 $\sim$ は，f_{00}, M_{0i0}, $M_{0(ij)}$ の ∂_0 に関しての 1 階微分項のみ取り出していることを示している．また，

$$\begin{aligned}
\Xi := &-3\alpha_1 g^{00} - 2l^{\mu 0}e_a{}^0 e_b{}^\nu R(f)_{\mu\nu}{}^{ab} \\
&+ 4N_{\mu\nu\lambda}N_{\alpha\beta\gamma}\left(g^{0\mu}l^{0\alpha}l^{\nu\gamma}l^{\lambda\beta} + g^{\mu\alpha}l^{0\nu}l^{\lambda\beta}l^{0\gamma} + g^{\mu\alpha}g^{0\nu}l^{0\beta}\bar{g}^{\gamma\lambda}\right) \\
&- 2\left(g^{\mu 0}l^{\beta\lambda}l^{\gamma\nu} + g^{\mu 0}g^{\beta\nu}\bar{g}^{\lambda\gamma} - g^{\mu\beta}l^{0\lambda}l^{\gamma\nu}\right)N_{\mu\nu\lambda}l^0{}_a\partial_\beta f^a_{\ \gamma} \\
&- 4l^0{}_a\partial_\rho f^a_{\ \gamma}\left(l^{\gamma\mu}l^{\beta 0}e^{b\rho} + e^{b\gamma}l^{\beta 0}l^{\rho\mu} - l^{\gamma\mu}l^{\beta\rho}e^{b0}\right)\mathcal{F}_{\mu\beta b} \\
&+ 2N_{\nu\rho\gamma}\Bigl(2l^{\gamma 0}l^{0\mu}l^{\beta\nu}e^{b\rho} + 2l^{\gamma\mu}l^{\beta 0}l^{0\nu}e^{b\rho} \\
&\qquad\qquad + l^{\gamma\mu}l^{\beta\nu}e^{b0}l^{0\rho} + 2l^{\beta 0}l^{0\nu}l^{\rho\mu}e^{b\gamma}\Bigr)\mathcal{F}_{\mu\beta b} \\
&- \Bigl(2\eta^{ab}l^{\beta 0}l^{\nu 0}l^{\mu\alpha} + 2\eta^{ab}l^{\beta\nu}l^{\mu 0}l^{0\alpha} \\
&\qquad + \bar{g}^{\nu\alpha}e^{a0}e^{b0}l^{\beta\mu} + \bar{g}^{\nu\alpha}e^{a\lambda}f^b_{\ \lambda}l^{\beta 0}l^{\mu 0}\Bigr)\mathcal{F}_{\mu\nu a}\mathcal{F}_{\alpha\beta b}
\end{aligned} \tag{1.90}$$

である．$R(f)_{\mu\nu}{}^{ab}$ は背景計量を作る四脚場 $f^a{}_\mu$ に関するリーマンテンソルである．h^{ij} は (1.48) で定義されたものであり，面 Σ の誘導計量 h_{kl} の逆行列である．これらの式 (1.89) の係数で行列を組むと特性行列が得られる．

具体的な解における因果構造を調べてみよう．例として，背景時空が平坦である場合を考えてみよう．ここで，背景の四脚場 f^a_μ を，内部空間の成分 $a=(t,x,y,z)$ に対して $f^a{}_\mu = \mathrm{diag}(1,1,1,1)$ であるとする．（つまり $f^0{}_\mu dx^\mu = dt$, $f^1{}_\mu dx^\mu = dx$, $f^2{}_\mu dx^\mu = dy$, $f^3{}_\mu dx^\mu = dz$ であるとする．）このとき，$f^a{}_\mu$ の偏微分や $f^a{}_\mu$ から作られたリーマン曲率は 0 になる．

まず，$e^a{}_\mu$ と $f^a{}_\mu$ が一致する場合を考えよう．つまり，$e^a{}_\mu = \mathrm{diag}(1,1,1,1)$ である．このとき，

$$g^{\mu\nu} = \eta^{\mu\nu} = f^{\mu\nu} = l^{\mu\nu} (= \eta^{\mu\nu}), \tag{1.91a}$$

$$N_{\mu\nu\lambda} = 0, \tag{1.91b}$$

$$\mathcal{F}_{\mu\nu a} = 0, \tag{1.91c}$$

$$R(f)_{\mu\nu}{}^{ab} = 0 \tag{1.91d}$$

であり，式 (1.89) はそれぞれ

$$\mathcal{G}^{ij} \sim 2g^{00}\left(h^{lk}h^{ij} - h^{k(i}h^{j)l}\right)\partial_0 M_{0(kl)}, \tag{1.92a}$$

$$l^{i\nu}\mathcal{C}_\nu \sim 2g^{00}h^{ij}\partial_0 M_{0j0}, \tag{1.92b}$$

$$\mathcal{B} \sim -\frac{3}{4}\alpha_1 g^{00}\partial_0 f_{00} \tag{1.92c}$$

となり，行列はブロック対角化される．式 (1.92a), (1.92b), (1.92c) から構成

される行列は，それぞれ順に一般相対性理論，ゲージ場の理論，正準スカラー場の理論に現れた特性行列 (1.63), (1.46), (1.38) と同じ形をしていることがわかるであろう．($g^{00} = \zeta^\alpha \zeta_\alpha$ であることに注意しよう．) したがって，順に 2 自由度，2 自由度，1 自由度の合計 5 自由度の伝搬が光的曲面のみに存在することがわかる．これは，dRGT の動的物理自由度が 5 つであるというよく知られた結果と一致し，物理自由度は高エネルギー極限で光的方向に伝搬することがわかる．

次に，$e^0{}_\mu = f^0{}_\mu$, $e^1{}_\mu = f^1{}_\mu$, $e^2{}_\mu = f^3{}_\mu$, $e^3{}_\mu = f^2{}_\mu$ の場合を考えてみよう．計量やその微分，そして曲率などは

$$g^{\mu\nu} = \bar{g}^{\mu\nu}(= \eta^{\mu\nu}), \tag{1.93a}$$

$$f^{\mu\nu} = l^{\mu\nu} = \begin{pmatrix} -1 & 0 & 0 & 0 \\ 0 & 1 & 0 & 0 \\ 0 & 0 & 0 & 1 \\ 0 & 0 & 1 & 0 \end{pmatrix}, \tag{1.93b}$$

$$N_{\mu\nu\lambda} = 0, \tag{1.93c}$$

$$\mathcal{F}_{\mu\nu a} = 0, \tag{1.93d}$$

$$R(f)_{\mu\nu}{}^{ab} = 0 \tag{1.93e}$$

となる．計量や曲率は，背景時空と動的な時空ともにミンコフスキー時空になっており，まるで重力が存在しないかのような時空になっている．しかし，四極場 e^a_μ と f^a_μ が一致しておらず，この影響により重力のダイナミックスが大きく変化する．このことを見てみよう．

$\zeta_\mu dx^\mu = dt$ となるように面 Σ を取り，その面上で特性方程式が成立するか調べてみよう．ζ_μ は時間的ベクトルであるため，この ζ_μ に垂直な Σ は空間的に広がる面である．これらから，$\mathcal{G}^{ij}$ や $l^{i\nu}\mathcal{C}_\nu$, $\mathcal{B}$ は先ほどの例と同様にブロック対角化され，$l^{i\nu}\mathcal{C}_\nu$, $\mathcal{B}$ の構造は先ほどの例と同じになる．すなわちこの 2 つからなる行列に関しては，特性方程式を満たすのは光的曲面のみである．一方，$\mathcal{G}^{ij}$ の特性行列は

$$\mathcal{G}^{ij} \sim 2g^{00}\left(l^{lk}h^{ij} - l^{k(i}h^{j)l}\right)\partial_0 M_{0(kl)} \tag{1.94}$$

となる．成分を具体的に書くと，

$$\begin{pmatrix} 0 & 1 & 1 & 0 & 0 & 0 \\ 0 & 0 & 0 & 0 & 0 & -1/2 \\ 0 & 0 & 0 & 0 & 0 & -1/2 \\ 0 & 0 & 0 & -1/4 & -1/4 & 0 \\ 0 & 0 & 0 & -1/4 & -1/4 & 0 \\ 1 & 1/2 & 1/2 & 0 & 0 & 0 \end{pmatrix} \tag{1.95}$$

となる．ここで，行は $M_{0(kl)}$ の (kl) 成分を表しており，上から順に 11, 22, 33, 12, 13, 23 成分である．列は運動方程式 $\mathcal{G}^{ij}$ の成分をである ij を表しており，こちらも左から順に 11, 22, 33, 12, 13, 23 成分を表している．この行列は 2 つの 0 固有値を持つ固有ベクトルを持つことが容易にわかる．一方，一般的に行った解析では，特別な面でない限り 6×6 行列は 0 固有値を持たないことを見た．すなわち，この行列を面 Σ 上で評価したときに 2 つの 0 固有値を持つことは，面 Σ 上に伝搬するモードが 2 つあることを示している．面 Σ は空間的に広がっているため，2 つの超光速の伝搬が存在することを意味する．

第 2 章
重力作用関数の摂動展開

多くの重力理論の作用関数は，幾何学量であるリーマン曲率項の積分で表される．重力理論を摂動的に量子化する際，そのような作用関数を背景計量と実際の計量の差で摂動展開して，その展開を基に伝搬関数や頂点関数を構成する．摂動展開は，場（重力理論の場合は計量）を背景場と摂動場の和で書き，それを作用関数などに代入すれば得られる．しかし，代入による計算は摂動次数が上がるほど計算量が増えていき，摂動高次の項を導出するのは大変である．摂動展開の別の求め方としては，テイラー展開を行う方法がある．実は，重力理論の作用関数の摂動展開は，高次にいけばいくほどテイラー展開を用いた計算のほうが見通しがよい．この章では，幾何学量のテイラー展開を与え，具体的に計算を行い，重力作用の摂動展開の求め方を与える．

2.1 場の摂動展開

場 ϕ に関する関数 $f(\phi)$ の摂動展開から考えてみよう．場 ϕ を背景場 $\bar{\phi}$ と摂動場 $\delta\phi$ に分けて，

$$\phi = \bar{\phi} + \delta\phi \tag{2.1}$$

とする．このとき，$f[\phi]$ を背景場 $\bar{\phi}$ 上にある $\delta\phi$ の関数だと見る．つまり，$f[\bar{\phi}+\delta\phi]$ を $\delta\phi$ の関数として見る．$f[\bar{\phi}+\delta\phi]$ を $\phi=\bar{\phi}$ 近傍で展開すると，

$$\begin{aligned} f[\bar{\phi}+\delta\phi] &= f[\bar{\phi}] + f'|_{\phi=\bar{\phi}}\delta\phi + \frac{1}{2}f''|_{\phi=\bar{\phi}}\delta\phi^2 + \cdots \\ &= \sum_k \frac{1}{k!} f^{(k)}|_{\phi=\bar{\phi}}(\delta\phi)^k \end{aligned} \tag{2.2}$$

と，テイラー展開の形で書くことができる．ここで，f', f'', $f^{(k)}$ はそれぞれ f の ϕ による 1 階，2 階，k 階微分を表す．一方，f の摂動展開の n 次の項を知りたければ，$\phi=\bar{\phi}+\delta\phi$ を愚直に $f(\phi)$ に代入してその $(\delta\phi)^k$ の係数を読み

取るといった方法も可能である．例えば，$f[\phi]$ の関数系が ϕ^2 だとすると，

$$f[\bar{\phi}+\delta\phi]=(\bar{\phi}+\delta\phi)^2=\bar{\phi}^2+2\bar{\phi}\delta\phi+\delta\phi^2 \tag{2.3}$$

と計算でき，$\delta\phi$ の 1 次の項は $2\bar{\phi}\delta\phi$，2 次の項は $\delta\phi^2$ であることがわかる．しかし，関数 $f[\phi]$ の形が複雑になり，しかも摂動の高次項を計算する場合は，この代入による計算は煩雑になる．もし，f の n 階微分関数が計算可能であるなら，それを計算し，**テイラー展開**の表式を用いるほうが計算が楽になる．

さて，重力理論の作用関数 $S[g_{\mu\nu}]$ における摂動場の作用を考えてみよう．計量 $g_{\mu\nu}$ を背景計量 $\bar{g}_{\mu\nu}$ と摂動計量 $h_{\mu\nu}$ を用いて以下のように分解する．

$$g_{\mu\nu}=\bar{g}_{\mu\nu}+h_{\mu\nu}. \tag{2.4}$$

そして，摂動計量 $h_{\mu\nu}$ に関して，幾何学量で書かれたある作用関数 $S[g_{\mu\nu}]$ を展開することを考える．このとき，しばしば作用関数 $S[g_{\mu\nu}]$ に式 (2.4) を代入した $S[\bar{g}_{\mu\nu}+h_{\mu\nu}]$ を愚直に展開して，その係数を読み取ることが摂動展開の計算で行われる．しかし，先ほどのスカラー場の関数 $f[\phi]$ の例と同様に，高次の項になればなるほど，テイラー展開を用いたほうが計算が楽になるのは容易に想像が付くであろう．

関数（もしくはさきほどのスカラー場に関する関数）のテイラー展開と幾何学量を摂動計量で展開する場合との異なる点は，作用関数などの展開したい関数が，時空変数に関する微分を含んでいる点である．例えば，ϕ に関する関数 $f[\phi,\partial_\mu]$ が

$$f[\phi,\partial_\mu]=g[\phi]\left(\partial_\mu\phi\right)\left(\partial^\mu\phi\right) \tag{2.5}$$

という形をしていたとしよう．この関数を $\bar{\phi}$ で展開することを考える．すなわち，$\phi=\bar{\phi}+\delta\phi$ としたとき，$f[\phi,\partial_\mu]$ を $\delta\phi$ の関数として表すことを考える．f は時空変数に対する ϕ の微分 $\partial_\mu\phi$ を含んでおり，これに対する ϕ の変分をどのように扱うかが問題である．しかしながら，これは f' に対応するものを $\delta\phi$ に作用する作用素として記述することで解決可能である．すなわち，$f[\phi,\partial_\mu]$ の 1 階変分が

$$\begin{aligned}\delta f[\phi,\partial_\mu]&=g'[\bar{\phi}]\delta\phi\left(\partial_\mu\bar{\phi}\right)\left(\partial^\mu\bar{\phi}\right)+g[\bar{\phi}]\left(\partial_\mu\delta\phi\right)\left(\partial^\mu\bar{\phi}\right)\\&\qquad+g[\bar{\phi}]\left(\partial_\mu\bar{\phi}\right)\left(\partial^\mu\delta\phi\right)\\&=\left\{g'[\bar{\phi}]\left(\partial_\mu\bar{\phi}\right)\left(\partial^\mu\bar{\phi}\right)+2g[\bar{\phi}]\left(\partial_\mu\bar{\phi}\right)\partial^\mu\right\}\delta\phi\end{aligned} \tag{2.6}$$

と書けることから，f' を

$$f'[\phi]=\left\{g'[\phi]\left(\partial_\mu\phi\right)\left(\partial^\mu\bar{\phi}\right)+2g[\phi]\left(\partial_\mu\phi\right)\partial^\mu\right\} \tag{2.7}$$

という作用素として見ればよい．微分を含まない関数 $f[\phi]$ のときと同様に，2

階微分 f'' は f' に関する変分を取ればよい．このとき，後の混乱をさけるため，作用素 f' は変数 $\delta\phi_1$ に作用していると見て，微分演算子が変数 $\delta\phi_1$ に作用していることを明確にするため，

$$f'[\phi] := \left(g'[\phi]\left(\partial_\mu \phi\right)\left(\partial^\mu \phi\right) + 2g[\phi]\left(\partial_\mu \phi\right)\partial^{(1)\mu}\right) \tag{2.8}$$

のように，変数 $\delta\phi_1$ に作用する微分演算子を $\partial^{(1)\mu}$ と書いておく．つまり，最後の偏微分は f' に続く変数に作用するということを明記しておく．この作用素を ϕ に関して変分を取ってみよう．変分をわかりやすく見るため，$\delta\phi_1$ に作用した形で書くと

$$\begin{aligned}
\delta\left(f'[\phi]\delta\phi_1\right) &= \Big(g''[\bar\phi]\delta\phi\left(\partial_\mu\bar\phi\right)\left(\partial^\mu\bar\phi\right) + 2g'[\bar\phi]\left(\partial_\mu\bar\phi\right)\left(\partial^\mu\delta\phi\right) \\
&\qquad +2g'[\bar\phi]\delta\phi\left(\partial_\mu\bar\phi\right)\partial^{(1)\mu} + 2g[\bar\phi]\left(\partial_\mu\delta\phi\right)\partial^{(1)\mu}\Big)\delta\phi_1 \\
&= \Big(g''[\bar\phi]\left(\partial_\mu\bar\phi\right)\left(\partial^\mu\bar\phi\right) + 2g'[\bar\phi]\left(\partial_\mu\bar\phi\right)\partial^\mu \\
&\qquad +2g'[\bar\phi]\left(\partial_\mu\bar\phi\right)\partial^{(1)\mu} + 2g[\bar\phi]\partial_\mu\partial^{(1)\mu}\Big)\delta\phi\,\delta\phi_1
\end{aligned} \tag{2.9}$$

となる．ここで気を付けることは，最後の表式おいて括弧内は作用素であり，∂_μ は $\delta\phi$ のみに，$\partial_\mu^{(1)}$ は $\delta\phi_1$ のみに作用するという点である．式 (2.9) の $\delta\phi$ を $\delta\phi_2$ と書いておくと，$\delta\phi_1$ と $\delta\phi_2$ に作用する作用素 f'' は

$$\begin{aligned}
f''[\phi] := \Big(&g''[\phi]\left(\partial_\mu\phi\right)\left(\partial^\mu\phi\right) + 2g'[\phi]\left(\partial_\mu\phi\right)\partial^{(2)\mu} \\
&+2g'[\phi]\left(\partial_\mu\phi\right)\partial^{(1)\mu} + 2g[\phi]\partial_\mu^{(2)}\partial^{(1)\mu}\Big)
\end{aligned} \tag{2.10}$$

と表される．これらを用いて，f の 2 次までの摂動展開は

$$\begin{aligned}
&f[\bar\phi+\delta\phi] \\
&= f[\bar\phi] + f'[\bar\phi]\delta\phi_1 + \frac{1}{2}f''[\bar\phi]\delta\phi_1\delta\phi_2 + \mathcal{O}\left(\delta\phi^3\right) \\
&= g[\bar\phi]\left(\partial_\mu\bar\phi\right)\left(\partial^\mu\bar\phi\right) + \\
&\quad \left(g'[\bar\phi]\left(\partial_\mu\bar\phi\right)\left(\partial^\mu\bar\phi\right) + 2g[\bar\phi]\left(\partial_\mu\bar\phi\right)\partial^{(1)\mu}\right)\delta\phi_1 \\
&\quad + \frac{1}{2}\Big(g''[\bar\phi]\left(\partial_\mu\bar\phi\right)\left(\partial^\mu\bar\phi\right) + 2g'[\bar\phi]\left(\partial_\mu\bar\phi\right)\partial^{(2)\mu} \\
&\qquad\quad +2g'[\bar\phi]\left(\partial_\mu\bar\phi\right)\partial^{(1)\mu} + 2g[\bar\phi]\partial_\mu^{(2)}\partial^{(1)\mu}\Big)\delta\phi_1\delta\phi_2 + \mathcal{O}\left(\delta\phi^3\right) \\
&= g[\bar\phi]\left(\partial_\mu\bar\phi\right)\left(\partial^\mu\bar\phi\right) + \left(g'[\bar\phi]\left(\partial_\mu\bar\phi\right)\left(\partial^\mu\bar\phi\right)\right)\delta\phi \\
&\quad + 2g[\bar\phi]\left(\partial_\mu\bar\phi\right)\left(\partial^\mu\delta\phi\right) + \frac{1}{2}\left(g''[\bar\phi]\left(\partial_\mu\bar\phi\right)\left(\partial^\mu\bar\phi\right)\right)\delta\phi^2 \\
&\quad + 2\left(g'[\bar\phi]\left(\partial_\mu\bar\phi\right)\right)\left(\delta\phi\right)\left(\partial^\mu\delta\phi\right) + g[\bar\phi]\left(\partial_\mu\delta\phi\right)\left(\partial^\mu\delta\phi\right) + \mathcal{O}\left(\delta\phi^3\right)
\end{aligned} \tag{2.11}$$

と書ける．ここで，途中の式変形では作用素 f', f'' の偏微分がどの $\delta\phi$ に作用するか明確にするため，$\delta\phi$ に添え字 1, 2 を付けた．一方，最後の表式では微

分がどの $\delta\phi$ に作用するかは明白であり，また，最終的に摂動量 $\delta\phi_1$ と $\delta\phi_2$ に違いはないため，1, 2 の添え字を省いた．

式 (2.11) が正しいことを，式 (2.5) に $\phi = \bar{\phi} + \delta\phi$ を直接代入して確かめてみよう．ただし，微分を含まない関数 $g[\phi]$ に関しては，テイラー展開

$$g[\phi] = g[\bar{\phi}] + g'[\bar{\phi}]\delta\phi + \frac{1}{2}g[\bar{\phi}]\delta\phi^2 + \mathcal{O}\left(\delta\phi^3\right) \tag{2.12}$$

が成り立つことは知っているとする．代入すると

$$\begin{aligned}
f[\phi, \partial_\mu] &= \left(g[\bar{\phi}] + g'[\bar{\phi}]\delta\phi + \frac{1}{2}g[\bar{\phi}]\delta\phi^2 + \mathcal{O}\left(\delta\phi^3\right)\right) \\
&\quad \times \left(\partial_\mu(\bar{\phi} + \delta\phi)\right)\left(\partial^\mu(\bar{\phi} + \delta\phi)\right) \\
&= g[\bar{\phi}]\left(\partial_\mu\bar{\phi}\right)\left(\partial^\mu\bar{\phi}\right) + \left(g'[\bar{\phi}]\left(\partial_\mu\bar{\phi}\right)\left(\partial^\mu\bar{\phi}\right)\right)\delta\phi \\
&\quad +2g[\bar{\phi}]\left(\partial_\mu\bar{\phi}\right)\left(\partial^\mu\delta\phi\right) + \frac{1}{2}\left(g''[\bar{\phi}]\left(\partial_\mu\bar{\phi}\right)\left(\partial^\mu\bar{\phi}\right)\right)\delta\phi^2 \\
&\quad +2\left(g'[\bar{\phi}]\left(\partial_\mu\bar{\phi}\right)\right)(\delta\phi)\left(\partial^\mu\delta\phi\right) + g[\bar{\phi}]\left(\partial_\mu\delta\phi\right)\left(\partial^\mu\delta\phi\right) + \mathcal{O}\left(\delta\phi^3\right)
\end{aligned} \tag{2.13}$$

となり，確かに式 (2.11) は正しい展開を導いている．

2.2 幾何学量のテイラー展開

この節では，式 (2.4) のように計量を背景計量と摂動計量に分けた際，幾何学量がどのように展開されるかを見る．計算の結果，リーマンテンソルの展開がシンプルな無限級数の形で短くまとめて書けることを，ここで強調しておく．

2.2.1 上付き計量 $g^{\mu\nu}$

まず，上付き計量 $g^{\mu\nu}$ の摂動展開から見ていく．摂動の形 (2.4) の代入により，上付き計量 $g^{\mu\nu}$ を直接求める計算から見てみよう．上付き計量 $g^{\mu\nu}$ は計量 $g_{\mu\nu}$ の逆行列であるため

$$g^{\mu\alpha}g_{\alpha\nu} = \delta^\mu_\nu \tag{2.14}$$

を満たすものとして定義されている．そこで，上付き計量を取り得る一般的な形

$$g^{\mu\nu} = \bar{g}^{\mu\nu} + a_1 h^{\mu\nu} + a_2 h^{\mu\alpha}h_{\alpha\nu} + \bar{a}_2 h h^{\mu\nu} + \cdots \tag{2.15}$$

を与え，その各係数 $a_1, a_2, \cdots$ を (2.14) を満たすように逐次的に求めていこう．摂動展開 (2.4) を考えるとき，摂動計量 $h_{\mu\nu}$ を固定された背景計量 $\bar{g}_{\mu\nu}$ 上のテンソル場として捉えることができる．実際，重力理論の量子化では，固定された背景計量 $\bar{g}_{\mu\nu}$ 上の量子場 $h_{\mu\nu}$ の理論を考える．そこで，摂動展開した後では，摂動量の添え字の上げ下げは背景計量 $\bar{g}_{\mu\nu}$ とその逆行列 $\bar{g}^{\mu\nu}$ で行われる

のが自然である．そのため，摂動量の添え字の上げ下げは背景計量 $\bar{g}_{\mu\nu}$ とその逆行列 $\bar{g}^{\mu\nu}$ で行うことにする．式 (2.15) において，h は $h_{\mu\nu}$ のトレース，つまり $h := \bar{g}^{\mu\nu}h_{\mu\nu}$ を示している．

式 (2.15) と式 (2.4) を式 (2.14) に代入することで，係数 a_i を摂動次数ごとに決めていくことができる．各次数で h に比例する項が出てこないことは帰納的にすぐにわかり，結果として，

$$g^{\mu\nu} = \sum_{k=0}^{\infty}(-1)^k \left[(h)^k\right]^{\mu\nu} \tag{2.16}$$

が帰納法により得られる．ここで，$\left[(h)^k\right]^{\mu\nu}$ は k 個の $h^{\alpha}{}_{\beta}$ の行列積の上付き添え字 $\mu\nu$ 成分，つまり

$$\left[(h)^k\right]^{\mu\nu} := h^{\mu}{}_{\alpha_1}h^{\alpha_1}{}_{\alpha_2}\cdots h^{\alpha_{(k-2)}}{}_{\alpha_{(k-1)}}h^{\alpha_{(k-1)}\nu} \tag{2.17}$$

を表している．また，$\left[(h)^0\right]^{\mu\nu} = \bar{g}^{\mu\nu}$ とする．

上記の方法では，上付きの計量 $g^{\mu\nu}$ の展開を具体的に代入することで求めた．ある程度計算を進めると，各摂動次数に現れる項の形は容易に推定できる．そして，帰納法により無限次まで計算することが可能である．しかし一方，各次数の項の形が予想付かなかった場合，考えるべき項の形は摂動次数が大きくなればなるほど増えていく．そうすると，次数が上がるごとに計算量は増えていき，高次の展開を求めるのは難しくなる．

一方，2.2 節で紹介したテイラー展開を用いた手法では，このような問題は起きない．テイラー展開の手法を用いると，式 (2.17) の形を機械的に導くことができることを見てみよう．ただし，1 次のオーダーまでの展開は

$$g^{\mu\nu} = \bar{g}^{\mu\nu} - h^{\mu\nu} + \mathcal{O}\left(h^2\right) = \bar{g}^{\mu\nu} - \bar{g}^{\mu\alpha}h_{\alpha\beta}\bar{g}^{\beta\nu} + \mathcal{O}\left(h^2\right) \tag{2.18}$$

と書けるところまでは，上記の代入による手法を用いて求めておく．

式 (2.18) から $g^{\mu\nu}$ の $g_{\alpha\beta}$ による 1 階変分は

$$\frac{\delta g^{\mu\nu}}{\delta g_{\alpha\beta}} = -g^{\mu\alpha}g^{\beta\nu} \tag{2.19}$$

であることがわかる．前節で説明したように，テイラー展開を用いて高次の項の展開係数を得るためには，1 階変分を表す関数は全計量 $g_{\mu\nu}$ で表しておくべきである．通常の関数のテイラー展開の場合を思い出すと，テイラー展開における計算では変分した後の値 (2.19) はまだ $g_{\mu\nu}$ の（汎）関数であるべきだからである．摂動の n 次の項の係数を求めるためには，n 階変分を全計量 $g_{\mu\nu}$ で求めておき，その後 $g_{\mu\nu} = \bar{g}_{\mu\nu}$ とすればよい，ということに注意しよう．このため，式 (2.19) は，式 (2.18) の $h_{\alpha\beta}$ の係数において，$\bar{g}_{\mu\nu}$ を一般の計量 $g_{\mu\nu}$ に置き換えて書かれる．そして，2 階変分はこれにさらに変分を取ることで得られ，

$$\frac{\delta^2 g^{\mu\nu}}{\delta g_{\alpha\beta}\delta g_{\gamma\lambda}} = -\frac{\delta g^{\mu\alpha}}{\delta g_{\gamma\lambda}} g^{\beta\nu} - g^{\mu\alpha}\frac{\delta g^{\beta\nu}}{\delta g_{\gamma\lambda}}$$
$$= -\left(-g^{\mu\gamma}g^{\lambda\alpha}\right)g^{\beta\nu} - g^{\mu\alpha}\left(-g^{\beta\gamma}g^{\lambda\nu}\right)$$
$$= g^{\mu\gamma}g^{\lambda\alpha}g^{\beta\nu} + g^{\mu\alpha}g^{\beta\gamma}g^{\lambda\nu} \tag{2.20}$$

と計算される．したがって，$g^{\mu\nu}$ の摂動 2 次の項は

$$\delta^2 g^{\mu\nu} = \frac{\delta^2 g^{\mu\nu}}{\delta g_{\alpha\beta}\delta g_{\gamma\lambda}} h_{\alpha\beta}h_{\gamma\delta}$$
$$= 2h^{\mu\alpha}h_\alpha{}^\nu \tag{2.21}$$

となる．ここで，左辺の最初に現れる δ^2 は，$g^{\mu\nu}$ を摂動展開したときの $h_{\alpha\beta}$ の 2 次の量を表す記号であると定義した．また，高次の計算を行うときに便利な形で書くため，この段階では $g_{\mu\nu} = \bar{g}_{\mu\nu}$ を課す前の一般の計量 $g_{\mu\nu}$ を用いた形で定義する．式 (2.21) は $g_{\mu\nu} = \bar{g}_{\mu\nu}$ を課すと，式 (2.16) の右辺の $h_{\mu\nu}$ 2 次の項の 2 倍と一致していることがわかる．2 倍の項は，テイラー展開の公式の $\frac{1}{2}$ と打ち消しあう．

高次の項も変分を順次に取っていくことで得られる．一般次数の変分は帰納法により求めることができる．

2.2.2 クリストッフェルシンボル $\Gamma^\alpha_{\beta\gamma}$

次に，クリストッフェルシンボルの摂動展開を計算しよう．クリストッフェルシンボルは，例えば，ベクトル V_β の共変微分

$$\nabla_\alpha V_\beta = \partial_\alpha V_\beta - \Gamma^\gamma_{\alpha\beta}V_\gamma \tag{2.22}$$

の表式からわかるように，テンソルではない．$\nabla_\alpha V_\beta$ がテンソルになるように，クリストッフェルシンボル $\Gamma^\gamma_{\alpha\beta}$ は定義されるからである．つまり，右辺第 1 項の $\partial_\alpha V_\beta$ はテンソルではないため，$\Gamma^\gamma_{\alpha\beta}$ はその非テンソル性を打ち消すように定義される．そのため，クリストッフェルシンボル $\Gamma^\gamma_{\alpha\beta}$ は非テンソル的な振舞いをする．しかし，異なるクリストッフェルシンボルの差はテンソルとなる．これは，異なる共変微分の差を考えることで確かめられる．例えば，クリストッフェルシンボル $\Gamma^\gamma_{\alpha\beta}$ を持つ共変微分 ∇_a とそれとは異なるクリストッフェルシンボル $\bar{\Gamma}^\gamma_{\alpha\beta}$ を持つ共変微分 $\bar{\nabla}_a$ との差を考えてみよう．差は

$$\nabla_\alpha V_\beta - \bar{\nabla}_\alpha V_\beta = -\left(\Gamma^\gamma_{\alpha\beta} - \bar{\Gamma}^\gamma_{\alpha\beta}\right)V_\gamma \tag{2.23}$$

と計算される．ここで，左辺第 1 項と第 2 項は共変微分を構成する際の定義からテンソルである．また，V_γ はベクトルである．そのため，左辺と釣り合うためには V_γ の係数 $\left(\Gamma^\gamma_{\alpha\beta} - \bar{\Gamma}^\gamma_{\alpha\beta}\right)$ はテンソルとなっていることがわかる．クリストッフェルシンボルの摂動量は，全計量 $g_{\mu\nu}$ によるクリストッフェルシンボル $\Gamma^\gamma_{\alpha\beta}$ から背景計量 $\bar{g}_{\mu\nu}$ によるクリストッフェルシンボル $\bar{\Gamma}^\gamma_{\alpha\beta}$ を引いたも

のになるが，これは上記の議論からテンソルとなる．実際，クリストッフェルシンボルを摂動展開すると，摂動量は各オーダーでテンソル量となっていることが，これから示す具体的計算からわかる．

それでは，クリストッフェルシンボルの変分を計算してみよう．1 階変分に関しては，クリストッフェルシンボルの定義において，計量 $g_{\mu\nu}$ の展開式 (2.4) や上付き計量の展開式 (2.14) を具体的に代入して計算する．

$$\begin{aligned}\Gamma^{\alpha}_{\beta\gamma} &:= g^{\alpha\lambda}\left(\partial_\beta g_{\gamma\lambda} + p_\gamma g_{\beta\lambda} - \partial_\lambda g_{\beta\gamma}\right)\\ &= \left(\bar{g}^{\alpha\lambda} - h^{\alpha\lambda} + \mathcal{O}\left(h^2\right)\right)\\ &\quad \times\left(\left(\partial_\beta\left(\bar{g}_{\gamma\lambda} + g_{\gamma\lambda}\right) + p_\gamma\left(\bar{g}_{\beta\lambda} + h_{\beta\lambda}\right) - \partial_\lambda\left(\bar{g}_{\beta\gamma} + h_{\beta\gamma}\right)\right)\right.\\ &= \bar{\Gamma}^{\alpha}_{\beta\gamma} + \frac{1}{2}\left(\bar{\nabla}_\beta h^\alpha{}_\gamma + \bar{\nabla}_\gamma h^\alpha{}_\beta - \bar{\nabla}^\alpha h_{\beta\gamma}\right) + \mathcal{O}\left(h^2\right)\end{aligned} \tag{2.24}$$

となる．ここで，$\bar{\Gamma}^{\alpha}_{\beta\gamma}$ や $\bar{\nabla}_\beta$ は，背景計量 $\bar{g}_{\mu\nu}$ で表されるクリストッフェルシンボルや共変微分である．1 階変分はこの展開の 1 次の項から読み取ることができ，

$$\delta\Gamma^{\alpha}_{\beta\gamma} = \frac{\delta\Gamma^{\alpha}_{\beta\gamma}}{\delta g_{\mu\nu}}h_{\mu\nu} = \frac{1}{2}\left(\nabla_\beta h^\alpha{}_\gamma + \nabla_\gamma h^\alpha{}_\beta - \nabla^\alpha h_{\beta\gamma}\right) \tag{2.25}$$

であることがわかる．変分を用いたテイラー展開による計算では，$\delta\Gamma^{\alpha}_{\beta\gamma}$ における計量は，一般の計量 $g_{\mu\nu}$ を取るべきであることに注意しておく．つまり，添え字の上げ下げや共変微分は $g_{\mu\nu}$ で行われている．式 (2.24) に対応する摂動展開の 1 次の係数は，$g_{\mu\nu} = \bar{g}_{\mu\nu}$ とすることで得られる．

では，クリストッフェルシンボルの 2 階変分を計算してみよう．

$$\begin{aligned}\delta^2\Gamma^{\alpha}_{\beta\gamma} &= \frac{1}{2}\delta\left[g^{\alpha\lambda}\left(\nabla_\beta h_{\lambda\gamma} + \nabla_\gamma h_{\lambda\beta} - \nabla_\lambda h_{\beta\gamma}\right)\right]\\ &= \frac{1}{2}\Big[\delta g^{\alpha\lambda}\left(\nabla_\beta h_{\lambda\gamma} + \nabla_\gamma h_{\lambda\beta} - \nabla_\lambda h_{\beta\gamma}\right)\\ &\qquad + g^{\alpha\lambda}\Big(\delta\left(\nabla_\beta h_{\lambda\gamma}\right) + \delta\left(\nabla_\gamma h_{\lambda\beta}\right) - \delta\left(\nabla_\lambda h_{\beta\gamma}\right)\Big)\Big]\end{aligned} \tag{2.26}$$

となる．変分は**ライプニッツ則**に従うことに注意しよう．$\delta g^{\alpha\lambda}$ は，$g^{\alpha\lambda}$ の $h_{\mu\nu}$1 次の部分であるため，式 (2.14) から

$$\delta g^{\alpha\lambda} = -h^{\alpha\lambda} \tag{2.27}$$

である．次に，$\delta\left(\nabla_\gamma h_{\lambda\beta}\right)$ を計算しておこう．これは $\nabla_\gamma h_{\lambda\beta}$ を具体的に書くことで計算でき，

$$\begin{aligned}\delta\left(\nabla_\gamma h_{\lambda\beta}\right) &= \delta\left(\partial_\gamma h_{\lambda\beta} - \Gamma^{\omega}_{\beta\lambda}h_{\omega\gamma} - \Gamma^{\omega}_{\beta\gamma}h_{\omega\lambda}\right)\\ &= -\delta\Gamma^{\omega}_{\beta\lambda}h_{\omega\gamma} - \delta\Gamma^{\omega}_{\beta\gamma}h_{\omega\lambda}\end{aligned} \tag{2.28}$$

となる．$h_{\mu\nu}$ には $g_{\mu\nu}$ は含まれないため，変分の作用を受けないことに注意しよう．これを用いて，$\delta^2\Gamma^{\alpha}_{\beta\gamma}$ の計算を進めると，

$$\begin{aligned}\delta^2\Gamma^{\alpha}_{\beta\gamma} &= \frac{1}{2}\Big[-h^{\alpha\lambda}\left(\nabla_\beta h_{\lambda\gamma}+\nabla_\gamma h_{\lambda\beta}-\nabla_\lambda h_{\beta\gamma}\right)\\ &\qquad +g^{\alpha\lambda}\Big(-\delta\Gamma^{\omega}_{\beta\lambda}h_{\omega\gamma}-\delta\Gamma^{\omega}_{\beta\gamma}h_{\omega\lambda}-\delta\Gamma^{\omega}_{\gamma\lambda}h_{\omega\beta}\\ &\qquad\qquad -\delta\Gamma^{\omega}_{\gamma\beta}h_{\omega\lambda}+\delta\Gamma^{\omega}_{\lambda\beta}h_{\omega\gamma}+\delta\Gamma^{\omega}_{\lambda\gamma}h_{\omega\beta}\Big)\Big]\\ &= -2h^{\alpha}{}_{\lambda}\delta\Gamma^{\lambda}_{\beta\gamma} \end{aligned} \tag{2.29}$$

と，非常にシンプルな形にまとめられる．$\delta\Gamma^{\lambda}_{\beta\gamma}$ は $h_{\alpha\beta}$ の 1 次で書かれるため，式 (2.29) は $h_{\alpha\beta}$ の 2 次の項であることに注意しておく．

クリストッフェルシンボルの 2 階変分までの結果を用いて，さらに高次の変分は順に求めることができる．例えば 3 次の項は

$$\begin{aligned}\delta^3\Gamma^{\alpha}_{\beta\gamma} &= \delta\left(\delta^2\Gamma^{\alpha}_{\beta\gamma}\right)\\ &= \delta\left(-2h^{\alpha}{}_{\lambda}\delta\Gamma^{\lambda}_{\beta\gamma}\right)\\ &= -2\delta h^{\alpha}{}_{\lambda}\delta\Gamma^{\lambda}_{\beta\gamma}-2h^{\alpha}{}_{\lambda}\delta^2\Gamma^{\lambda}_{\beta\gamma}\\ &= -2\left(-h^{\alpha}{}_{\omega}h^{\omega}{}_{\lambda}\right)\delta\Gamma^{\lambda}_{\beta\gamma}-2\delta h^{\alpha}{}_{\lambda}\left(-2h^{\lambda}\omega\delta\Gamma^{\omega}_{\beta\gamma}\right)\\ &= 6h^{\alpha}{}_{\omega}h^{\omega}{}_{\lambda}\delta\Gamma^{\lambda}_{\beta\gamma} \end{aligned} \tag{2.30}$$

と求めることができる．$h^{\alpha}{}_{\lambda}$ など $h_{\mu\nu}$ の上付き添え字には上付きの計量 $g^{\mu\nu}$ が隠れていることに注意しよう．高次の一般項は，帰納法を用いて，

$$\delta^n\Gamma^{\alpha}_{\beta\gamma} = (-1)^{n+1}(n!)h^{\alpha}{}_{\omega_1}h^{\omega_1}{}_{\omega_2}\cdots h^{\omega_{(n-3)}}{}_{\omega_{(n-2)}}h^{\omega_{(n-2)}}{}_{\lambda}\delta\Gamma^{\lambda}_{\beta\gamma} \tag{2.31}$$

と書ける．簡単な計算であるので計算の詳細は書かない．興味がある読者は，帰納法を用いて確かめてみるとよい．この結果から，$\Gamma^{\alpha}_{\beta\gamma}$ のテイラー展開は，

$$\begin{aligned}\Gamma^{\alpha}_{\beta\gamma} &= \bar{\Gamma}^{\alpha}_{\beta\gamma}+\sum_{k}^{\infty}(-1)^{k+1}[(h)^{k-1}]^{\alpha}{}_{\lambda}\delta\Gamma^{\lambda}_{\beta\gamma}\big|_{g_{\mu\nu}=\bar{g}_{\mu\nu}}\\ &= \bar{\Gamma}^{\alpha}_{\beta\gamma}+g^{\alpha\omega}\bar{g}_{\omega\lambda}\,\delta\Gamma^{\lambda}_{\beta\gamma}\big|_{g_{\mu\nu}=\bar{g}_{\mu\nu}} \end{aligned} \tag{2.32}$$

と書ける．ここで $[(h)^{k-1}]$ は，式 (2.17) で定義したものである．ただし，$[(h)^0]^{\alpha}{}_{\lambda}=\delta^{\alpha}_{\lambda}$ とする．またここで，$\delta\Gamma^{\lambda}_{\beta\gamma}$ は式 (2.25) で得られたものである．この表式はテイラー展開の形で書いてあるため，$\delta\Gamma^{\lambda}_{\beta\gamma}$ 内の計量は背景計量 $\bar{g}_{\mu\nu}$ で書かれることに注意しよう．これは，関数 $f(x)$ のテイラー展開において，各次数の係数に微分係数を取るときに，展開点 $x=x_0$ の値を代入することに対応している．また，テイラー展開では各項に $1/(k!)$ の係数が現れ，それが式 (2.31) の $(n!)$ の係数と打ち消しあっていることを注意しておく．

クリストッフェルシンボルの摂動展開は，式 (2.32) という非常にシンプルな無限級数の形で無限次までの展開が書ける．また，式 (2.25) の形から，$\delta\Gamma^{\alpha}_{\beta\gamma}$ はテンソルであることがわかり，式 (2.32) の表式を見ると $\Gamma^{\alpha}_{\beta\gamma}$ は各オーダーでテンソルになっていることがわかる．

2.2.3 リーマンテンソル $R_{\mu\alpha\nu}{}^{\beta}$

この小節では，リーマン展開の摂動展開を計算する．リーマンテンソルの定義から，その 1 階変分は

$$\begin{aligned}
\delta R_{\mu\alpha\nu}{}^{\beta} &= \delta\left(\partial_\alpha \Gamma^\beta_{\mu\nu} - \partial_\mu \Gamma^\beta_{\alpha\nu} + \Gamma^\gamma_{\mu\nu}\Gamma^\beta_{\gamma\alpha} - \Gamma^\gamma_{\alpha\nu}\Gamma^\beta_{\gamma\mu}\right) \\
&= \partial_\alpha \delta\Gamma^\beta_{\mu\nu} - \partial_\mu \delta\Gamma^\beta_{\alpha\nu} + \delta\Gamma^\gamma_{\mu\nu}\Gamma^\beta_{\gamma\alpha} \\
&\quad + \Gamma^\gamma_{\mu\nu}\delta\Gamma^\beta_{\gamma\alpha} - \delta\Gamma^\gamma_{\alpha\nu}\Gamma^\beta_{\gamma\mu} - \Gamma^\gamma_{\alpha\nu}\delta\Gamma^\beta_{\gamma\mu} \\
&= \nabla_\alpha \delta\Gamma^\beta_{\mu\nu} - \nabla_\mu \delta\Gamma^\beta_{\alpha\nu}
\end{aligned} \tag{2.33}$$

と書ける．クリストッフェルシンボルの展開 1 次の結果である式 (2.25) を代入すると，

$$\begin{aligned}
\delta R_{\mu\alpha\nu}{}^{\beta} = \frac{1}{2}\Big(&\nabla_\alpha\nabla_\mu h^\beta{}_\nu + \nabla_\alpha\nabla_\nu h^\beta{}_\mu - \nabla_\alpha\nabla^\beta h_{\mu\nu} \\
&-\nabla_\mu\nabla_\alpha h^\beta{}_\nu - \nabla_\mu\nabla_\nu h^\beta{}_\alpha + \nabla_\mu\nabla^\beta h_{\alpha\nu}\Big)
\end{aligned} \tag{2.34}$$

となる．

では，高次の項を求めていこう．共変微分の変分は

$$\begin{aligned}
&\delta\left(\nabla_\mu T^{\alpha_1\cdots\alpha_m}{}_{\beta_1\cdots\beta_n}\right) \\
&= \delta\Big(\partial_\mu T^{\alpha_1\cdots\alpha_m}{}_{\beta_1\cdots\beta_n} \\
&\quad + \Gamma^{\alpha_1}_{\mu\nu} T^{\nu\alpha_2\cdots\alpha_m}{}_{\beta_1\cdots\beta_n} + \Gamma^{\alpha_2}_{\mu\nu} T^{\alpha_1\nu\alpha_3\cdots\alpha_m}{}_{\beta_1\cdots\beta_n} \\
&\quad + \cdots + \Gamma^{\alpha_m}_{\mu\nu} T^{\alpha_1\cdots\alpha_{m-1}\nu}{}_{\beta_1\cdots\beta_n} \\
&\quad - \Gamma^{\nu}_{\mu\beta_1} T^{\alpha_1\cdots\alpha_m}{}_{\nu\beta_2\cdots\beta_n} - \Gamma^{\nu}_{\mu\beta_1} T^{\alpha_1\cdots\alpha_m}{}_{\beta_1\nu\beta_3\cdots\beta_n} \\
&\quad - \cdots - \Gamma^{\nu}_{\mu\beta_n} T^{\alpha_1\cdots\alpha_m}{}_{\beta_1\cdots\beta_{n-1}\nu}\Big) \\
&= \partial_\mu \delta T^{\alpha_1\cdots\alpha_m}{}_{\beta_1\cdots\beta_n} \\
&\quad + \left(\delta\Gamma^{\alpha_1}_{\mu\nu}\right) T^{\nu\alpha_2\cdots\alpha_m}{}_{\beta_1\cdots\beta_n} + \Gamma^{\alpha_1}_{\mu\nu}\left(\delta T^{\nu\alpha_2\cdots\alpha_m}{}_{\beta_1\cdots\beta_n}\right) + \cdots \\
&\quad + \left(\delta\Gamma^{\alpha_m}_{\mu\nu}\right) T^{\alpha_1\cdots\alpha_{m-1}\nu}{}_{\beta_1\cdots\beta_n} + \Gamma^{\alpha_m}_{\mu\nu}\left(\delta T^{\alpha_1\cdots\alpha_{m-1}\nu}{}_{\beta_1\cdots\beta_n}\right) \\
&\quad - \left(\delta\Gamma^{\nu}_{\mu\beta_1}\right) T^{\alpha_1\cdots\alpha_m}{}_{\nu\beta_2\cdots\beta_n} - \Gamma^{\nu}_{\mu\beta_1}\left(\delta T^{\alpha_1\cdots\alpha_m}{}_{\nu\beta_2\cdots\beta_n}\right) - \cdots \\
&\quad - \left(\delta\Gamma^{\nu}_{\mu\beta_n}\right) T^{\alpha_1\cdots\alpha_m}{}_{\beta_1\cdots\beta_{n-1}\nu} - \Gamma^{\nu}_{\mu\beta_n}\left(\delta T^{\alpha_1\cdots\alpha_m}{}_{\beta_1\cdots\beta_{n-1}\nu}\right) \\
&= \nabla_\mu \delta T^{\alpha_1\cdots\alpha_m}{}_{\beta_1\cdots\beta_n} \\
&\quad + \left(\delta\Gamma^{\alpha_1}_{\mu\nu}\right) T^{\nu\alpha_2\cdots\alpha_m}{}_{\beta_1\cdots\beta_n} + \left(\delta\Gamma^{\alpha_2}_{\mu\nu}\right) T^{\alpha_1\nu\alpha_3\cdots\alpha_m}{}_{\beta_1\cdots\beta_n} \\
&\quad + \cdots + \left(\delta\Gamma^{\alpha_m}_{\mu\nu}\right) T^{\alpha_1\cdots\alpha_{m-1}\nu}{}_{\beta_1\cdots\beta_n} \\
&\quad - \left(\delta\Gamma^{\nu}_{\mu\beta_1}\right) T^{\alpha_1\cdots\alpha_m}{}_{\nu\beta_2\cdots\beta_n} - \left(\delta\Gamma^{\nu}_{\mu\beta_1}\right) T^{\alpha_1\cdots\alpha_m}{}_{\beta_1\nu\beta_3\cdots\beta_n} \\
&\quad - \cdots - \left(\delta\Gamma^{\nu}_{\mu\beta_n}\right) T^{\alpha_1\cdots\alpha_m}{}_{\beta_1\cdots\beta_{n-1}\nu}
\end{aligned} \tag{2.35}$$

となる．これを用いてリーマンテンソルの 2 階変分は，

$$\delta^2 R_{\mu\alpha\nu}{}^{\beta} = \nabla_\alpha \delta^2\Gamma^\beta_{\mu\nu} - \nabla_\mu \delta^2\Gamma^\beta_{\alpha\nu} + \delta\Gamma^\beta_{\alpha\lambda}\delta\Gamma^\lambda_{\mu\nu} - \delta\Gamma^\lambda_{\alpha\mu}\delta\Gamma^\beta_{\lambda\nu}$$

$$
\begin{aligned}
&-\delta\Gamma^{\lambda}_{\alpha\nu}\delta\Gamma^{\beta}_{\mu\lambda}-\delta\Gamma^{\beta}_{\mu\lambda}\delta\Gamma^{\lambda}_{\alpha\nu}+\delta\Gamma^{\lambda}_{\mu\alpha}\delta\Gamma^{\beta}_{\lambda\nu}+\delta\Gamma^{\lambda}_{\mu\nu}\delta\Gamma^{\beta}_{\alpha\lambda}\\
=&-2\nabla_{\alpha}\left(h^{\beta}{}_{\lambda}\delta\Gamma^{\lambda}_{\mu\nu}\right)+2\nabla_{\mu}\left(h^{\beta}{}_{\lambda}\delta\Gamma^{\lambda}_{\alpha\nu}\right)\\
&+2\delta\Gamma^{\beta}_{\alpha\lambda}\delta\Gamma^{\lambda}_{\mu\nu}-2\delta\Gamma^{\lambda}_{\alpha\nu}\delta\Gamma^{\beta}_{\mu\lambda}\\
=&-2h^{\beta}{}_{\lambda}\delta R_{\mu\alpha\nu}{}^{\lambda}+2\delta\Gamma^{\lambda}_{\mu\nu}\left(\delta\Gamma^{\beta}_{\alpha\lambda}-\nabla_{\alpha}h^{\beta}{}_{\lambda}\right)\\
&-2\delta\Gamma^{\lambda}_{\alpha\nu}\left(\delta\Gamma^{\beta}_{\mu\lambda}-\nabla_{\mu}h^{\beta}{}_{\lambda}\right)\\
=&-2h^{\beta}{}_{\lambda}\delta R_{\mu\alpha\nu}{}^{\lambda}-2g^{\beta\gamma}g_{\lambda\epsilon}\left(\delta\Gamma^{\epsilon}_{\alpha\gamma}\delta\Gamma^{\lambda}_{\mu\nu}-\delta\Gamma^{\epsilon}_{\mu\gamma}\delta\Gamma^{\lambda}_{\alpha\nu}\right)\\
=&-2h^{\beta}{}_{\lambda}\delta R_{\mu\alpha\nu}{}^{\lambda}-2g^{\beta\gamma}g_{\lambda\epsilon}\delta^{2}S^{\epsilon}{}_{\alpha\gamma}{}^{\lambda}{}_{\mu\nu}
\end{aligned}
\tag{2.36}
$$

と計算される．ここで，最後の表式では $\delta\Gamma$ の 2 乗で表される第 2 項の一部を

$$
\delta^{2}S^{\epsilon}{}_{\alpha\gamma}{}^{\lambda}{}_{\mu\nu}:=\delta\Gamma^{(\epsilon}_{\alpha\gamma}\delta\Gamma^{\lambda)}_{\mu\nu}-\delta\Gamma^{(\epsilon}_{\mu\gamma}\delta\Gamma^{\lambda)}_{\alpha\nu}
\tag{2.37}
$$

というテンソルで表した．このテンソルを用いることで，リーマンテンソルの無限次展開がシンプルにまとまることを後に見る．$\delta^{2}S^{\epsilon}{}_{\alpha\gamma}{}^{\lambda}{}_{\mu\nu}$ の表記の δ^{2} は，このテンソルが $h_{\mu\nu}$ の 2 次の項であることを表している．また，テンソル $\delta^{2}S^{\epsilon}{}_{\alpha\gamma}{}^{\lambda}{}_{\mu\nu}$ は定義から明らかに ϵ と λ について対称であり，また，下付き添え字に関しては，(α,γ) と (μ,ν) のペアを入れ替えについて対称である．つまり，

$$
\delta^{2}S^{\epsilon}{}_{\alpha\gamma}{}^{\lambda}{}_{\mu\nu}=\delta^{2}S^{\epsilon}{}_{\mu\nu}{}^{\lambda}{}_{\alpha\gamma}
\tag{2.38}
$$

である．

リーマンテンソルの高次項を計算するにあたって，すべての添え字を下付きにしておくと計算がシンプルになる．そこで，添え字がすべて下付きのリーマンテンソル $R_{\mu\alpha\nu\beta}$ を計算してみよう．1 階変分は

$$
\begin{aligned}
\delta R_{\mu\alpha\nu\beta}&=\delta\left(g_{\beta\gamma}R_{\mu\alpha\nu}{}^{\gamma}\right)\\
&=h_{\beta\gamma}R_{\mu\alpha\nu}{}^{\gamma}+g_{\beta\gamma}\delta R_{\mu\alpha\nu}{}^{\gamma}\\
&=h_{\beta\gamma}R_{\mu\alpha\nu}{}^{\gamma}+\frac{1}{2}\Big(\nabla_{\alpha}\nabla_{\mu}h_{\beta\nu}+\nabla_{\alpha}\nabla_{\nu}h_{\beta\mu}-\nabla_{\alpha}\nabla_{\beta}h_{\mu\nu}\\
&\qquad\qquad-\nabla_{\mu}\nabla_{\alpha}h_{\beta\nu}-\nabla_{\mu}\nabla_{\nu}h_{\beta\alpha}+\nabla_{\mu}\nabla_{\beta}h_{\alpha\nu}\Big)\\
&=\frac{1}{2}\Big(\nabla_{\alpha}\nabla_{\nu}h_{\beta\mu}-\nabla_{\alpha}\nabla_{\beta}h_{\mu\nu}-\nabla_{\mu}\nabla_{\nu}h_{\beta\alpha}+\nabla_{\mu}\nabla_{\beta}h_{\alpha\nu}\\
&\qquad+R_{\mu\alpha\nu}{}^{\gamma}h_{\gamma\beta}+R_{\mu\alpha}{}^{\gamma}{}_{\beta}h_{\gamma\nu}\Big)
\end{aligned}
\tag{2.39}
$$

となる．2 階変分は

$$
\begin{aligned}
\delta^{2}R_{\mu\alpha\nu\beta}&=\delta^{2}\left(g_{\beta\gamma}R_{\mu\alpha\nu}{}^{\gamma}\right)\\
&=\left(\delta^{2}g_{\beta\gamma}\right)R_{\mu\alpha\nu}{}^{\gamma}+2\left(\delta g_{\beta\gamma}\right)\left(\delta R_{\mu\alpha\nu}{}^{\gamma}\right)+g_{\beta\gamma}\left(\delta^{2}R_{\mu\alpha\nu}{}^{\gamma}\right)\\
&=2h_{\beta\gamma}\delta R_{\mu\alpha\nu}{}^{\gamma}+g_{\beta\gamma}\left(-2h^{\gamma}{}_{\lambda}\delta R_{\mu\alpha\nu}{}^{\lambda}-2g^{\gamma\omega}g_{\lambda\epsilon}\delta^{2}S^{\epsilon}{}_{\alpha\omega}{}^{\lambda}{}_{\mu\nu}\right)\\
&=-2g_{\lambda\epsilon}\delta^{2}S^{\epsilon}{}_{\alpha\beta}{}^{\lambda}{}_{\mu\nu}
\end{aligned}
\tag{2.40}
$$

と計算される．この式から，すべて下付き添え字のリーマンテンソルの摂動展開の 2 階変分は，テンソル $\delta^2 S^{\epsilon}{}_{\alpha\beta}{}^{\lambda}{}_{\mu\nu}$ のみで表され，$h_{\mu\nu}$ の 2 階微分の項 $\delta R_{\mu\alpha\nu}{}^{\lambda}$ は現れない．

では，リーマンテンソルのさらに高階の変分を計算していこう．3 階変分は，

$$\delta^3 R_{\mu\alpha\nu\beta} = -2\left(\delta g_{\lambda\epsilon}\right)\delta^2 S^{\epsilon}{}_{\alpha\beta}{}^{\lambda}{}_{\mu\nu} - 2g_{\lambda\epsilon}\delta\left(\delta^2 S^{\epsilon}{}_{\alpha\beta}{}^{\lambda}{}_{\mu\nu}\right) \tag{2.41}$$

と書ける．さらに計算を進めるため，$\delta^2 S^{\epsilon}{}_{\alpha\gamma}{}^{\lambda}{}_{\mu\nu}$ の変分を計算する．

$$\begin{aligned}\delta\left(\delta^2 S^{\epsilon}{}_{\alpha\gamma}{}^{\lambda}{}_{\mu\nu}\right) &= \delta^2\Gamma^{(\epsilon}_{\alpha\gamma}\delta\Gamma^{\lambda)}_{\mu\nu} + \delta\Gamma^{(\epsilon}_{\alpha\gamma}\delta^2\Gamma^{\lambda)}_{\mu\nu} - \delta^2\Gamma^{(\epsilon}_{\mu\gamma}\delta\Gamma^{\lambda)}_{\alpha\nu} - \delta\Gamma^{(\epsilon}_{\mu\gamma}\delta^2\Gamma^{\lambda)}_{\alpha\nu} \\ &= -2h^{(\epsilon}{}_{\omega}\delta\Gamma^{|\omega|}_{\alpha\gamma}\delta\Gamma^{\lambda)}_{\mu\nu} - 2\delta\Gamma^{(\epsilon}_{\alpha\gamma}h^{\lambda)}{}_{\omega}\delta\Gamma^{\omega}_{\mu\nu} \\ &\quad +2h^{(\epsilon}{}_{\omega}\delta\Gamma^{|\omega|}_{\mu\gamma}\delta\Gamma^{\lambda)}_{\alpha\nu} + 2\delta\Gamma^{(\epsilon}_{\mu\gamma}h^{\lambda)}{}_{\omega}\delta\Gamma^{\omega}_{\alpha\nu} \\ &= -2h^{\epsilon}{}_{\omega}\delta^2 S^{\omega}{}_{\alpha\gamma}{}^{\lambda}{}_{\mu\nu} - 2h^{\lambda}{}_{\omega}\delta^2 S^{\epsilon}{}_{\alpha\gamma}{}^{\omega}{}_{\mu\nu}.\end{aligned} \tag{2.42}$$

この式を式 (2.41) に代入すると，

$$\begin{aligned}\delta^3 R_{\mu\alpha\nu\beta} &= -2h_{\lambda\epsilon}\delta^2 S^{\epsilon}{}_{\alpha\beta}{}^{\lambda}{}_{\mu\nu} \\ &\quad -2g_{\lambda\epsilon}\left(-2h^{\epsilon}{}_{\omega}\delta^2 S^{\omega}{}_{\alpha\beta}{}^{\lambda}{}_{\mu\nu} - 2h^{\lambda}{}_{\omega}\delta^2 S^{\epsilon}{}_{\alpha\beta}{}^{\omega}{}_{\mu\nu}\right) \\ &= 6h_{\lambda\epsilon}\delta^2 S^{\epsilon}{}_{\alpha\beta}{}^{\lambda}{}_{\mu\nu}\end{aligned} \tag{2.43}$$

というシンプルな形にまとまる．

さらなる変分は，式 (2.42) ですでに $\delta^2 S^{\epsilon}{}_{\alpha\gamma}{}^{\lambda}{}_{\mu\nu}$ の変分を求めているため容易に行うことができる．式 (2.42) を見ると，$\delta^2 S^{\epsilon}{}_{\alpha\gamma}{}^{\lambda}{}_{\mu\nu}$ の変分には $\delta^2 S^{\epsilon}{}_{\alpha\gamma}{}^{\lambda}{}_{\mu\nu}$ と $h_{\mu\nu}$ を縮約したものしか現れず，高次変分を反復的に計算しても，$\delta^2 S^{\epsilon}{}_{\alpha\gamma}{}^{\lambda}{}_{\mu\nu}$ の 1 次項に $h_{\mu\nu}$ をいくつか縮約したものしか現れないのがわかる．実際，帰納法により n 階変分が

$$\delta^n R_{\mu\alpha\nu\beta} = (-1)^{n+1}(n!)h_{\lambda\omega_1}h^{\omega_1}{}_{\omega_2}\cdots h^{\omega_{(n-4)}}{}_{\omega_{(n-3)}}h^{\omega_{(n-3)}}{}_{\epsilon}\delta^2 S^{\epsilon}{}_{\alpha\beta}{}^{\lambda}{}_{\mu\nu} \tag{2.44}$$

となることを容易に示すことができる．したがって，リーマンテンソルの展開は，すべて下付きの添え字で表すと，

$$\begin{aligned}R_{\mu\alpha\nu\beta} &= \bar{R}_{\mu\alpha\nu\beta} + \delta R_{\mu\alpha\nu\beta}\big|_{g_{\mu\nu}=\bar{g}_{\mu\nu}} \\ &\quad +\sum_{k=2}^{\infty}(-1)^{k+1}[(h)^{k-2}]_{\lambda\epsilon}\,\delta^2 S^{\epsilon}{}_{\alpha\beta}{}^{\lambda}{}_{\mu\nu}\big|_{g_{\mu\nu}=\bar{g}_{\mu\nu}} \\ &= \bar{R}_{\mu\alpha\nu\beta} + \delta R_{\mu\alpha\nu\beta}\big|_{g_{\mu\nu}=\bar{g}_{\mu\nu}} \\ &\quad +g^{\omega\kappa}\bar{g}_{\omega\epsilon}\bar{g}_{\kappa\lambda}\left(\delta^2 S^{\epsilon}{}_{\alpha\beta}{}^{\lambda}{}_{\mu\nu}\big|_{g_{\mu\nu}=\bar{g}_{\mu\nu}}\right)\end{aligned} \tag{2.45}$$

というシンプルな形にまとまる．ここで，$\bar{R}_{\mu\alpha\nu\beta}$ は背景計量 $\bar{g}_{\mu\nu}$ によるリーマンテンソルを表している．また，これはテイラー展開の形を書いているの

で，第 2 項以降の摂動量の項では計量を $g_{\mu\nu}=\bar{g}_{\mu\nu}$ と固定する必要がある．$[(h)^{k-2}]$ の定義は式 (2.17) で与えたものであり，$[(h)^0]_{\lambda\epsilon}=\bar{g}_{\lambda\epsilon}$ とする．

リッチテンソル $R_{\mu\nu}$ やスカラー曲率 R はすべて下付きのリーマンテンソルを上付きの計量で縮約を取ることで得られる．上付きの計量の展開はすでに式 (2.16) で与えられているので，計算は容易である．それらは，

$$
\begin{aligned}
R_{\mu\nu} &= g^{\alpha\beta}R_{\mu\alpha\nu\beta} \\
&= \left(\sum_{l=0}^{\infty}(-1)^l\left[(h)^l\right]^{\alpha\beta}\right) \\
&\quad\times\left(\bar{R}_{\mu\alpha\nu\beta}+\delta R_{\mu\alpha\nu\beta}+\sum_{k=2}^{\infty}\bar{R}_{\mu\alpha\nu\beta}(-1)^{k+1}[(h)^{k-2}]_{\lambda\epsilon}\delta^2 S^{\epsilon}{}_{\alpha\beta}{}^{\lambda}{}_{\mu\nu}\right)
\end{aligned}
\tag{2.46}
$$

および，

$$
\begin{aligned}
R &= g^{\alpha\beta}g^{\mu\nu}R_{\mu\alpha\nu\beta} \\
&= \left(\sum_{l=0}^{\infty}(-1)^l\left[(h)^l\right]^{\alpha\beta}\right)\left(\sum_{m=0}^{\infty}(-1)^m\left[(h)^m\right]^{\mu\nu}\right) \\
&\quad\times\left(\bar{R}_{\mu\alpha\nu\beta}+\delta R_{\mu\alpha\nu\beta}+\sum_{k=2}^{\infty}\bar{R}_{\mu\alpha\nu\beta}(-1)^{k+1}[(h)^{k-2}]_{\lambda\epsilon}\delta^2 S^{\epsilon}{}_{\alpha\beta}{}^{\lambda}{}_{\mu\nu}\right)
\end{aligned}
\tag{2.47}
$$

とすればよい．例えば，リッチテンソルの $n(\geq 2)$ 次の項は

$$
\begin{aligned}
R^{(n)}_{\mu\nu} &= (-1)^n\left[(h)^n\right]^{\alpha\beta}\bar{R}_{\mu\alpha\nu\beta}+(-1)^{n-1}\left[(h)^{n-1}\right]^{\alpha\beta}\delta R_{\mu\alpha\nu\beta} \\
&\quad+(-1)^{n+1}\sum_{k=0}^{n-2}\left[(h)^{n-k-2}\right]^{\alpha\beta}[(h)^k]_{\lambda\epsilon}\delta^2 S^{\epsilon}{}_{\alpha\beta}{}^{\lambda}{}_{\mu\nu}
\end{aligned}
\tag{2.48}
$$

となる．スカラー曲率の $n(\geq 2)$ 次の項は

$$
\begin{aligned}
R^{(n)} &= (-1)^n\sum_{k=0}^{n}\left[(h)^{n-k}\right]^{\alpha\beta}\left[(h)^k\right]^{\mu\nu}\bar{R}_{\mu\alpha\nu\beta} \\
&\quad+(-1)^{n-1}\sum_{k=0}^{n-1}\left[(h)^{n-k-1}\right]^{\alpha\beta}\left[(h)^k\right]^{\mu\nu}\delta R_{\mu\alpha\nu\beta} \\
&\quad+(-1)^{n+1}\sum_{k=0}^{n-2}\sum_{l=0}^{k}\left[(h)^{n-k-2}\right]^{\alpha\beta}\left[(h)^{k-l}\right]^{\mu\nu}[(h)^l]_{\lambda\epsilon}\delta^2 S^{\epsilon}{}_{\alpha\beta}{}^{\lambda}{}_{\mu\nu}
\end{aligned}
\tag{2.49}
$$

と書ける．

2.2.4 体積測度 $\sqrt{-g}$

この小節では，体積測度 $\sqrt{-g}$ の変分を計算する．ここで，g は行列式

$(\det g_{\alpha\beta})$ のことである．まず，行列式の変分から計算してみよう．行列式の変分を計算するには，まず，**余因子行列**について説明しておく必要がある．行列 $g_{\mu\nu}$ の余因子行列 $\tilde{g}^{\mu\nu}$ の定義を紹介しよう．準備として，まず，レヴィ＝チヴィタの記号 $\epsilon^{\mu_1,\cdots,\mu_n}$ を導入する．添え字 μ_i は 0 から $n-1$ までの添え字を取るとして，$\epsilon^{\mu_1,\cdots,\mu_n}$ は

$$\epsilon^{0,1,\cdots,n-2,n-1} = 1 \tag{2.50}$$

であり，n 個の添え字が 0 から $n-1$ まで 1 つずつ現れるとき，$\epsilon^{0,1,\cdots,n-2,n-1}$ からの添え字の入れ替えが偶数回なら 1，奇数回なら -1 を取るとし，その他の場合，つまり，添え字に 0 から $n-1$ の数字どれかが 1 つ以上現れない場合は 0 を取ると定義する．このレヴィ＝チヴィタの記号 $\epsilon^{\mu_1,\cdots,\mu_n}$ を用いて，n 次元の計量 $g_{\mu\nu}$ の余因子行列 $\tilde{g}^{\mu\nu}$ は

$$\tilde{g}^{\mu\nu} := \epsilon^{\mu\alpha_1\alpha_2\cdots\alpha_{n-1}}\epsilon^{\nu\beta_1\beta_2\cdots\beta_{n-1}}g_{\alpha_1\beta_1}g_{\alpha_2\beta_2}\cdots g_{\alpha_{n-1}\beta_{n-1}} \tag{2.51}$$

と定義される．また，行列式は，

$$(\det g_{\alpha\beta}) = \epsilon^{\alpha_1\alpha_2\cdots\alpha_n}\epsilon^{\beta_1\beta_2\cdots\beta_n}g_{\alpha_1\beta_1}g_{\alpha_2\beta_2}\cdots g_{\alpha_n\beta_n} \tag{2.52}$$

と書ける．これから，

$$\tilde{g}^{\mu\alpha}g_{\nu\alpha} = (\det g_{\alpha\beta})\delta^\mu_\nu \tag{2.53}$$

であることがわかる．もしくは，

$$(\det g_{\alpha\beta}) = \tilde{g}^{1\mu}g_{1\mu} \tag{2.54}$$

となる．$(\det g_{\alpha\beta})$ を $g_{1\mu}$ で変分することを考えよう．余因子行列 $\tilde{g}^{\mu\nu}$ の定義式 (2.51) から，$\tilde{g}^{1\mu}$ は $g_{1\nu}$ となる項を含まないことが容易にわかる．そのため，$(\det g_{\alpha\beta})$ を $g_{1\mu}$ で変分すると

$$\frac{\delta(\det g_{\alpha\beta})}{\delta g_{1\mu}} = \tilde{g}^{1\mu} \tag{2.55}$$

となる．$g_{2\alpha}$ での変分は

$$(\det g_{\alpha\beta}) = \tilde{g}^{2\mu}g_{2\mu} \tag{2.56}$$

と表して同様の議論を行えばよく，

$$\frac{\delta(\det g_{\alpha\beta})}{\delta g_{2\mu}} = \tilde{g}^{2\mu} \tag{2.57}$$

である．したがって，一般に

$$\frac{\delta(\det g_{\alpha\beta})}{\delta g_{\mu\nu}} = \tilde{g}^{\mu\nu} \tag{2.58}$$

となる．また，式 (2.53) から，

$$\tilde{g}^{\mu\nu} = (\det g_{\alpha\beta}) g^{\mu\nu} \tag{2.59}$$

であることがわかるので，結果，

$$\frac{\delta \det g_{\alpha\beta}}{\delta g_{\mu\nu}} = (\det g_{\alpha\beta}) g^{\mu\nu} \tag{2.60}$$

を得る．

$g_{\alpha\beta}$ の行列式 $(\det g_{\alpha\beta}) =: g$ の変分が計算されたので，$\sqrt{-g}$ の変分も容易に計算できる．計算すると，

$$\begin{aligned}\frac{\delta\sqrt{-g}}{\delta g_{\alpha\beta}} &= -\frac{1}{2}(-g)^{-\frac{1}{2}}\frac{\delta g}{\delta g_{\alpha\beta}} \\ &= \frac{1}{2}\sqrt{-g}g^{\alpha\beta}\end{aligned} \tag{2.61}$$

を得る．

さらなる変分も，

$$\begin{aligned}\frac{\delta^2\sqrt{-g}}{\delta g_{\alpha\beta}\delta g_{\gamma\lambda}} &= \frac{\delta\sqrt{-g}g^{\alpha\beta}}{\delta g_{\gamma\lambda}} \\ &= \frac{1}{4}\sqrt{-g}g^{\alpha\beta}g^{\gamma\lambda} - \frac{1}{2}\sqrt{-g}g^{\alpha\gamma}g^{\lambda\beta}\end{aligned} \tag{2.62}$$

と反復的に計算できる．

これらの結果から，$\sqrt{-g}$ は

$$\sqrt{-g} = \sqrt{-\bar{g}}\left(1 + \frac{1}{2}h - \frac{1}{4}h_{\mu\nu}h^{\mu\nu} + \frac{1}{8}h^2 + \mathcal{O}\left(h^3\right)\right) \tag{2.63}$$

と展開される．

2.3 作用関数の計算

前節で，リーマンテンソルや計量の逆行列など，幾何学量の摂動展開を行った．幾何学量で書かれた作用関数は，基本的にそれらを代入して，欲しいオーダーまで計算することで得られる．一方，作用積分の表面項は落としてよいという性質を用いると，作用関数の摂動展開の計算はいくらか楽ができる．この説では，具体的な作用関数を用いた計算を紹介する．2.3.1 節ではアインシュタイン–ヒルベルト作用の展開を求める．その後 2.3.2 節と 2.3.3 節で，R^2 項，$R_{\mu\nu}^2$ 項に関して平坦時空を背景時空とした 2 次までの展開を与える．より高次の項は，計算は大変ではあるが同様に求めることができる．

2.3.1 アインシュタイン–ヒルベルト作用

この小節では，アインシュタイン–ヒルベルト作用

$$S_{\mathrm{EH}} = \int d^n x\sqrt{-g}R \tag{2.64}$$

の展開を行う．まず 1 階変分を考えよう．アインシュタイン–ヒルベルト作用の変分がアインシュタイン方程式を与えることから，

$$\delta\left(\sqrt{-g}R\right) \simeq -\sqrt{-g}\left(g^{\mu\alpha}g^{\nu\beta} - \frac{1}{2}g^{\mu\nu}g^{\alpha\beta}\right)R_{\alpha\beta}h_{\mu\nu} \tag{2.65}$$

となることがわかる．ここで，$\simeq$ は**全微分項**を落とすことを意味している．平坦時空上の摂動では，この変分を取った後に $g_{\mu\nu} = \eta_{\mu\nu}$ とすればよい．このとき，$R_{\mu\nu} = 0$ であり，この 1 階変分は消える．作用の 1 階変分の係数は運動方程式を与えるため，1 階変分は消える，つまり，1 階変分の係数が 0 になることは，背景解が運動方程式を満たしていることに対応する．今の場合，作用関数がアインシュタイン–ヒルベルト項のみである（重力源となる物質がない）ときであるため，平坦時空がアインシュタイン方程式の真空の解であることを示している．

では，2 階変分を考えよう．式 (2.65) をもう一度変分すればよい．強調しておくべき点は，もともとは作用 (2.64) の 2 階変分を取っているが，以下の計算で具体的に見るように，曲率に対して 1 階変分までしか取る必要がないことである．単純に元の作用関数 (2.64) の 2 階変分を計算しようとすると，曲率の 2 階変分が必要である気がする．しかし，式 (2.65) で**表面項**を落とすことにより，高次の項の計算が楽になる．実際，このように表面項を落としておくと，作用関数の 2 階変分の計算は式 (2.65) の右辺に関してもう一度変分を取ることで得られ，その計算には曲率の 1 階変分までしか必要がない．具体的に計算すると，

$$\begin{aligned}
&\delta^2\left(\sqrt{-g}R\right)\\
&\simeq \left\{\delta\left[-\sqrt{-g}\left(g^{\mu\alpha}g^{\nu\beta} - \frac{1}{2}g^{\mu\nu}g^{\alpha\beta}\right)R_{\alpha\beta}\right]\right\}h_{\mu\nu}\\
&= -\left\{\delta\left[\sqrt{-g}\left(g^{\mu\alpha}g^{\nu\beta} - \frac{1}{2}g^{\mu\nu}g^{\alpha\beta}\right)\right]\right\}R_{\alpha\beta}h_{\mu\nu}\\
&\quad - \sqrt{-g}\left(g^{\mu\alpha}g^{\nu\beta} - \frac{1}{2}g^{\mu\nu}g^{\alpha\beta}\right)\left[\delta R_{\alpha\beta}\right]h_{\mu\nu}
\end{aligned} \tag{2.66}$$

となる．

平坦時空の場合の展開は，$g_{\mu\nu} = \eta_{\mu\nu}$ を代入することで得られ，

$$\begin{aligned}
&\delta^2\left(\sqrt{-g}R\right)\Big|_{g_{\mu\nu}=\eta_{\mu\nu}}\\
&\simeq -\frac{1}{2}\left(h^{\alpha\beta} - \frac{1}{2}h\eta^{\alpha\beta}\right)\\
&\quad \times\left(\partial_\gamma\partial_\alpha h^\gamma{}_\beta + \partial_\gamma\partial_\beta h^\gamma{}_\alpha - \partial_\gamma\partial^\gamma h_{\alpha\beta} - \partial_\alpha\partial_\beta h\right)\\
&\simeq \frac{1}{2}h^{\alpha\beta}\partial_\gamma\partial^\gamma h_{\alpha\beta} - h^{\alpha\beta}\partial_\gamma\partial_\alpha h^\gamma{}_\beta + h^{\alpha\beta}\partial_\alpha\partial_\beta h - \frac{1}{2}h\partial_\gamma\partial^\gamma h
\end{aligned} \tag{2.67}$$

となる．

2.3.2 R^2 項

ここでは，R^2 項の展開を与えよう．具体的に考える作用関数は

$$S_{R^2} := \int d^n x \sqrt{-g} R^2 = \int d^n x \sqrt{-g} g^{\mu\nu} g^{\alpha\beta} R_{\mu\nu} R_{\alpha\beta} \tag{2.68}$$

である．

まず，1 階変分であるが，これは

$$\delta \left(\sqrt{-g} R^2 \right) = \left[\delta \left(\sqrt{-g} g^{\mu\nu} g^{\alpha\beta} \right) \right] R_{\mu\nu} R_{\alpha\beta} + 2\sqrt{-g} g^{\mu\nu} g^{\alpha\beta} R_{\mu\nu} \delta R_{\alpha\beta} \tag{2.69}$$

となる．背景平坦時空 $g_{\mu\nu} = \eta_{\mu\nu}$ を考えると，曲率項 $R_{\mu\nu}$ は 0 になるため，1 階変分の値は背景平坦時空上では 0 になることが容易にわかる．

2 階変分は

$$\begin{aligned} &\delta^2 \left(\sqrt{-g} R^2 \right) \\ &= \left[\delta^2 \left(\sqrt{-g} g^{\mu\nu} g^{\alpha\beta} \right) \right] R_{\mu\nu} R_{\alpha\beta} + 4 \left[\delta \left(\sqrt{-g} g^{\mu\nu} g^{\alpha\beta} \right) \right] R_{\mu\nu} \delta R_{\alpha\beta} \\ &\quad + 2\sqrt{-g} g^{\mu\nu} g^{\alpha\beta} R_{\mu\nu} \delta^2 R_{\alpha\beta} + 2\sqrt{-g} g^{\mu\nu} g^{\alpha\beta} \left(\delta R_{\mu\nu} \right) \left(\delta R_{\alpha\beta} \right) \end{aligned} \tag{2.70}$$

となる．背景平坦時空 $g_{\mu\nu} = \eta_{\mu\nu}$ 上では最後の項のみが残り，つまり，

$$\begin{aligned} \delta^2 \left(\sqrt{-g} R^2 \right) \Big|_{g_{\mu\nu} = \eta_{\mu\nu}} &= 2\eta^{\mu\nu} \eta^{\alpha\beta} \left(\delta R_{\mu\nu} \right) \left(\delta R_{\alpha\beta} \right) \\ &= 2 \left(\partial_\mu \partial^\mu h - \partial_\mu \partial_\nu h^{\mu\nu} \right)^2 \end{aligned} \tag{2.71}$$

が得られる．

2.3.3 $R_{\mu\nu}^2$ 項

$R_{\mu\nu}^2$ の項も，作用関数を摂動 2 次まで計算しておこう．流れは R^2 の項の場合と全く同じである．考える作用関数は，

$$S_{R^2 \mu\nu} := \int d^n x \sqrt{-g} R_{\mu\nu} R^{\mu\nu} = \int d^n x \sqrt{-g} g^{\mu\alpha} g^{\nu\beta} R_{\mu\nu} R_{\alpha\beta} \tag{2.72}$$

である．

1 階変分は

$$\begin{aligned} &\delta \left(\sqrt{-g} R_{\mu\nu} R^{\mu\nu} \right) \\ &= \left[\delta \left(\sqrt{-g} g^{\mu\alpha} g^{\nu\beta} \right) \right] R_{\mu\nu} R_{\alpha\beta} + 2\sqrt{-g} g^{\mu\alpha} g^{\nu\beta} R_{\mu\nu} \delta R_{\alpha\beta} \end{aligned} \tag{2.73}$$

であり，背景時空を平坦時空に取ると 0 になる．

2 階変分は

$$
\begin{aligned}
&\delta^2\left(\sqrt{-g}R_{\mu\nu}R^{\mu\nu}\right)\\
&=\left[\delta^2\left(\sqrt{-g}g^{\mu\alpha}g^{\nu\beta}\right)\right]R_{\mu\nu}R_{\alpha\beta}+4\left[\delta\left(\sqrt{-g}g^{\mu\alpha}g^{\nu\beta}\right)\right]R_{\mu\nu}\delta R_{\alpha\beta}\\
&\quad+2\sqrt{-g}g^{\mu\alpha}g^{\nu\beta}R_{\mu\nu}\delta^2R_{\alpha\beta}+2\sqrt{-g}g^{\mu\alpha}g^{\nu\beta}\left(\delta R_{\mu\nu}\right)\left(\delta R_{\alpha\beta}\right)
\end{aligned}
\tag{2.74}
$$

となる．背景平坦時空上（$g_{\mu\nu}=\eta_{\mu\nu}$）では最後の項のみが残り，

$$
\begin{aligned}
&\delta^2\left(\sqrt{-g}R_{\mu\nu}R^{\mu\nu}\right)\Big|_{g_{\mu\nu}=\eta_{\mu\nu}}\\
&=2\eta^{\mu\alpha}\eta^{\nu\beta}\left(\delta R_{\mu\nu}\right)\left(\delta R_{\alpha\beta}\right)\\
&=\frac{1}{2}\left(\partial_\gamma\partial_\nu h^\gamma{}_\mu-\partial_\gamma\partial^\gamma h_{\mu\nu}-\partial_\mu\partial_\nu h+\partial_\mu\partial^\gamma h_{\gamma\nu}\right)\\
&\quad\times\left(\partial_\lambda\partial^\nu h^{\lambda\mu}-\partial_\lambda\partial^\lambda h^{\mu\nu}-\partial^\mu\partial^\nu h+\partial^\mu\partial^\lambda h_\lambda{}^\nu\right)
\end{aligned}
\tag{2.75}
$$

となる．

第 3 章
線形場の量子化

多くの量子化の議論では，ある古典解を基準にその摂動を考え，その摂動量を量子場とし，古典解上でその摂動量に対して量子化を行う．状態空間は，線形理論となる摂動最低次の理論上で構成されるフォック空間で近似される．この章では，平坦時空上やド・ジッター時空上における摂動場の量子論を紹介する．具体例を用いて，フォック空間の構成を行う．また，負ノルム空間もしくは負のエネルギー状態を与えるゴースト場の量子化の詳細について説明する．

3.1 線形スカラー場の量子化

線形場の量子化の方法の基本的手法を学ぶため，まずは一番簡単な線形スカラー場の正準量子化から説明する．この節の内容は，一般的な教科書に書いてある内容であるが，次節のゴースト場の量子化との比較を行うため，この節で簡単に紹介することにする．場の量子論の基礎を知っている読者は，この節を読み飛ばして問題ない．

線形場とは，運動方程式が線形になる場のことであり，**自由場**とも呼ぶ．運動方程式が線形になるということは，ラグランジアンは場の 2 次の項のみで書かれているはずである．この節では，議論を簡単にするため，1 つの実スカラー場 ϕ のみの理論を考える．考える時空は平坦，つまり，ミンコフスキー時空とする．その $n+1$ 次元時空における作用関数は

$$S_\phi = \int d^{n+1}x\,\mathcal{L}_\phi \tag{3.1}$$

$$\left(\mathcal{L}_\phi := \frac{1}{2}\left(-\partial_\mu\phi\partial^\mu\phi - m^2\phi^2\right) = \frac{1}{2}\left(\dot{\phi}^2 - (\partial_i\phi)^2 - m^2\phi^2\right)\right)$$

と書ける．質量 m は正値を取るとする $(m > 0)$．ここで，ϕ のドット $(\dot{\phi})$ は ϕ の時間微分を表し，添え字 i は時間方向と直交する空間方向の添え字を表す．

ϕ の**正準共役運動量** π は，

$$\pi := \frac{\delta S_\phi}{\delta \dot{\phi}} = \dot{\phi} \tag{3.2}$$

と定義される．**ハミルトニアン**は，正準共役運動量を用いて

$$H := \int d^n x \left(\pi\dot{\phi} - \mathcal{L}_\phi\right) = \frac{1}{2}\int d^n x \left(\pi^2 + (\partial_i \phi)^2 + m^2\phi^2\right) \tag{3.3}$$

と定義される．

ハミルトン力学の古典場に対するポアソン括弧式を量子状態に対する**演算子の交換関係**と対応させることで，場 ϕ とその正準共役運動量 π との同時刻 t での交換関係，

$$[\phi(t, \boldsymbol{x}), \pi(t, \boldsymbol{y})] = i\delta^n(\boldsymbol{x} - \boldsymbol{y}), \tag{3.4a}$$

$$[\phi(t, \boldsymbol{x}), \phi(t, \boldsymbol{y})] = [\pi(t, \boldsymbol{x}), \pi(t, \boldsymbol{y})] = 0 \tag{3.4b}$$

が得られる．この交換関係式とハミルトニアン (3.3) から，**ハイゼンベルク方程式**

$$i\dot{\phi} = [\phi, H] = i\pi, \tag{3.5a}$$

$$i\dot{\pi} = [\pi, H] = i\left(\Delta\phi - m^2\phi\right) \tag{3.5b}$$

を得る．ここで，Δ は n 次元空間の**ラプラス演算子**である．これらの式から**クライン–ゴルドン方程式**

$$(\Box - m^2)\phi = 0 \tag{3.6}$$

を得る．ここで，$\Box$ は**ダランベール演算子**である．

では，ϕ をハイゼンベルク方程式 (3.5) の解，つまり，クライン–ゴルドン方程式 (3.6) の解を線形結合で表そう．正準量子化では，同時刻交換関係を基に状態空間を構築していくので，時間と空間を分けて考えたほうがよい．そこでまず，ϕ を空間方向のみに関してフーリエ変換する．場 ϕ のフーリエ変換は

$$\phi = \int \frac{d^n k}{(2\pi)^{\frac{n}{2}}} \phi_{\boldsymbol{k}}(t) e^{i\boldsymbol{k}\boldsymbol{x}} \tag{3.7}$$

と書ける．フーリエモードを用いると，クライン–ゴルドン方程式 (3.6) は

$$\ddot{\phi}_{\boldsymbol{k}} + (\boldsymbol{k}^2 + m^2)\phi_{\boldsymbol{k}} = 0 \tag{3.8}$$

書ける．この一般解は

$$\phi_{\boldsymbol{k}}(t) = \phi_{(1)}(\boldsymbol{k})e^{-ik_0 t} + \phi_{(2)}(\boldsymbol{k})e^{ik_0 t} \tag{3.9}$$

である．ここで，

$$k_0 := \sqrt{\boldsymbol{k}^2 + m^2} (> 0) \tag{3.10}$$

とした．ϕ は実スカラー場であるので，量子化するとエルミート演算子

($\phi = \phi^\dagger$) になる．このことから $\phi_{(2)}(\boldsymbol{k}) = \phi^\dagger_{(1)}(-\boldsymbol{k})$ が従う．後の便利のために，$a(\boldsymbol{k}) := \sqrt{k_0}\phi_{(1)}(\boldsymbol{k})$ を導入すると，ϕ の一般解は

$$\phi = \int \frac{d^n k}{\sqrt{(2\pi)^n 2k_0}} \left(a(\boldsymbol{k}) e^{ik_\mu x^\mu} + a^\dagger(\boldsymbol{k}) e^{-ik_\mu x^\mu} \right) \tag{3.11}$$

と書くことができる．ここで，k_μ は空間方向の波数 $\boldsymbol{k}$ と式 (3.10) で定義された k_0 とを合わせて構成された 4 次元ベクトル

$$k_\mu := (-k_0, \boldsymbol{k}) \tag{3.12}$$

である．また，ハイゼンベルク方程式 (3.5a) から，

$$\pi = \int \frac{d^n k}{\sqrt{(2\pi)^n}} i \sqrt{\frac{k_0}{2}} \left(-a(\boldsymbol{k}) e^{ik_\mu x^\mu} + a^\dagger(\boldsymbol{k}) e^{-ik_\mu x^\mu} \right) \tag{3.13}$$

と書けることがわかる．

ϕ と π の同時刻交換関係 (3.4) に上の表式 (3.11), (3.13) を代入し，少し計算すると，a と $a^\dagger$ の交換関係

$$[a(\boldsymbol{k}), a^\dagger(\boldsymbol{q})] = \delta^n(\boldsymbol{k} - \boldsymbol{q}), \tag{3.14a}$$

$$[a(\boldsymbol{k}), a(\boldsymbol{q})] = [a^\dagger(\boldsymbol{k}), a^\dagger(\boldsymbol{q})] = 0 \tag{3.14b}$$

を得る．

ハミルトニアン (3.3) は $a(\boldsymbol{k})$ と $a^\dagger(\boldsymbol{k})$ を用いて，

$$H = \int d^n k \frac{k_0}{2} \left(a^\dagger(\boldsymbol{k}) a(\boldsymbol{k}) + a(\boldsymbol{k}) a^\dagger(\boldsymbol{k}) \right) \tag{3.15}$$

と表される．ハミルトニアンと $a(\boldsymbol{k})$ や $a^\dagger(\boldsymbol{k})$ の交換関係は，$a(\boldsymbol{k})$ と $a^\dagger(\boldsymbol{k})$ の交換関係 (3.14) を用いて計算でき，

$$[H, a(\boldsymbol{k})] = -k_0 a(\boldsymbol{k}) \tag{3.16a}$$

$$[H, a^\dagger(\boldsymbol{k})] = k_0 a^\dagger(\boldsymbol{k}) \tag{3.16b}$$

となる．このことから，ある**ハミルトニアン固有状態** $|\Psi\rangle$ ($H|\Psi_E\rangle = E|\Psi_E\rangle$) に $a^\dagger(\boldsymbol{k})$ を作用させた状態 $a^\dagger(\boldsymbol{k})|\Psi_E\rangle$ は

$$Ha^\dagger(\boldsymbol{k})|\Psi_E\rangle = a^\dagger(\boldsymbol{k})(H + k_0)|\Psi_E\rangle = (E + k_0)|\Psi_E\rangle \tag{3.17}$$

となることがわかる．つまり，$a^\dagger(\boldsymbol{k})$ をハミルトニアン固有状態に作用させた状態は，ハミルトニアンに対する固有値を k_0 だけ増加させる．ハミルトニアンに対する固有値は，固有状態のエネルギーであるため，式 (3.17) が示していることは，エネルギー E を持つハミルトニアンの状態に $a^\dagger(\boldsymbol{k})$ を作用させると，状態のエネルギーを k_0 だけ増加させるということである．一方で，ϕ の表式 (3.11) を見ると，$a^\dagger(\boldsymbol{k})$ は波数 $\boldsymbol{k}$ のモードの係数に現れるものである．このことから，状態に $a^\dagger(\boldsymbol{k})$ を作用させることは，波数 $\boldsymbol{k}$，エネルギー k_0 の粒

子を作り出すことと理解できる．また，同様の議論から $a(\boldsymbol{k})$ の作用は，この粒子を消すことを意味すると理解できる．つまり，$a^\dagger(\boldsymbol{k})$（$a(\boldsymbol{k})$）をある状態に作用させることは，状態に波数 $\boldsymbol{k}$，エネルギー k_0 の粒子を作り出す（消す）ことに対応すると考えられ，$a^\dagger(\boldsymbol{k})$ と $a(\boldsymbol{k})$ は，それぞれ**生成演算子**，**消滅演算子**と呼ばれる．

では次に，**真空**を定義しよう．$a(\boldsymbol{k})$ を作用することは，波数 $\boldsymbol{k}$ の粒子を消すことに対応すると説明した．しかし，状態に無数の $a(\boldsymbol{k})$ を作用を作用することで，いくらでも波数 $\boldsymbol{k}$ を取り除ける状況は奇妙である．このような状況を回避するには，以下のように理論空間を取ればよい．まず，ϕ に対する**真空状態** $|0\rangle$（ϕ が存在しない状態）を

$$a(\boldsymbol{k})|0\rangle = 0 \tag{3.18}$$

で定義する．これは，状態 $|0\rangle$ から粒子を消した状態が存在しないことを意味する．つまり，$|0\rangle$ は粒子が存在しないことを表しており，真空状態を意味する．

ここで，真空のエネルギーを計算してみよう．真空状態のハミルトニアン固有値は

$$\begin{aligned} H|0\rangle &= \int d^n k \frac{k_0}{2} \left(a^\dagger(\boldsymbol{k})a(\boldsymbol{k}) + a(\boldsymbol{k})a^\dagger(\boldsymbol{k})\right)|0\rangle \\ &= \int d^n k \frac{k_0}{2} \left(2a^\dagger(\boldsymbol{k})a(\boldsymbol{k}) + 1\right)|0\rangle \\ &= \frac{1}{2}\left(\int d^n k k_0\right)|0\rangle \end{aligned} \tag{3.19}$$

となり，発散する．通常，場の理論では，この発散は無限大を引くことで正則化される．ハミルトニアンに定数を加えても，生成・消滅演算子との交換関係 (3.16a), (3.16b) は変化しないことに注意しよう．つまり，**正則化されたハミルトニアン**に対して，生成（消滅）演算子がエネルギー k_0 の粒子を作るという性質は変わらない．エネルギーに対応する演算子である正則化されたハミルトニアンは，具体的に

$$\begin{aligned} H^{(r)} &= \int d^n k \frac{k_0}{2} \left(a^\dagger(\boldsymbol{k})a(\boldsymbol{k}) + a(\boldsymbol{k})a^\dagger(\boldsymbol{k}) - 1\right) \\ &= \int d^n k k_0 a^\dagger(\boldsymbol{k})a(\boldsymbol{k}) \end{aligned} \tag{3.20}$$

と定義される．この正則化は通常，真空のエネルギーが 0 になるように取る．

ϕ の粒子が存在する状態は，粒子が存在しない真空状態 $|0\rangle$ に粒子の数だけその粒子の運動量 $\boldsymbol{k}$ に対応する $a^\dagger(\boldsymbol{k})$ を作用させることで表現する．つまり，任意の物理状態が含まれる状態空間は，真空状態 $|0\rangle$ とそれに $a^\dagger(\boldsymbol{k})$ を任意個作用させた状態で構成される．この理論空間を**フォック空間**と呼ぶ．状態は，真空状態に有限個の $a^\dagger(\boldsymbol{k})$ を作用させたものであるため，ある状態に対して，

$a(\boldsymbol{k})$ を何度も作用させると，あるところで運動量 $\boldsymbol{k}$ の粒子はなくなる．運動量 $\boldsymbol{k}$ の粒子が存在しない状態にさらに $a(\boldsymbol{k})$ を作用させると，0 を与える．つまり，$a(\boldsymbol{k})$ を何度も作用させるとどこかで 0 を与え，新たな状態を作ることはない．したがって，真空を (3.18) として定義しておき，$a^\dagger(\boldsymbol{k})$ を用いてフォック空間を張ると，負のエネルギー，もしくは，負の粒子数を持つ状態は作られない．

最後に，このフォック空間の元の**ノルムの正定値性**を示しておく．これは帰納的に示すことができる．まず，真空状態 $|0\rangle$ はノルムが 1 になるように定義しておく（$\langle 0|0\rangle = 1$）．$n+1$ 粒子状態は，n 粒子状態に $a^\dagger(\boldsymbol{k})$ を作用させることで構成される．そのため，n 粒子以下の任意の状態 $|\Psi_k\rangle$ $(k \geq n)$ が正ノルムであるとき，$n+1$ 粒子状態 $|\Psi_{n+1}\rangle := a^\dagger(\boldsymbol{k})|\Psi_n\rangle$ も正ノルムであることが示されれば，フォック空間の元はすべて正ノルムであることが帰納的に示されたことになる．$\langle\Psi_{n+1}| \sim \langle\Psi_n|a(\boldsymbol{k})$ となることに注意すると，（$\sim$ は定数係数を無視したことを表している．）

$$
\begin{aligned}
\langle\Psi_{n+1}|\Psi_{n+1}\rangle &\sim \langle\Psi_n|a(\boldsymbol{k})a^\dagger(\boldsymbol{k})|\Psi_n\rangle \\
&= \langle\Psi_n|a^\dagger(\boldsymbol{k})a(\boldsymbol{k})+1|\Psi_n\rangle \\
&= \langle\Psi_n|\Psi_n\rangle + \langle\Psi_n|a^\dagger(\boldsymbol{k})a(\boldsymbol{k})|\Psi_n\rangle
\end{aligned}
\tag{3.21}
$$

と計算できる．ここで，2 つ目の等号では $a(\boldsymbol{k})$ と $a^\dagger(\boldsymbol{k})$ の交換関係 (3.14a) を用いた．右辺第 1 項は，帰納法の仮定より正である．第 2 項は $|\Psi_n\rangle$ が運動量 $\boldsymbol{k}$ の粒子を含まない場合は $a(\boldsymbol{k})|\Psi_n\rangle = 0$ より 0 となる．$|\Psi_n\rangle$ が運動量 $\boldsymbol{k}$ の粒子を含む場合は，$|\Psi_n\rangle \sim |\Psi_{n-1}\rangle$ であり $n-1$ 粒子のノルムは正であるので，この第 2 項も正になる．したがって，右辺は正となり $n+1$ 粒子状態も正ノルム状態であることが示された．正ノルム性を示すためには，交換関係 (3.14a) が必要であることを強調しておく．**正エネルギー粒子**を生む $a^\dagger(\boldsymbol{k})$ を生成演算子に選んで，一方で正エネルギー粒子を消す $a(\boldsymbol{k})$ を消滅演算子に選び，真空を $a(\boldsymbol{k})|0\rangle$ で選んだとき，その交換関係 $[a(\boldsymbol{k}), a^\dagger(\boldsymbol{k})]$ が正になっていることが重要である．次節では，この関係性が破れる例（ゴースト場）を紹介し，そういった場合の量子化では，粒子の**正エネルギー性**か**正ノルム性**のどちらかをあきらめないといけないことを紹介する．

3.2 負の運動エネルギーとゴースト粒子，負ノルム状態

様々な理論を考えていく上で，作用における運動項の符号が逆転している理論に出くわすことがある．そのような理論の量子化を考えてみよう．このような場は**ゴースト場**と呼ばれる．ゴースト場は量子論において様々な理論的問題を起こす．実は，フォック空間の構築の仕方の違いにより，異なった問題が生

じる．本節ではゴースト場の量子化の仕方がどのような問題と対応していくかを明白にするため，**ゴースト場の正準量子化**を丁寧に行っていこう．特に，通常の場の量子化と異なる部分を注意して説明する．一方，通常の場の量子化と議論が変わらないところは省略して説明する．

ゴースト場の簡単な一例として，前節で解析したスカラー場 ϕ において，作用汎関数に -1 がかかった理論（つまり，作用関数の符号が反転した理論）を考えてみよう．考える作用関数は，

$$S_\psi = \int d^{n+1}x\,\mathcal{L}_\psi \tag{3.22}$$

$$\left(\mathcal{L}_\psi := -\frac{1}{2}\left(-\partial_\mu\psi\partial^\mu\psi - m^2\psi^2\right) = -\frac{1}{2}\left(\dot{\psi}^2 - (\partial_i\psi)^2 - m^2\psi^2\right)\right)$$

である．作用関数の変分により得られる古典的な運動方程式は，前節の ϕ の理論と同じものになることに注意しよう*1)．

共役運動量 π_ψ は

$$\pi_\psi := \frac{\delta S_\psi}{\delta\dot{\psi}} = -\dot{\psi} \tag{3.23}$$

となる．スカラー場 ϕ の場合 (3.2) と異なり，右辺にマイナスが付いている点に注意しよう．ハミルトニアンは

$$H_\psi = \int d^n x\left(\pi_\psi\dot{\psi} - \mathcal{L}_\psi\right) = -\frac{1}{2}\int d^n x\left(\pi_\psi^2 + (\partial_i\psi)^2 + m^2\psi^2\right) \tag{3.24}$$

と導かれる．ハミルトニアンは全体にマイナスが付いた形となることに注意しよう．ϕ の理論と比べ，作用関数全体にマイナスが付いているため，それは運動エネルギーとポテンシャルエネルギーともにマイナスが付いていると理解できる．そのため，全エネルギーに対応するハミルトニアンの符号が逆になったと考えるのが自然である．

場 ψ とその正準共役運動量 π_ψ との同時刻 t での交換関係は，ϕ の理論と同様に定義されるべきであり，

$$[\psi(t,\boldsymbol{x}), \pi_\psi(t,\boldsymbol{y})] = i\delta^n(\boldsymbol{x}-\boldsymbol{y}), \tag{3.25a}$$

$$[\psi(t,\boldsymbol{x}), \psi(t,\boldsymbol{y})] = [\pi_\psi(t,\boldsymbol{x}), \pi_\psi(t,\boldsymbol{y})] = 0 \tag{3.25b}$$

である．ハイゼンベルク方程式は

$$i\dot{\psi} = [\psi, H] = -i\pi_\psi, \tag{3.26a}$$

*1) ϕ の理論では作用関数の極小値として運動方程式が得られるのに対し，ψ の理論では極大値として運動方程式が得られる．変分原理により運動方程式を導く際には，極値であることしか考慮しないため，この違いによる理論の違いは見えない．しかし，経路積分形式から古典近似を考えると，その運動方程式を与える作用関数の極致が極小値であるか極大値であるかは重要である．この問題は重要であるが，本書では深入りしないことにする．

$$i\dot{\pi}_\psi = [\pi_\psi, H] = -i\left(\Delta\psi - m^2\psi\right) \tag{3.26b}$$

となり，クライン–ゴルドン方程式

$$(\Box - m^2)\psi = 0 \tag{3.27}$$

が得られる．この式は，古典運動方程式と一致し，確かに ϕ の運動方程式とも一致する．

クライン–ゴルドン方程式が ϕ の理論と一致することから，ψ の一般解の形は ϕ の理論と同様に得られる．計算すると，

$$\psi = \int \frac{d^n k}{\sqrt{(2\pi)^n 2k_0}} \left(b(\boldsymbol{k})e^{ik_\mu x^\mu} + b^\dagger(\boldsymbol{k})e^{-ik_\mu x^\mu}\right) \tag{3.28}$$

を得る．ϕ の理論と区別するため，演算子 $a(\boldsymbol{k})$ の代わりに $b(\boldsymbol{k})$ と書くことにする．π_ψ はハイゼンベルク方程式 (3.26a) から，

$$\pi_\psi = \int \frac{d^n k}{\sqrt{(2\pi)^n}} i\sqrt{\frac{k_0}{2}} \left(b(\boldsymbol{k})e^{ik_\mu x^\mu} - b^\dagger(\boldsymbol{k})e^{-ik_\mu x^\mu}\right) \tag{3.29}$$

として得られる．ハイゼンベルク方程式 (3.26a) は ϕ の理論のハイゼンベルク方程式 (3.5a) と比べて右辺にマイナス符号が付いているという違いがある．この影響で，π_ψ の表式も π の場合 (3.13) と比べ符号が逆になっていることに注意しよう．この符号の逆転の影響で，$b(\boldsymbol{k})$ と $b^\dagger(\boldsymbol{k})$ の交換関係は

$$[b(\boldsymbol{k}), b^\dagger(\boldsymbol{q})] = -\delta^n(\boldsymbol{k} - \boldsymbol{q}), \tag{3.30a}$$

$$[b(\boldsymbol{k}), b(\boldsymbol{q})] = [b^\dagger(\boldsymbol{k}), b^\dagger(\boldsymbol{q})] = 0 \tag{3.30b}$$

というように，通常の理論と比べ，第 1 式の符号が反転する．このことが，フォック空間の構成に問題を生む．

ハミルトニアンは

$$H = -\int d^n k \frac{k_0}{2} \left(b^\dagger(\boldsymbol{k})b(\boldsymbol{k}) + b(\boldsymbol{k})b^\dagger(\boldsymbol{k})\right) \tag{3.31}$$

となる．

フォック空間は 2 通りの異なる方法で構成される．異なるフォック空間は異なる理論を生む．ここから先は，その 2 つのフォック空間の構成とその性質を順に見ていこう．

3.2.1 負ノルム状態

ゴースト場の生成・消滅演算子の交換関係 (3.30a) を通常の場の交換関係 (3.14a) と比べると，ゴースト場の交換関係の符号がマイナスになっている違いがある．この違いは理論空間に大きな違いを生む．$b^\dagger(\boldsymbol{k})$（$b(\boldsymbol{k})$）を生成（消滅）演算子だと思い，通常の場と同様に量子化を行うと，ノルムが負になる粒

子状態が現れてしまう．ゴースト場の名前の由来は，同様に**負ノルム状態**を生み出すゲージ理論におけるファデエフ–ポポフゴースト場との類似から名づけられている．では，実際に負ノルム状態が現れてしまうことを見てみよう．

通常の場と同様な理由から，正エネルギーに対応する演算子 $b^\dagger(\boldsymbol{k})$ を生成演算子として，負のエネルギー状態が現れないように

$$b(\boldsymbol{k})|0\rangle = 0 \tag{3.32}$$

で真空を定義する．このとき，フォック空間[*2)] を，通常の場と同様に真空に生成演算子 $b^\dagger(\boldsymbol{k})$ を有限個作用させた状態の集合として構築しよう．このとき，以下の議論から，粒子数の偶奇に応じて，ノルムの正負が入れ替わる．このことを見てみよう．

まず，真空状態のノルムは，

$$\langle 0|0\rangle = 1 \tag{3.33}$$

と定義する[*3)]．このとき，1 粒子状態 $b^\dagger(\boldsymbol{k})|0\rangle$ のノルムは，

$$\langle 0|b(\boldsymbol{k})b^\dagger(\boldsymbol{k})|0\rangle = \langle 0|b^\dagger(\boldsymbol{k})b(\boldsymbol{k}) - 1|0\rangle = -1 \tag{3.34}$$

となる．式変形で，式 (3.30a) と式 (3.32) を用いた．このことから，1 粒子状態のノルムは常に負になっている．一般に，粒子数が偶数のとき正ノルムに，奇数のとき負ノルムになっていることを，帰納法により確かめておく．

粒子数が n の状態を $|\Psi_n\rangle$ と書くとする．このとき，$(n+1)$ 粒子状態のノルムは

$$\begin{aligned}\langle \Psi_{n+1}|\Psi_{n+1}\rangle &\sim \langle \Psi_n|b(\boldsymbol{k})b^\dagger(\boldsymbol{k})|\Psi_n\rangle \\ &= \langle \Psi_n|b^\dagger(\boldsymbol{k})b(\boldsymbol{k}) - 1|\Psi_n\rangle \\ &= -\langle \Psi_n|\Psi_n\rangle + \langle \Psi_n|b^\dagger(\boldsymbol{k})b(\boldsymbol{k})|\Psi_n\rangle\end{aligned} \tag{3.35}$$

となる．右辺最後の項は，$|\Psi_n\rangle$ が運動量 $\boldsymbol{k}$ の粒子を含んでいなければ 0 で，含んでいれば $(n-1)$ 粒子状態のノルムと同符号になる．このことから，n 粒子状態までのノルムが粒子数が偶数のとき正ノルムに，奇数のとき負ノルムになっているとき，$(n+1)$ 粒子状態のノルムに関しても同様なことが言えることがわかる．

---

*2) 後に示すように，この空間を構成する状態は，負ノルム状態を含む．負ノルムが存在するため，ヒルベルト空間ではなく擬ヒルベルト空間と呼ぶべき空間になっている．そのため，厳密にはこの空間はフォック空間ではなく，呼ぶならば擬フォック空間と呼ぶべきである．

*3) 真空のノルムを負ノルムとして定義してもよい．しかし，ゴーストが存在する理論でも，真空は正ノルムで定義することが多い．なぜなら，ゴーストが存在する理論では，通常，正ノルム状態だけで構成される部分空間を物理状態空間と取り，ほとんどの場合では真空はその部分空間に含まれるからである．

負ノルム状態を含む量子理論の計算は，通常の理論と同様に行うことができる．交換関係の符号が逆転している影響で，その他の定義にもマイナス符号が現れるところがあるが，それにさえ気を付けていれば計算は可能である．しかしながら，量子理論において，ノルムは確率を表しており，負ノルムの存在は確率が負であることを意味する．そのため，物理的解釈の問題を生む．そうであっても，負ノルム状態の理論が完全に意味をなさないわけではない．例えば，ゲージ理論量子化においては，負ノルムを取り得るファデエフ-ポポフゴースト場を導入し，負ノルム空間を含む理論を構築する．最終的には正ノルム状態のみで構成された部分空間を取ることで物理的解釈を与える．このような理論の解析において，例えばゲージ理論の繰り込み可能性を示す際には，ファデエフ-ポポフゴースト場が導入された負ノルム空間を含む理論に理論を拡大することで，見通しよく証明することが可能になる．たとえある理論が負ノルムを含んでいても，正ノルム状態のみで構成された部分空間が存在し，正ノルムのみのよい理論が構築される可能性がある．このような考えは，量子重力構築を考えるにあたり，一つの可能性として頭の片隅に入れておくべきである．

真空の安定性を議論するため，粒子状態のエネルギーを調べておこう．真空状態のハミルトニアン固有値は，通常の理論と同様に発散するため，その発散部分を除き

$$H^{(r)} = -\int d^n k\, k_0 \left(b^\dagger(\boldsymbol{k}) b(\boldsymbol{k})\right) |0\rangle \tag{3.36}$$

と正則化しておく．ここで，真空状態のエネルギーが 0 になるように正則化を行った．正則化されたハミルトニアンの固有状態 $|\Psi_E\rangle$，つまり

$$H^{(r)}|\Psi_E\rangle = E|\Psi_E\rangle \tag{3.37}$$

となる状態に，$b^\dagger(\boldsymbol{k})$ を作用させた状態 $b^\dagger(\boldsymbol{k})|\Psi_E\rangle$ を考え，$b^\dagger(\boldsymbol{k})|\Psi_E\rangle$ にハミルトニアンを作用させてみる．交換関係 (3.30a) から

$$[H^{(r)}, b^\dagger(\boldsymbol{k})] = k_0 b^\dagger(\boldsymbol{k}) \tag{3.38}$$

となることがわかる．通常の理論に比べてると，交換関係 (3.30a) とハミルトニアン (3.37) にマイナス符号が付くが，それらがちょうど相殺して，ハミルトニアンと生成演算子の交換関係は通常の理論の交換関係 (3.16a) と同じになる．そのため通常の理論と同様に，$b^\dagger(\boldsymbol{k})|\Psi_E\rangle$ はハミルトニアン固有状態であり，その固有値は

$$H^{(r)} b^\dagger(\boldsymbol{k})|\Psi_E\rangle = b^\dagger(\boldsymbol{k})(H^{(r)} + k_0)|\Psi_E\rangle = (E + k_0)|\Psi_E\rangle \tag{3.39}$$

となる．つまり，生成演算子 $b^\dagger(\boldsymbol{k})$ により粒子数を増やすとエネルギーは増大し，粒子のない真空状態が最低エネルギー状態になる．このことは，理論に相互作用項を入れても真空が安定であることを示している．したがって，この量

子化は，ゴースト場が存在する場合でも，安定な真空上の摂動論が可能であることを意味している．

3.2.2 正ノルム状態と負のエネルギー

もう一つのゴースト場の取り扱い方法がある．そもそも，負ノルムが現れた原因は，交換関係 (3.30a) にある．ここで，演算子 $b^\dagger(\boldsymbol{k})$ を生成演算子に選んだ理由は，ψ の表式 (3.28) において，$b^\dagger(\boldsymbol{k})$ が正エネルギーの波動 $e^{-ik_\mu x^\mu}$ に付随しているからである．しかし，作用関数 (3.22) は全体にマイナス符号が付いており，これは，運動エネルギーとポテンシャルエネルギーが逆符号，つまり，負であることを意味してると考えることができる．このように考えると，ψ 粒子は負のエネルギーを持つと考えるのが自然であり，負エネルギーに波動 $e^{ik_\mu x^\mu}$ に付随した $b(\boldsymbol{k})$ を生成演算子とするのが自然に思える．

そこで，生成・消滅演算子の役割を入れ替えて，議論を進めてみよう．$b(\boldsymbol{k})$, $b^\dagger(\boldsymbol{k})$ をそれぞれ順に生成・消滅演算子とすることを明確にするため，

$$c(\boldsymbol{k}) := b^\dagger(\boldsymbol{k}) \tag{3.40}$$

と書き直すことにする．すると，交換関係 (3.30) は

$$[c(\boldsymbol{k}), c^\dagger(\boldsymbol{q})] = \delta^n(\boldsymbol{k}-\boldsymbol{q}), \tag{3.41a}$$

$$[c(\boldsymbol{k}), c(\boldsymbol{q})] = [c^\dagger(\boldsymbol{k}), c^\dagger(\boldsymbol{q})] = 0 \tag{3.41b}$$

となる．生成・消滅演算子の交換関係が，通常の粒子 ϕ の場合 (3.14a), (3.14b) と同じになることがわかる．通常の理論におけるフォック空間の正ノルム性は，交換関係 (3.14a), (3.14b) のみから導き出している．このことから，真空 $|0\rangle$ を

$$c(\boldsymbol{k})|0\rangle = 0 \tag{3.42}$$

で定義し，状態空間を真空に $c^\dagger(\boldsymbol{k})$ を有限個作用させた状態のみから生成すると，通常の理論と同様に正ノルム状態のみしか持たないフォック空間が構築される．

では，粒子状態のエネルギーを調べてみよう．ハミルトニアンは式 (3.31) から

$$\begin{aligned} H &= -\int d^n k\, \frac{k_0}{2}\left(c(\boldsymbol{k})c^\dagger(\boldsymbol{k}) + c^\dagger(\boldsymbol{k})c(\boldsymbol{k})\right) \\ &= -\int d^n k\, k_0 \left(c^\dagger(\boldsymbol{k})c(\boldsymbol{k}) + \frac{1}{2}\right) \end{aligned} \tag{3.43}$$

と書けることがわかる．通常の理論や先ほどの量子化同様，真空のエネルギーが発散しているため[*4]，発散部分を取り除いて，正則化されたハミルトニアン

*4) 通常の理論や 3.2.1 節の量子化とは異なり，マイナス無限大に発散していることに注意しよう．

$$H^{(r)} = -\int d^n k k_0 c^\dagger(\boldsymbol{k}) c(\boldsymbol{k}) \tag{3.44}$$

を定義する．これは，前節同様，真空のエネルギーを 0 としたことに対応する．

正則化されたハミルトニアンの固有状態 $|\Psi_E\rangle$，つまり

$$H^{(r)}|\Psi_E\rangle = E|\Psi_E\rangle \tag{3.45}$$

を満たす状態に，粒子を一つ加えた状態 $c^\dagger(\boldsymbol{k})|\Psi_E\rangle$ を考えてみる．（正則化された）ハミルトニアンと生成演算子 $c^\dagger$ の交換関係 (3.41a) は，

$$[H^{(r)}, c^\dagger(\boldsymbol{k})] = -k_0 c^\dagger(\boldsymbol{k}) \tag{3.46}$$

となる．右辺にマイナス符号が出てきたことに注意しよう．状態 $c^\dagger(\boldsymbol{k})|\Psi_E\rangle$ に正則化したハミルトニアンを作用させると，

$$H^{(r)} c^\dagger(\boldsymbol{k})|\Psi_E\rangle = c^\dagger(\boldsymbol{k})(H^{(r)} - k_0)|\Psi_E\rangle = (E - k_0)|\Psi_E\rangle \tag{3.47}$$

を得る．つまり，状態 $c^\dagger(\boldsymbol{k})|\Psi_E\rangle$ は状態 $|\Psi_E\rangle$ に比べて $k_0(>0)$ だけエネルギーが低い（正則化された）ハミルトニアン固有状態になっている．このことは，生成演算子 $c^\dagger(\boldsymbol{k})$ が負のエネルギー $-k_0$ を持つ粒子を生成する演算子であることを示している．

ここで行った量子化は，負ノルム状態を生成せず，また，作用関数から予想される負のエネルギーを持つ状態が現れるため，正しい量子化に思える．実際，線形理論においては，なんら問題のない理論となっている．しかしながら，底のない負のエネルギー状態の存在は，正エネルギー状態との相互作用を許すと真空を不安定にする．つまり，真空において通常の正のエネルギー状態とゴースト場の**負のエネルギー状態**の対生成を可能にし，真空が別の状態に発展し，不安定であることが示される．実は詳しく計算すると，この不安定性を表す散乱振幅は発散する．この不安定性の発散は，摂動近似では真空が一瞬にして崩壊することを意味している．散乱振幅が発散しているため摂動近似は破れており，摂動論はもはや機能しない．

3.3 平坦時空上の重力場（スピン 2 の場）の量子化

ここでは，その他の線形場について，いくつかの具体例で量子化を行ってみる．この教科書は重力理論の解析を主としているため，重力場（スピン 2 の場）の量子化の具体例を扱うことにしよう．簡単のため，ここでは 4 次元時空を考えることにする．高次元への拡張はそれほど難しくない．

スピン 2 の場は対称 2 階テンソルとして表される．対称 2 階テンソルは 10 個の独立な成分を持つが，そのうちのすべてがスピン 2 の場を表すのではない．massless 場の場合は 4 つのゲージ自由度があり，また，4 つの拘束条件

を持つため，2 自由度のみが物理的伝搬自由度となる．これはスピン 2・ヘリシティー 2 の 2 自由度に対応する．massless 場の場合はスピン 2 場はヘリシティー 0 や 1 の自由度を持たない．一方で，massive の場合はゲージ自由度がない．線形の massive スピン 2 場はその質量項を特別な形に調整する必要があり，そのときのみ，もともとの拘束条件に加えてもう一つ拘束条件が現れる．合計 5 つの拘束条件があり，$10-5=5$ 個の物理的伝搬自由度が現れる系となる．この自由度は，massive スピン 2 場のヘリシティー 0, 1, 2 の 5 自由度に対応する．

本章では，massive と massless のスピン 2 線形理論の量子化を示す．ゲージ対称性がある理論の量子化は，対称性がない場合に比べて煩雑になるので，まずはゲージ対称性がない massive スピン 2 の量子化から説明することにする．なお，対称性や拘束条件がある場合の量子化の一般論については本書では説明しない．これらの手法はすでに知っているものとして議論を進める．拘束系の量子化の一般論について知りたい読者は，例えば，[11] などを参照していただくとよい．

この節での解析では，時空は平坦とし，デカルト座標

$$ds^2 = -dt^2 + d\boldsymbol{x}^2 \tag{3.48}$$

を用いる．

3.3.1 massive スピン 2 場の量子化

では，まず massive スピン 2 場 $I_{\mu\nu}$ の理論を考えよう．massive スピン 2 場の線形理論である**フィールツ–パウリ理論**[7]の作用は

$$S_{I2} = \frac{1}{2}\int d^4x \left[I_{\mu\nu}\mathcal{L}^{\mu\nu,\alpha\beta}I_{\alpha\beta} - m_I^2\left(I_{\mu\nu}^2 - I^2\right)\right]. \tag{3.49}$$

で与えられる．ここで $\mathcal{L}^{\mu\nu,\alpha\beta}$ は**2 階対称テンソルに対する 2 階微分演算子**

$$\begin{aligned}\mathcal{L}^{\mu\nu,\alpha\beta} := &\Box\eta^{\mu(\alpha}\eta^{\beta)\nu} - \partial^\mu\partial^{(\alpha}\eta^{\beta)\nu} - \partial^\nu\partial^{(\alpha}\eta^{\beta)\mu} \\ &- \Box\eta^{\mu\nu}\eta^{\alpha\beta} + \partial^\mu\partial^\nu\eta^{\alpha\beta} + \eta^{\mu\nu}\partial^\alpha\partial^\beta.\end{aligned} \tag{3.50}$$

である．

3.3.1.1 ハミルトニアン解析を用いた自由度勘定

ハミルトニアン形式に移るため，この作用に現れる時空の添え字を時間と空間に分解しよう．時間方向の添え字を 0 で，空間方向の添え字をアルファベット $i, j, k, \cdots$ で表すことにする．空間の添え字はクロネッカーのデルタ δ^{ij}, δ_{ij} を用いて上げ下げされるため，添え字の上下入れ替えで値を変えることはない．したがって，以降は空間添え字の上下を気にしないことにする．（同じ添え字が現れたときは，アインシュタインの縮約記法に従い，和を取ることと

する.）すると，フィールツ–パウリ理論の作用 (3.49) は

$$
\begin{aligned}
S_{I2} = \frac{1}{2}\int d^4x \Big[& 2I_{00}\left(\Delta\delta_{ij} - \partial_i\partial_j\right) I_{ij} - 2I_{0i}\left(\Delta\delta_{ij} - \partial_i\partial_j\right) I_{0j} \\
& +2\dot{I}_{ij}\left(2\partial_k\delta_{ij} - \partial_i\delta_{jk} - \partial_j\delta_{ik}\right) I_{0k} + \dot{I}_{ij}\mathcal{G}_3^{ij,kl}\dot{I}_{kl} + I_{ij}\mathcal{L}_3^{ij,kl}I_{kl} \\
& -m_I^2\left(I_{00}^2 - 2I_{0i}^2 + I_{ij}^2 - (-I_{00} + I_{ii})^2\right)\Big] \qquad (3.51)
\end{aligned}
$$

と書ける．ここで，ドットは時間微分を表し，$\mathcal{G}_3^{ij,kl}$ と $\mathcal{L}_3^{ij,kl}$ はそれぞれ

$$
\mathcal{G}_3^{ij,kl} := \delta_{i(k}\delta_{l)j} - \delta_{ij}\delta_{kl}, \qquad (3.52\mathrm{a})
$$

$$
\begin{aligned}
\mathcal{L}_3^{ij,kl} := & \Delta\delta^{i(k}\delta^{l)j} - \partial^i\partial^{(k}\delta^{l)j} - \partial^j\partial^{(k}\delta^{l)i} \\
& - \Delta\delta^{ij}\delta^{kl} + \partial^i\partial^j\delta^{kl} + \delta^{ij}\partial^k\partial^l \qquad (3.52\mathrm{b})
\end{aligned}
$$

を表す．

作用を基に，$I_{\mu\nu}$ の共役運動量を求めてみよう．それは，作用を $\dot{I}_{\mu\nu}$ で変分することで得られ，

$$
\pi^{00} = 0, \quad \pi^{0i} = 0, \qquad (3.53\mathrm{a})
$$

$$
\pi^{ij} = \left[\left(2\partial_k\delta_{ij} - \partial_i\delta_{jk} - \partial_j\delta_{ik}\right) I_{0k} + \mathcal{G}_3^{ij,kl}\dot{I}_{kl}\right] \qquad (3.53\mathrm{b})
$$

となる．(3.53a) は $\dot{I}_{\mu\nu}$ を含まないため，ハミルトン解析では拘束条件であると解釈される．(3.53b) は $\dot{I}_{ij}$ について解くことができ，

$$
\dot{I}_{ij} = \mathcal{G}_3^{-1}{}_{ij,kl}\left(\pi_{kl} - \left(2\partial_m\delta_{kl} - \partial_k\delta_{lm} - \partial_l\delta_{km}\right) I_{0m}\right) \qquad (3.54)
$$

となる．$\mathcal{G}_3^{-1}{}_{ij,kl}$ は $\mathcal{G}_3^{ij,kl}$ の逆行列であり，

$$
\mathcal{G}_3^{-1}{}_{ij,kl} := \delta_{i(k}\delta_{l)j} - \frac{1}{2}\delta_{ij}\delta_{kl} \qquad (3.55)
$$

と表される．ここで逆行列と言っている意味は，$\mathcal{G}_3^{ij,kl}$ の添え字 $\{i,j\}$ と $\{k,l\}$ のそれぞれの組を行と列の成分として見たときの逆行列ということであり，つまり，

$$
\mathcal{G}_3^{ij,kl}\mathcal{G}_3^{-1}{}_{kl,mn} = \delta_{i(m}\delta_{n)j} = \mathcal{G}_3^{-1}{}_{mn,kl}\mathcal{G}_3^{kl,ij} \qquad (3.56)
$$

を意味する．

共役運動量が得られたので，**全ハミルトニアン**を書くことができる．全ハミルトニアンは，拘束条件 $\pi^{0\mu}(=0)$ に対して**ラグランジュ未定乗数** λ_μ を導入して，

$$
\begin{aligned}
\mathcal{H}_T &= \pi^{ij}\dot{I}_{ij} - \mathcal{L} + \lambda_\mu\pi^{0\mu} \\
&= \frac{1}{2}\Big[\pi^{ij}\mathcal{G}_3^{-1}{}_{ij,kl}\pi^{kl} - 4I_{0i}\partial_j\pi^{ij} - 2I_{00}\left(\Delta\delta_{ij} - \partial_i\partial_j\right) I_{ij}
\end{aligned}
$$

$$
- I_{ij}\mathcal{L}_3^{ij,kl} I_{kl} + m_I^2 \left(I_{00}^2 - 2I_{0i}^2 + I_{ij}^2 - (-I_{00} + I_{ii})^2 \right) \Bigg] + \lambda_\mu \pi^{0\mu} \tag{3.57}
$$

と書かれる．

全ハミルトニアンを基に，拘束条件（の左辺）$\pi^{0\mu}$ の時間発展を計算する．拘束条件の時間発展は

$$
\begin{aligned}
\dot{\pi}^{00} &= [\mathcal{H}_T, \pi^{00}] = \frac{\delta \mathcal{H}_T}{\delta I_{00}} \\
&= -\left(\Delta\delta_{ij} - \partial_i\partial_j\right) I_{ij} + m_I^2 I_{ii} := -\mathcal{C}_0,
\end{aligned} \tag{3.58a}
$$

$$
\dot{\pi}^{0i} = [\mathcal{H}_T, \pi^{0i}] = \frac{\delta \mathcal{H}_T}{\delta I_{0i}} = -2\partial_j \pi^{ij} - 2m_I^2 I_{0i} := -2\mathcal{C}_i. \tag{3.58b}
$$

と導かれる．時間発展で拘束条件は満たされ続けないといけないので，この時間発展は 0 でなければならない．しかし，これらは未定乗数 λ_μ を含まないため，λ_μ を調節してこの時間発展を 0 にすることはできない．したがって，$\mathcal{C}_\mu = 0$ は新たな拘束条件となる．

新たな拘束条件が得られたため，これらに対する時間発展を調べる必要がある．$\mathcal{C}_i$ に関しては，$\mathcal{C}_i$ が I_{0i} を含んでおり，一方で全ハミルトニアン $\mathcal{H}_T$ は $\lambda_i\pi^{0i}$ を含んでいるため，その交換関係 $[\mathcal{H}_T, \mathcal{C}_i]$ は λ_i を含む．$[\mathcal{H}_T, \mathcal{C}_i] = 0$ は λ_i について解けるため，$\mathcal{C}_i$ の時間発展の式は λ_i を固定する式となり，新たな拘束条件を生み出すことはない．対して $\mathcal{C}_0$ は $I_{0\mu}$ を含んでいないため，その時間発展は λ_i を固定する式にはなり得ない．したがって，$\mathcal{C}_0$ の時間発展から新たな拘束条件が生まれる可能性があり，詳しく解析する必要がある．$\mathcal{C}_0$ の時間発展は

$$
\begin{aligned}
\dot{\mathcal{C}}_0 &= [\mathcal{H}_T, \mathcal{C}_0] = -\left(\Delta\delta_{ij} - \partial_i\partial_j - m_I^2\delta_{ij}\right) \frac{\delta \mathcal{H}_T}{\delta \pi^{ij}} \\
&= \partial_i\partial_j\pi^{ij} - \frac{m_I^2}{2}\pi^{ii} + 2m_I^2\partial_i I_{0i}
\end{aligned} \tag{3.59}
$$

となる．この時間発展は 0 でないといけなく，これが新たな拘束条件を生む．式 (3.58b) を用いて，この拘束条件をシンプルに書いておく．

$$
\begin{aligned}
0 &= 4\partial_i\mathcal{C}_i - 2\left(\partial_i\partial_j\pi^{ij} - \frac{m_I^2}{2}\pi^{ii} + 2m_I^2\partial_i I_{0i}\right) \\
&= 2\partial_i\partial_j\pi^{ij} + m_I^2\pi^{ii} =: \mathcal{C}.
\end{aligned} \tag{3.60}
$$

新たな拘束条件が現れたので，この拘束条件の時間発展も調べておく必要がある．この拘束条件は $I_{0\mu}$ を含まないので，全ハミルトニアン $\mathcal{H}_T$ との交換関係を計算しても，その結果に λ_μ は現れない．そのため，新たな拘束条件を生む可能性が大いにある．実際計算すると，

$$
\dot{\mathcal{C}} = [\mathcal{H}_T, \mathcal{C}] = \left(2\partial_i\partial_j + m_I^2\delta_{ij}\right) \frac{\delta \mathcal{H}_T}{\delta I_{ij}}
$$

$$= m_I^2 \left(\partial_i \partial_j I_{ij} - \Delta I_{ii}\right) + m_I^4 \left(3I_{00} - 2I_{ii}\right)$$

$$= -m_I^2 \mathcal{C}_0 + 3m_I^4 \bar{\mathcal{C}} \tag{3.61a}$$

$$\bar{\mathcal{C}} := \left(I_{00} - I_{ii}\right) \tag{3.61b}$$

となる．新たな拘束条件は $\bar{\mathcal{C}} = 0$ である．この拘束条件は I_{00} を含んでいるため，時間発展，つまり，$\mathcal{H}_T$ との交換関係を計算すると，λ_0 が現れる．したがって，$\bar{\mathcal{C}}$ の時間発展は λ_0 を定める式となり，新たな拘束条件を与えない．

結果，得られた拘束条件は

$$\pi^{0\mu} = 0, \quad \mathcal{C}_\mu = 0, \quad \mathcal{C} = 0, \quad \bar{\mathcal{C}} = 0 \tag{3.62}$$

の，計 10 個である．最初の 2 つは添え字 μ があるため，それぞれ 4 つの拘束条件を与えることに気を付けよう．また，拘束条件の左辺 $\pi^{0\mu}, \mathcal{C}_\mu, \mathcal{C}, \bar{\mathcal{C}}$ のポアソン括弧から作られる行列式が 0 ではないため，これらは**第 2 類の拘束条件**であることがわかる．詳しい計算は読者に任せることにする．したがって，ゲージ自由度はない．2 階対称テンソル $I_{\mu\nu}$ の成分は 10 であり，それぞれの共役運動量があるため，変数は合計 20 個あった．このうち，10 個が拘束条件で制限されるため，$20 - 10 = 10$ 個が独立な動的変数である．ラグランジュ形式での伝搬自由度は，ハミルトニアン形式の動的自由度の半分であるため，$10/2 = 5$ 個の伝搬自由度があることになる．

3.3.1.2 スピン直交基底を用いた量子化

それでは，線形 massive スピン 2 場の量子化を行おう．まず，運動方程式を解いて真空の古典解を導き，on-shell で現れる状態を特定しよう．線形 massive スピン 2 場の作用関数 (3.49) から得られる運動方程式は，

$$\mathcal{L}_{\mu\nu}{}^{\alpha\beta} I_{\alpha\beta} - m_I^2 \left(I_{\mu\nu} - I\eta_{\mu\nu}\right) = 0 \tag{3.63}$$

である．演算子 $\mathcal{L}^{\mu\nu,\alpha\beta}$ に偏微分 ∂_ν を作用させると 0 になることから，運動方程式 (3.63) に偏微分 ∂_ν を作用させると，

$$\partial_\nu I_\mu{}^\nu - \partial_\mu I = 0 \tag{3.64}$$

を得る．この式を運動方程式 (3.63) に代入してトレースをとると，

$$I = 0 \tag{3.65}$$

の **traceless 条件**を得る．したがって，(3.64) 合わせて，$I_{\mu\nu}$ は **transverse-traceless 条件**

$$\partial_\nu I_\mu{}^\nu = 0, \quad I = 0 \tag{3.66}$$

を満たすことがわかる．この拘束条件は 5 個あるので，$I_{\mu\nu}$ の成分 10 個から

5 個を引いて，$I_{\mu\nu}$ の 5 成分のみが伝搬モードとして現れる．3.3.1.1 節のハミルトニアン解析により得られた，物理自由度の 5 自由度と対応する．

拘束条件 (3.66) を用いると，運動方程式 (3.63) は

$$\left(\square - m^2\right) I_{\mu\nu} = 0 \tag{3.67}$$

となり，クライン–ゴルドン方程式が得られる．式 (3.7) 以下で行われたスカラー場のときと同様な議論を用いて，$I_{\mu\nu}$ の一般解は

$$I_{\mu\nu} = \int \frac{d^4k}{\sqrt{(2\pi)^4 2k_0}} \sum_\sigma \left(a_\sigma(\boldsymbol{k}) e^{ik_\mu x^\mu} + a_\sigma^\dagger(\boldsymbol{k}) e^{-ik_\mu x^\mu} \right) e_{\mu\nu}^{(\sigma)}(k^\alpha) \tag{3.68}$$

と書ける．ここで，この段階ではまだ $a_\sigma(\boldsymbol{k})$ と $a_\sigma^\dagger(\boldsymbol{p})$ の交換関係が $\delta(\boldsymbol{k}-\boldsymbol{p})$ になるとは限らないことに注意しよう．また，$e_{\mu\nu}^{(\sigma)}(k^\alpha)$ は拘束条件 (3.66) をみたす，5 つのテンソル基底である．つまり，σ は 1 から 5 までを取り，

$$k^\mu e_{\mu\nu}^{(\sigma)}(k^\alpha) = 0, \quad e^{(\sigma)}{}_\mu{}^\mu(k^\alpha) = 0, \quad e_{\mu\nu}^{(\sigma)}(k^\alpha) e^{(\sigma')\mu\nu}(k^\alpha) = \delta_{\sigma\sigma'} \tag{3.69}$$

を満たす 5 つの 2 階対称テンソルである．

あとはこれを基に，3.3.1.1 節のハミルトニアン解析から得られるディラック括弧から $a_\sigma(\boldsymbol{k})$ と $a_\sigma^\dagger(\boldsymbol{p})$ の交換関係を求めていけばよい．しかし，純粋にディラックの解析を行うと面倒であるので，別の方法を用いて少し楽をしよう．波数 (k^α) ごとに定義される拘束条件 (3.66) を満たす 5 つの $e_{\mu\nu}^{(\sigma)}(k^\alpha)$ と直交する残りの基底を $f_{\mu\nu}^{(\sigma)}(k^\alpha)$ としておこう．$e_{\mu\nu}^{(\sigma)}(k^\alpha)$ や $f_{\mu\nu}^{(\sigma)}(k^\alpha)$ の詳細は，付録 A に書くことにする．ここでの $e_{\mu\nu}^{(\sigma)}(k^\alpha)$ は，式 (A.9) の $\sigma = (1,2,3,4,5)$ に対応する．一方で $f_{\mu\nu}^{(\sigma)}(k^\alpha)$ は，式 (A.9) の $\sigma = (S, U, V1, V2, V3)$ に対応する．つまり，$f_{\mu\nu}^{(\sigma)}(k^\alpha)$ は

$$e_{\mu\nu}^{(\sigma)}(k^\alpha) f^{(\sigma')\mu\nu}(k^\alpha) = 0, \quad f_{\mu\nu}^{(\sigma)}(k^\alpha) f^{(\sigma')\mu\nu}(k^\alpha) = \delta_{\sigma\sigma'} \tag{3.70}$$

を満たす 5 つの基底である．

演算子 $\mathcal{L}^{\mu\nu\alpha\beta}$ と，フーリエ空間で $e_{\mu\nu}^{(\sigma)}(k^\alpha)$ や $f_{\mu\nu}^{(\sigma)}(k^\alpha)$ との縮約を考えてみよう．つまり，$\mathcal{L}^{\mu\nu\alpha\beta}$ の偏微分 ∂_μ を ik_μ に置き換えて，$e_{\mu\nu}^{(\sigma)}(k^\alpha)$ や $f_{\mu\nu}^{(\sigma)}(k^\alpha)$ と縮約を取ってみる．$\mathcal{L}^{\mu\nu\alpha\beta}$ の偏微分 ∂_μ を ik_μ に置き換えたものを

$$\begin{aligned}\tilde{\mathcal{L}}^{\mu\nu,\alpha\beta} :=& -k^2 \eta^{\mu(\alpha}\eta^{\beta)\nu} + k^\mu k^{(\alpha}\eta^{\beta)\nu} + k^\nu k^{(\alpha}\eta^{\beta)\mu} \\ &+ k^2 \eta^{\mu\nu}\eta^{\alpha\beta} - k^\mu k^\nu \eta^{\alpha\beta} - \eta^{\mu\nu} k^\alpha k^\beta \end{aligned} \tag{3.71}$$

と書いておく．$e_{\mu\nu}^{(\sigma)}(k^\alpha)$ は transverse-traceless 条件 (3.69) を満たすので，$\tilde{\mathcal{L}}^{\mu\nu,\alpha\beta}$ を作用させると式 (3.71) の右辺の第 1 項目しか残らず

$$\tilde{\mathcal{L}}_{\mu\nu}{}^{\alpha\beta} e_{\alpha\beta}^{(\sigma)}(k^\gamma) = -k^2 e_{\mu\nu}^{(\sigma)}(k^\gamma) \tag{3.72}$$

となる．すなわち，スピン 2 成分に対して演算子 $\mathcal{L}^{\mu\nu\alpha\beta}$ はダランベール演算子のように作用する演算子となっている．

これらの事実から以下のことがわかる．$I_{\mu\nu}$ を

$$I_{\mu\nu} = \int \frac{d^4k}{(2\pi)^2} \sum_\sigma \tilde{I}^\sigma(k^\alpha) \exp(ik_\mu x^\mu) e^{(\sigma)}_{\mu\nu} + \sum_\sigma \tilde{I}^{\sigma'}(k^\alpha) \exp(ik_\mu x^\mu) f^{(\sigma')}_{\mu\nu} \tag{3.73}$$

と書いておく．（式 (3.68) の時点で，$f^{(\sigma')}_{\mu\nu}$ の項はないことがわかっているため，この時点で (3.73) の部分は省いておいてよい．この後に，$f^{(\sigma')}_{\mu\nu}$ の部分が確かに伝搬成分を含まないことを再確認するため，ここでは $f^{(\sigma')}_{\mu\nu}$ を含めた形で書いておく．）σ はスピン 2 の部分の和であり，σ' はスピン 0，1 部分の和である．このとき，作用関数 (3.49) の運動項の部分におけるスピン 2 の形は

$$\begin{aligned}\frac{1}{2}\int d^4x\, I_{\mu\nu}\mathcal{L}^{\mu\nu,\alpha\beta} I_{\alpha\beta} \supset \frac{1}{2}\int d^4k \sum_\sigma \tilde{I}^\sigma(-k^2)\tilde{I}^\sigma \\ = \frac{1}{2}\int d^4x \sum_\sigma I^\sigma \Box I^\sigma\end{aligned} \tag{3.74}$$

となる．ここで，I^σ は $\tilde{I}^\sigma$ を逆フーリエ変換した

$$\tilde{I}^\sigma(k^\alpha) = \int \frac{d^4x}{(2\pi)^2} I^\sigma(x^\alpha) \exp(-ik_\mu x^\mu) \tag{3.75}$$

である．このことから，作用関数 (3.49) のスピン 2 の運動項は，5 成分の正準的なスカラー場のように振る舞っていることがわかる．

一方で，作用関数 (3.49) の質量項の部分に含まれるスピン 2 の形は，

$$\begin{aligned}-\frac{m_I^2}{2}\int d^4x \left(I_{\mu\nu}^2 - I^2\right) \supset -\frac{m_I^2}{2}\int d^4k \sum_\sigma \tilde{I}^\sigma \tilde{I}^\sigma \\ = -\frac{m_I^2}{2}\int d^4x \sum_\sigma I^\sigma I^\sigma\end{aligned} \tag{3.76}$$

となる．式 (3.74) と合わせて，$I^{(\sigma)}$ に対する作用関数は，

$$S_{I^\sigma} = \frac{1}{2}\int d^4x \sum_\sigma I^\sigma \left(\Box - m_I^2\right) I^\sigma \tag{3.77}$$

となっている．そのため，量子化は 5 つの正準的なスカラー場が存在するときと同様になる．つまり，式 (3.68) において，a_σ や $a_\sigma^\dagger$ を通常の生成・消滅演算子として取り扱うことで，線形 massive スピン 2 の場が量子化される．

念のため，他の自由度が現れないことを見ておこう．まず，スピン 1 の基底を持つ成分に関しては，基底 $E^{(\sigma)}_{\alpha\beta}$（$\sigma = (V1, V2, V3)$．定義は付録 A 参照．）と $\tilde{\mathcal{L}}^{\mu\nu,\alpha\beta}$ の縮約を取ると 0 になることから，運動項が現れないことがわかる．したがって，伝搬自由度はない．スピン 0 に関しては，基底 $E^{(\sigma)}_{\alpha\beta}$（$\sigma = (S, U)$．定義は付録 A 参照．）に対して，$\tilde{\mathcal{L}}^{\mu\nu,\alpha\beta}$ の固有値は 0 と $2k^2$ である．固有値

$2k^2$ に対する規格化された固有ベクトルは

$$\frac{1}{2}\left(E^{(S)}_{\alpha\beta} - \sqrt{3}E^{(U)}_{\alpha\beta}\right) \tag{3.78}$$

であるため，

$$\begin{aligned} &\frac{1}{2}\int d^4x\, I_{\mu\nu}\mathcal{L}^{\mu\nu,\alpha\beta}I_{\alpha\beta} \\ &\supset \frac{1}{4}\int d^4k \left(\tilde{I}^{(S)} - \sqrt{3}\tilde{I}^{(U)}\right)(k^2)\left(\tilde{I}^{(S)} - \sqrt{3}\tilde{I}^{(U)}\right) \\ &= -\frac{1}{4}\int d^4x \left(I^{(S)} - \sqrt{3}I^{(U)}\right)\Box\left(I^{(S)} - \sqrt{3}I^{(U)}\right) \end{aligned} \tag{3.79}$$

となる．まず，$\tilde{\mathcal{L}}^{\mu\nu,\alpha\beta}$ を 2 階対称テンソルで挟んだときの運動項の係数は，スピン 2 とスピン 0 のときで反転することが知られており，上の表式で全体にマイナスがかかっていることはこの事実と一致する．質量項は

$$\begin{aligned} &-\frac{m_I^2}{2}\int d^4x \left(I^2_{\mu\nu} - I^2\right) \\ &\supset -\frac{m_I^2}{2}\int d^4k \left(\tilde{I}^{(S)} + \sqrt{3}\tilde{I}^{(U)}\right)\left(\tilde{I}^{(S)} - \sqrt{3}\tilde{I}^{(U)}\right) \\ &= -\frac{m_I^2}{2}\int d^4x \left(I^{(S)} + \sqrt{3}I^{(U)}\right)\left(I^{(S)} - \sqrt{3}I^{(U)}\right) \end{aligned} \tag{3.80}$$

となる．運動項の部分と合わせて，スカラー部分の作用は，

$$\begin{aligned} S_{I^{(S,U)}} = -\frac{1}{4}\int d^4x \Big[&\left(I^{(S)} - \sqrt{3}I^{(U)}\right)\Box\left(I^{(S)} - \sqrt{3}I^{(U)}\right) \\ &-m_I^2\left(I^{(S)} + \sqrt{3}I^{(U)}\right)\left(I^{(S)} - \sqrt{3}I^{(U)}\right)\Big] \end{aligned} \tag{3.81}$$

となる．$\left(I^{(S)} + \sqrt{3}I^{(U)}\right)$ での変分により，

$$I^{(S)} - \sqrt{3}I^{(U)} = 0 \tag{3.82}$$

が得られる．この拘束条件を作用関数 (3.81) に代入すると作用関数が 0 になり，伝搬自由度が現れない．拘束条件 (3.82) が現れたのは，質量項の部分 (3.80) に $\left(I^{(S)} - \sqrt{3}I^{(U)}\right)$ が現れたことが効いており，つまりはフィールツ–パウリ理論の質量項の形 $(I_{\mu\nu}I^{\mu\nu} - I^2)$ が重要であることに注意しておく．この形以外の質量項では拘束条件が式 (3.82) の形で現れず，スピン 0 自由度が常に残ってしまう．このスピン 0 自由度の運動項の符号はスピン 2 自由度と逆になるため，スピン 2 の運動項の符号が負でないときは，このスピン 0 自由度の運動項の符号は負となり，ゴースト自由度になる．

3.3.2 massless スピン 2 場の量子化

次に，線形 massless スピン 2 場の量子化を行う．その作用関数は，massive スピン 2 場の作用関数 (3.49) において質量を 0 にした

$$S_{H2}=\frac{1}{2}\int d^4x\, H_{\mu\nu}\mathcal{L}^{\mu\nu,\alpha\beta}H_{\alpha\beta} \tag{3.83}$$

で与えられる．ここで $\mathcal{L}^{\mu\nu,\alpha\beta}$ は (3.50) で与えた 2 階対称テンソルに対する 2 階微分演算子である．

3.3.2.1　ハミルトニアン解析を用いた自由度勘定

ハミルトニアン形式に移るため，massive スピン 2 場の場合と同様に，時間成分と空間成分に分解しよう．すると，作用関数 (3.83) は

$$\begin{aligned}S_{H2}=\frac{1}{2}\int d^4x\,\Big[&2H_{00}\left(\Delta\delta_{ij}-\partial_i\partial_j\right)H_{ij}-2H_{0i}\left(\Delta\delta_{ij}-\partial_i\partial_j\right)H_{0j}\\&+2\dot{H}_{ij}\left(2\partial_k\delta_{ij}-\partial_i\delta_{jk}-\partial_j\delta_{ik}\right)H_{0k}\\&+\dot{H}_{ij}\mathcal{G}_3^{ij,kl}\dot{H}_{kl}+H_{ij}\mathcal{L}_3^{ij,kl}H_{kl}\Big]\end{aligned} \tag{3.84}$$

となる．ドットは時間微分であり，$\mathcal{G}_3^{ij,kl}$ と $\mathcal{L}_3^{ij,kl}$ はそれぞれ式 (3.52a), (3.52b) で与えたものと同じである．

$H_{\mu\nu}$ の共役運動量は，作用関数を $\dot{H}_{\mu\nu}$ で変分することで得られ，

$$\pi^{00}=0,\quad \pi^{0i}=0, \tag{3.85a}$$

$$\pi^{ij}=\left[\left(2\partial_k\delta_{ij}-\partial_i\delta_{jk}-\partial_j\delta_{ik}\right)H_{0k}+\mathcal{G}_3^{ij,kl}\dot{H}_{kl}\right] \tag{3.85b}$$

となり，massive スピン 2 粒子の場合 (3.53) と同じである．同じになるのは，massless スピン 2 粒子と massive スピン 2 粒子の運動項の形が同じであるからである．式 (3.85b) を $\dot{H}_{ij}$ について解くと，

$$\dot{H}_{ij}={\mathcal{G}_3^{-1}}_{ij,kl}\left(\pi_{kl}-\left(2\partial_m\delta_{kl}-\partial_k\delta_{lm}-\partial_l\delta_{km}\right)I_{0m}\right) \tag{3.86}$$

が得られる．${\mathcal{G}_3^{-1}}_{ij,kl}$ は式 (3.54) の下で説明したものと同じものである．拘束条件 $\pi^{0\mu}(=0)$ に対してラグランジュ未定乗数 λ_μ を導入して，全ハミルトニアンは

$$\begin{aligned}\mathcal{H}_T&=\pi^{ij}\dot{H}_{ij}-\mathcal{L}+\lambda_\mu\pi^{0\mu}\\&=\frac{1}{2}\Big[\pi^{ij}{\mathcal{G}_3^{-1}}_{ij,kl}\pi^{kl}-4H_{0i}\partial_j\pi^{ij}-2H_{00}\left(\Delta\delta_{ij}-\partial_i\partial_j\right)H_{ij}\\&\qquad-H_{ij}\mathcal{L}_3^{ij,kl}H_{kl}\Big]+\lambda_\mu\pi^{0\mu}\end{aligned} \tag{3.87}$$

と書かれる．

次に，全ハミルトニアンを基に拘束条件（の左辺）$\pi^{0\mu}$ の時間発展を計算しよう．拘束条件の時間発展は

$$\dot{\pi}^{00} = [\mathcal{H}_T, \pi^{00}] = \frac{\delta \mathcal{H}_T}{\delta H_{00}} = -\left(\Delta\delta_{ij} - \partial_i\partial_j\right) H_{ij} := -\mathcal{C}_0, \tag{3.88a}$$

$$\dot{\pi}^{0i} = [\mathcal{H}_T, \pi^{0i}] = \frac{\delta \mathcal{H}_T}{\delta H_{0i}} = -2\partial_j \pi^{ij} := -2\mathcal{C}_i \tag{3.88b}$$

と導かれる．

以上までの解析は，massive スピン 2 の場合と同様に行うことができる．では，拘束条件の時間発展を調べてみよう．時間発展は，全ハミルトニアンとの**ポアソン括弧**を取ることで得られ，

$$\dot{\mathcal{C}}_0 = [\mathcal{H}_T, \mathcal{C}_0] = -\left(\Delta\delta_{ij} - \partial_i\partial_j\right) \frac{\delta \mathcal{H}_T}{\delta \pi^{ij}} = \partial_i\partial_j \pi^{ij} = \partial_i C^i = 0, \tag{3.89a}$$

$$\dot{\mathcal{C}}_i = [\mathcal{H}_T, \mathcal{C}_i] = 2\partial_j \frac{\delta \mathcal{H}_T}{\delta H_{ij}} = -4\partial_j \left(\Delta\delta_{ij} - \partial_i\partial_j\right) H_{00} - 4\partial_j \mathcal{L}_3^{ij,kl} H_{kl} = 0 \tag{3.89b}$$

となる．拘束条件の時間発展が 0 になっており，つまり，拘束条件が時間発展後でも保たれることが保証されている．そのため，新たな拘束条件は必要にならない．まとめると，拘束条件は

$$\pi^{0\mu} = 0, \quad \mathcal{C}_\mu = 0 \tag{3.90}$$

の合計 8 つである．これら拘束条件（の左辺）同士のポアソン括弧を計算すると，すべて 0 になることがわかる．したがってこれらの拘束条件はすべて**第 1 類の拘束条件**になっており，対応するゲージモードが存在する．したがって 8 つのゲージ固定が必要となり，拘束条件と合わせて $8+8=16$ 個の場の値が制限される．ハミルトン解析による位相空間の $h_{\mu\nu}, \pi^{\mu\nu}$ の成分の合計は 20 個なので，制限される 16 個の成分の数を引いて，$20-16=4$ 個の自由度が位相空間に現れることがわかる．ハミルトニアンの位相空間の自由度はラグランジアンによる伝搬自由度の 2 倍現れるため，伝搬自由度は合計で 2 つである．

3.3.2.2 massless スピン 2 場の量子化

3.3.2.1 節で導いた拘束条件を，運動量を基にした基底で書き直しておく．ただし，付録 A の場合とは違い，3 次元運動量を使うとよい．まず，以下のベクトルを用意する．$\tilde{k}^\mu$ は時間成分が 1 で他の成分が 0 のベクトル，$\tilde{l}^\mu$ は，時間方向が 0 で運動量 k^μ の空間成分と同じ向きを向いた単位ベクトル，m^μ と n^μ は $\tilde{k}^\mu$ と $\tilde{l}^\mu$ に直交して互いに直交する単位ベクトルとする．例えば，運動量 k^μ の空間成分が x 成分しか持たないときは，

$$\begin{aligned} &\tilde{k}^\mu = (1,0,0,0), \quad \tilde{l}^\mu = (0,1,0,0), \\ &m^\mu = (0,0,1,0), \quad n^\mu = (0,0,0,1) \end{aligned} \tag{3.91}$$

である．このとき，スピン 2 に対する**対称テンソル基底**を

$$e_{\mu\nu}^{(1)} = \frac{1}{\sqrt{2}}(m_\mu m_\nu - n_\mu n_\nu), \quad e_{\mu\nu}^{(2)} = \frac{1}{\sqrt{2}}(m_\mu n_\nu + m_\nu n_\mu), \tag{3.92a}$$

$$\begin{aligned}
&f_{\mu\nu}^{(1)} = \tilde{k}_\mu \tilde{k}_\nu, \quad f_{\mu\nu}^{(2)} = \frac{1}{\sqrt{2}}(\tilde{k}_\mu \tilde{l}_\nu + \tilde{k}_\nu \tilde{l}_\mu), \\
&f_{\mu\nu}^{(3)} = \frac{1}{\sqrt{2}}(\tilde{k}_\mu m_\nu + \tilde{k}_\nu m_\mu), \quad f_{\mu\nu}^{(4)} = \frac{1}{\sqrt{2}}(\tilde{k}_\mu n_\nu + \tilde{k}_\nu n_\mu), \\
&f_{\mu\nu}^{(5)} = \tilde{l}_\mu \tilde{l}_\nu, \quad f_{\mu\nu}^{(6)} = \frac{1}{\sqrt{2}}(\tilde{l}_\mu m_\nu + \tilde{l}_\nu m_\mu), \qquad (3.92\text{b}) \\
&f_{\mu\nu}^{(7)} = \frac{1}{\sqrt{2}}(\tilde{l}_\mu n_\nu + \tilde{l}_\nu n_\mu), \quad f_{\mu\nu}^{(8)} = \frac{1}{\sqrt{2}}(m_\mu m_\nu + n_\mu n_\nu)
\end{aligned}$$

ととる．$H_{\mu\nu}$ と $\pi^{\mu\nu}$ をこの基底を用いて

$$\begin{aligned}
H_{\mu\nu} = \int \frac{dtd^3k}{(2\pi)^{\frac{3}{2}}} \Bigg(&\sum_\sigma H^\sigma(t,\boldsymbol{k}) \exp(i\boldsymbol{k}\cdot\boldsymbol{x}) e_{\mu\nu}^{(\sigma)} \\
&+ \sum_{\sigma'} \tilde{H}^{\sigma'}(t,\boldsymbol{k}) \exp(i\boldsymbol{k}\cdot\boldsymbol{x}) f_{\mu\nu}^{(\sigma')} \Bigg), \qquad (3.93\text{a})
\end{aligned}$$

$$\begin{aligned}
\pi^{\mu\nu} = \int \frac{dtd^3k}{(2\pi)^{\frac{3}{2}}} \Bigg(&\sum_\sigma \pi^\sigma(t,\boldsymbol{k}) \exp(i\boldsymbol{k}\cdot\boldsymbol{x}) e^{(\sigma)\mu\nu} \\
&+ \sum_{\sigma'} \tilde{\pi}^{\sigma'}(t,\boldsymbol{k}) \exp(i\boldsymbol{k}\cdot\boldsymbol{x}) f^{(\sigma')\mu\nu} \Bigg) \qquad (3.93\text{b})
\end{aligned}$$

と表しておく．

この基底は単位直交基底であるため，$H^\sigma(\boldsymbol{k})$ と $\tilde{H}^{\sigma'}(\boldsymbol{k})$ の共役運動量はそれぞれ，$\pi^\sigma(\boldsymbol{k})$ と $\tilde{\pi}^{\sigma'}(\boldsymbol{k})$ になる．つまり，ポアソン括弧は，

$$[H^\sigma(\boldsymbol{k}), \pi^{\sigma'}(p^\beta)] = i\delta_{\sigma\sigma'}\delta^3(\boldsymbol{k}-\boldsymbol{p}), \tag{3.94a}$$

$$[\tilde{H}^\sigma(\boldsymbol{k}), \tilde{\pi}^{\sigma'}(p^\beta)] = i\delta_{\sigma\sigma'}\delta^3(\boldsymbol{k}-\boldsymbol{p}), \tag{3.94b}$$

$$[H^\sigma(\boldsymbol{k}), \tilde{\pi}^{\sigma'}(p^\beta)] = 0, \quad [\tilde{H}^\sigma(\boldsymbol{k}), \pi^{\sigma'}(p^\beta)] = 0 \tag{3.94c}$$

$$[H^\sigma(\boldsymbol{k}), \tilde{H}^{\sigma'}(p^\beta)] = 0, \quad [\pi^\sigma(\boldsymbol{k}), \tilde{\pi}^{\sigma'}(p^\beta)] = 0 \tag{3.94d}$$

となっている．

ゲージ固定として，

$$H_{0\mu} = 0, \quad \partial_i H_{ij} = 0, \quad \pi^{ii} = 0 \tag{3.95}$$

ととると，このゲージ固定条件と拘束条件 (3.90) 合わせて，

$$\tilde{H}^\sigma = 0, \quad \tilde{\pi}^\sigma = 0 \tag{3.96}$$

を得る．つまり，残るのは H^σ と π^σ のみである．また式 (3.94) から，H^σ と π^σ は $\tilde{H}^\sigma$ や $\tilde{\pi}^\sigma$ とのポアソン括弧が 0 であるため，H^σ と π^σ のディラック括弧に影響を与えず，H^σ と π^σ のディラック括弧は H^σ と π^σ のポアソン括弧と同じになる．

正準方程式から運動方程式を読み取る．π^{ij} の発展方程式は

$$\begin{aligned}\dot{\pi}^{ij} &= [\mathcal{H}_T, \pi^{ij}] = \frac{\delta \mathcal{H}_T}{\delta H_{ij}} \\ &= -\left(\Delta\delta^{ij} - \partial^i\partial^j\right) H_{00} - \mathcal{L}_3^{ij,kl} H_{kl}\end{aligned} \tag{3.97}$$

である．演算子 $\mathcal{L}_3^{ij,kl}$ をフーリエ変換した変数に対する演算子

$$\begin{aligned}\tilde{\mathcal{L}}_3^{ij,kl} := &-\boldsymbol{k}^2\delta^{i(k}\delta^{l)j} + \boldsymbol{k}^i\boldsymbol{k}^{(k}\delta^{l)j} + \boldsymbol{k}^j\boldsymbol{k}^{(k}\delta^{l)i} \\ &+\boldsymbol{k}^2\delta^{ij}\delta^{kl} - \boldsymbol{k}^i\boldsymbol{k}^j\delta^{kl} - \delta^{ij}\boldsymbol{k}^k\boldsymbol{k}^l\end{aligned} \tag{3.98}$$

と書き，拘束条件とゲージ固定条件を合わせた (3.96) を考慮すると，π^{ij} の発展方程式 (3.97) は

$$\dot{\pi}^{ij} = -\boldsymbol{k}^2 H_{ij} \tag{3.99}$$

となる．一方で，H_{ij} の発展方程式は式 (3.85b) で得られており，式 (3.96) を考慮すると，

$$\dot{H}_{ij} = \pi^{ij} \tag{3.100}$$

となる．この 2 式から H^σ に対する運動方程式が

$$\ddot{H}^\sigma + \boldsymbol{k}^2 H^\sigma = 0 \tag{3.101}$$

となることがわかる．この運動方程式は，massless スカラー場の運動方程式と同じである．また，正準交換関係（正確には**ディラック括弧**）は式 (3.94a) で得られており，この表式も massless スカラー場の運動方程式と同じであるため，massless スカラー場と同様な量子化が行われる．したがって，

$$H_{\mu\nu} = \int \frac{d^4k}{\sqrt{(2\pi)^4 2k_0}} \sum_\sigma \left(a_\sigma(\boldsymbol{k})e^{ik_\mu x^\mu} + a_\sigma^\dagger(\boldsymbol{k})e^{-ik_\mu x^\mu}\right) e_{\mu\nu}^{(\sigma)}(k^\alpha) \tag{3.102}$$

と量子化される．

3.4 ド・ジッター時空上での massive スピン 2 場（フィールツ–パウリ場）の量子化と樋口ゴースト

この節では，曲がった時空上での重力場の正準量子化の具体例として，ド・ジッター時空上の massive スピン 2 場の量子化を行ってみよう．このとき，ド・ジッター時空上の宇宙定数（ハッブル定数）H に比べて，スピン 2 場の質量が小さいとき，具体的には 4 次元の場合スピン 2 場の質量が $0 < m^2 < 2H^2$ を満たすとき，ヘリシティー 0 モードがゴーストになることが知られている[12]．このゴーストは**樋口ゴースト**と呼ばれている．樋口による論文[12]の手法に従っ

て，4 次元ド・ジッター時空上の massive スピン 2 場の量子化の解析を行い，樋口ゴーストが現れることを見てみよう．

ここでの量子化の仕方は通常の手法ではないため，まず，大まかな指針から説明する．4 次元時空では，対称テンソル $h_{\mu\nu}$ の成分は 10 個ある．しかし，今考えている場はスピン 2 の場であり，運動方程式から transverse 条件と traceless 条件が出てくる．その拘束条件の自由度だけ動的自由度の数は少なくなり，実際の動的自由度は 5 個である．本来であれば，このような理論の正準量子化は，ディラックによる拘束系の量子化の手続きを取る必要がある．しかし，ディラックによる拘束系の量子化の手続きは解析が煩雑になるため，この節の解析では別の方法を取る．考えている理論にさらなる場を加えて，理論を変形することを考えよう．このとき，変形により影響される部分が元の理論と完全に切り離されていれば，変形された理論に入っている元の理論の自由度に関する部分の物理は変わらない．この状況を作り出すために，元の理論の自由度と変形により新たに加わった自由度が交わることなく存在する理論の構築を試みるのである．そして，この変形した理論を解析し，その後，元の理論の自由度の部分を取り出せば，元の理論と同等な理論が得られるはずである．今，線形理論（2 次の作用）の正準量子化を考えており，線形理論においてはスピン 0，スピン 1，スピン 2 のモードは互いに交わることはない．つまり，作用はスピン 0 部分，スピン 1 部分，そしてスピン 2 部分に完全に分離できる．そのため，massive スピン 2 場の線形理論の量子化を調べるにあたって，このスピン 2 の線形理論の作用にスピン 0 とスピン 1 の線形理論の作用を加えても，スピン 2 部分の理論構造は変わらないのである．そこで，スピン 2 場の線形理論の作用関数に，スピン 0，スピン 1 の自由度のみを持つ作用関数を加える．そのように変形した理論を解析し，その後，スピン 0，スピン 1 の自由度を無視することで，もともとの理論におけるスピン 2 場の情報を取り出す．スピン 2 場の運動方程式が与える transverse-traceless 条件は，スピン 0，スピン 1 に対応する場が 0 であることを要請しているが，transverse-traceless 条件で消えたスピン 0，スピン 1 部分の自由度を手で加えて量子化を行い，その後，スピン 2 場に対応する自由度を引き抜くことで，量子化を行うのである．

4 次元対称テンソルは 10 個の成分のうちスピン 0 の成分が 2 個，スピン 1 の成分が 3 個，スピン 2 の成分が 5 個ある．上に書いたように，変形した理論からスピン 2 の部分を読み取るためには，全体からスピン 0 やスピン 1 の自由度を取り除かなくてはいけない．そこでまずスピン 0，スピン 1 の成分のド・ジッター時空での振舞いを調べていくことから始める．

この節で用いる 4 次元ド・ジッター時空の計量は，平坦チャート

$$ds^2 = a^2(\eta)(-d\eta^2 + dx^2 + dy^2 + dz^2) \tag{3.103}$$

$$\big(a(\eta) := -(H\eta)^{-1}\big)$$

を取ることにする．

3.4.1 スピンとヘリシティー

スピン分解やヘリシティー分解についてはすでに部分的に述べてきたが，この小節で 4 次元ド・ジッター時空上におけるスピン分解やヘリシティー分解についてまとめておく．スピン 0 の部分とは 4 次元的なスカラー量で表される量である．スカラー量を用いた 2 階対称テンソル場は，計量にスカラー量をかけた $\tilde{U}g_{\mu\nu}$ とスカラー場に共変微分演算子 $\nabla_\mu\nabla_\nu$ を作用させた $\nabla_\mu\nabla_\nu\tilde{S}$ が考えられる．2 階対称テンソル場に含まれるこの 2 成分のスピン 0 成分は，

$$h_{\mu\nu}^{(\text{スピン } 0)} = \nabla_\mu\nabla_\nu S - \frac{1}{4}\Box S g_{\mu\nu} + U g_{\mu\nu} \tag{3.104}$$

と表すことが一般的である．U は $h_{\mu\nu}$ の純粋なトレース成分を表し，S はスカラー場に共変微分演算子 $\nabla_\mu\nabla_\nu$ を作用させて得られる**スピン 0 成分**のトレース成分を除いた成分である．

スピン 1 は 4 次元ベクトルで表される量である．ただし，4 次元ベクトルの中にも，$\nabla_\mu\bar{S}$ のようにスカラー量，つまり，スピン 0 で表されるものがある．4 次元ベクトルで表される量の中で，スピン 0 で表されるものを除いた残りがスピン 1 場の自由度である．例えば，ベクトル A_μ はスピン 0 の部分 $\bar{S}$ とスピン 1 の部分 V_μ を持ち，

$$A_\mu = \nabla_\mu\bar{S} + V_\mu \tag{3.105}$$

と表されている．ここで，V_μ は

$$\nabla^\mu V_\mu = 0 \tag{3.106}$$

を満たすように定義する．つまり，**スピン 1 成分** V_μ は **transverse 条件**を満たすように定義する．このようにしておくと，式 (3.105) より

$$0 = \nabla^\mu V_\mu = \nabla^\mu A_\mu - \Box\bar{S} \tag{3.107}$$

となり，A_μ が持つ $\bar{S}$ の自由度を $\bar{S} = \Box^{-1}\nabla^\mu A_\mu$ と抜き出すことができる[*5]．そして，$V_\mu = A_\mu - \nabla_\mu\bar{S}$ と V_μ を定めればよい．スピン 1 成分は，transverse 条件を満たす 4 次元ベクトルであるため，3 つの成分を持つ．

スピン 1 成分を (3.106) のように定義しておくと，作用における 2 次の項においてスピン 1 成分とスピン 0 成分が混じることはない．これを示しておこう．もし，スピン 1 成分 V_μ とスピン 0 成分 S が混じるとすると，2 次の作用を考えているので V_μ と S の 1 次の積で表される．作用関数はスカラー量の積分であるが，V_μ が時空の添え字 μ を持っているので，V_μ と S の 1 次の積で

---

*5) $\Box^{-1}$ が存在する必要がある．そのためには，$\bar{S}$ が $\Box$ の固有値 0 の状態を含んではいけない．

スカラー量を作るためには，何かしら時空の添え字 μ を持つものを導入しないといけない．作用の 2 次の項を考えているので，これ以上場をかけることはできず，共変微分 ∇^μ が唯一の候補である．しかし，∇^μ を V_μ と組み合わせると，式 (3.106) より 0 になる．そこで，残る可能性は ∇^μ を S と組み合わせる事である．そこで，$\nabla^\mu S$ と V_μ の積を考え，作用関数の一部として，それを時空全体で積分したものを考えてみる．すると，

$$\int d^4x\sqrt{-g}\left(\nabla^\mu S\right)V_\mu \sim -\int d^4x\sqrt{-g}S\left(\nabla^\mu V_\mu\right)=0 \tag{3.108}$$

となる．ここで，$\simeq$ は部分積分して表面項を無視したものを表す．最後の等式では，式 (3.106) を用いた．このことから，∇^μ を S と組み合わせたとしても，部分積分により V_μ と交わった項は 0 になる．したがって，作用における 2 次の項においてスピン 1 成分とスピン 0 成分が混じることはない．

4 次元対称テンソルのスピン 1 成分は，この V_μ を用いて，

$$h_{\mu\nu}^{(\text{スピン }1)}=\nabla_\mu V_\nu+\nabla_\nu V_\mu \tag{3.109}$$

と表される．

スピン 2 は 2 階の対称テンソル場で表される量である．しかし，先ほどの議論で 4 次元ベクトルにはスピン 1 成分だけでなくスピン 0 成分も含まれていたことと同様に，対称テンソル場には式 (3.104) や (3.109) で表されるスピン 0，スピン 1 の場が含まれている．そのため，スピン 2 を定義するためには，2 階の対称テンソル場からスピン 0 とスピン 1 の成分を除かなければならない．スピン 1 と同様に，スピン 2 は対称テンソル場の **transverse-traceless 条件**を満たす成分と定義する．すなわちスピン 2 の場 $h_{\mu\nu}^{(\text{スピン }2)}$ は，

$$\nabla^\mu h_{\mu\nu}^{(\text{スピン }2)}=0, \tag{3.110a}$$

$$h^{(\text{スピン }2)\mu}{}_{\mu}=0 \tag{3.110b}$$

を満たすように定義する．このとき，対称テンソル $h_{\mu\nu}$ は，以下のようにスピン 0 成分と，スピン 1，**スピン 2 成分**に分けることができる．

$$h_{\mu\nu}=h_{\mu\nu}^{(\text{スピン }0)}+h_{\mu\nu}^{(\text{スピン }1)}+h_{\mu\nu}^{(\text{スピン }2)}. \tag{3.111}$$

ここで，$h_{\mu\nu}^{(\text{スピン }0)}$ は式 (3.104) であり，2 つのスピン 0 成分を持つ．また，$h_{\mu\nu}^{(\text{スピン }1)}$ は式 (3.109) で表されるスピン 1 成分である．対称テンソル $h_{\mu\nu}$ が与えられたとき，それぞれの成分は以下のように求めることができる．$h_{\mu\nu}$ のトレースを取ると，$h^\mu{}_\mu=4U$ が得られ，U の値を読み取ることができる．次に，$\nabla^\mu\nabla^\nu$ を作用させることで，

$$\nabla^\mu\nabla^\nu h_{\mu\nu}=\frac{3}{4}\Box\left(\Box+4H^2\right)S+\Box U \tag{3.112}$$

となり，これを S について解くことで，S の値を読み取ることができる[*6]．さらに，∇^μ を $h_{\mu\nu}$ に作用させると

$$\nabla^\mu h_{\mu\nu} = (\Box + 3H^2)V_\nu + \frac{3}{4}\nabla_\nu\left(\Box + 4H^2\right)S + \nabla_\nu \Box U \tag{3.113}$$

となる．これを解いて V_μ の値を得る[*7]．求めた S, U および V_μ を $h_{\mu\nu}$ から省くことで，$h_{\mu\nu}^{(\text{スピン}\ 2)}$ が得られる．

ド・ジッター時空上の 2 階テンソル $h_{\mu\nu}$ のスピン分解を上で与えた．式 (3.108) 前後の議論と同様にして，さらに高次のスピンを導入したところで線形理論の作用関数には同じスピン同士の積しか現れないことがわかる．このことから，2 階テンソル $h_{\mu\nu}$ の 2 次で作られる作用関数には，同じスピン同士の積となる項しか現れないのである．念のため，これをもう一度確かめておこう．ド・ジッター時空は**最大対称空間**であり特別な方向を持たない．このため，ベクトルやテンソルからスカラー量を作るためには，微分 ∇_μ を作用させるか，もしくは考えている場の添え字で縮約を取るしかない．しかし，スピンの定義から $h_{\mu\nu}$ に含まれるスピン 1，スピン 2 の自由度のどちらにこの操作を施しても 0 になってしまう．すなわち，スピン 2 の自由度 1 つから，スカラー量やベクトル量を作ることはできない．またスピン 1 の自由度 1 つからスカラー量を作ることはできない．そのため，スピン 2 の自由度と組み合わせてスカラー量を作るには，組み合わせる量は 2 階テンソルである必要がある．そこで例えば，スピン 2 とスピン 0 の 2 次の項を作ろうと思うと

$$\int \sqrt{-g}h_{\mu\nu}^{(\text{スピン}\ 2)}\left(\nabla^\mu\nabla^\nu S - \frac{1}{4}\Box S g^{\mu\nu} + U g^{\mu\nu}\right) \tag{3.114}$$

という形しかない[*8]．このとき，$g^{\mu\nu}$ を含む部分は $h_{\mu\nu}^{(\text{スピン}\ 2)}$ の **traceless 条件**により 0 となり，残りの部分は部分積分を行うことで $h_{\mu\nu}^{(\text{スピン}\ 2)}$ の **transverse 条件**から 0 になることがわかる．その他の場合の確認も容易に行うことができ，2 次の作用関数には同じスピンのもの同士の積の形しか現れないことがわかる．

スピン 1，スピン 2 はそれぞれ，さらにヘリシティーで分解することができる．これは，空間 3 次元空間成分を，スピンのときと同じように分解することで行うことができる．すなわち，3 次元スカラー成分（ヘリシティー 0），transverse なベクトル成分（ヘリシティー 1），transverse-traceless な 2 階テンソル成分に分けることができる．このとき，スピンのときと同じ議論から，2 次の作用関数の中には同じ**ヘリシティー**の積の項しか含まれない．

---

*6）ただし，$\Box S = 0$ および $\left(\Box + 4H^2\right)S = 0$ を満たすモードに対しては解くことができない．

*7）スピン 0 の場合と同様に，微分作用素 $\Box + 3H^2$ を V_μ させたとき，その固有値が 0 になるモードに対しては，この式を解くことはできない．

*8）微分作用素 $\Box$ が入る余地があるが，$\Box$ の作用はスピンを変えないため，同様の議論を行うことができる．

ヘリシティーによる分解に関して，もう一つ重要なことがある．例えば，スピン 1，ヘリシティー 1 のベクトルは 0 成分を持つことができない．これは，以下のように説明できる．ヘリシティー 1 の基底は定義により 3 次元スカラー成分を持つことができない．このことからヘリシティー 1 の基底に 0 成分が含まれる可能性はベクトルと微分演算子 ∇^μ との内積でしかあり得ない．しかし，k^μ との内積もスピン 1 の定義により 0 となる．つまりスピン 1，ヘリシティー 1 のベクトルは 0 成分を持つことができない．同様にして，スピン 2，ヘリシティー 1 の 2 階テンソルは 00 成分を持つことができなく，スピン 2，ヘリシティー 2 の 2 階テンソルは 0μ 成分を持つことができないことが示される．

以下の小節では，この分解を利用してスピン 2 自由度の量子化を行う．

3.4.2 スピン 0

スピン 2 の生成・消滅演算子の交換関係を求めるにあたり，スピン 0 を含む場を考え，その後スピン 0 の成分を除く手法を取る．そのため，スピン 0 の生成・消滅演算子の交換関係が必要となってくる．そこでまず準備として，スピン 0 の自由場の生成・消滅演算子の交換関係から考えることにする．一方で，この小節で扱う内容はド・ジッター時空上でのスカラー場の量子化であるので，ド・ジッター時空上でのスカラー場の量子化に興味がある読者に対しても参考になるであろう．スピン 0（スカラー場）の（正準的な）2 次の作用関数は，

$$S = \int d^4x\sqrt{-g}\left(-\frac{1}{2}\partial_\mu\phi\partial^\mu\phi - \frac{1}{2}m^2\phi^2\right) \tag{3.115}$$

で与えられる．このとき量子場 ϕ のハイゼンベルク方程式は，

$$a^2(\Box - m^2)\phi := \left(-\partial_\eta^2 + \nabla^2 + \frac{2}{\eta}\partial_\eta - \frac{m^2}{(H\eta)^2}\right)\phi = 0 \tag{3.116}$$

となる．a は式 (3.103) で与えた，ド・ジッター時空の平坦チャートのスケールファクターである．この方程式の一般解は，

$$\phi = \int d^3k\left[A(\boldsymbol{k})\eta^{\frac{3}{2}}H_\nu^{(2)}(k\eta)e^{i\boldsymbol{k}\cdot x} + A^\dagger(\boldsymbol{k})\eta^{\frac{3}{2}}H_\nu^{(1)}(k\eta)e^{-i\boldsymbol{k}\cdot x}\right] \tag{3.117}$$

で与えられる．ここで $H_\nu^{(1)}(k\eta)$, $H_\nu^{(2)}(k\eta)$ はそれぞれ**第 1 種ハンケル関数**，**第 2 種ハンケル関数**であり，$A(\boldsymbol{k})$, $A^\dagger(\boldsymbol{k})$ は，生成・消滅演算子である．ここで ν は，

$$\nu := \sqrt{\left(\frac{3}{2}\right)^2 - \frac{m^2}{H^2}} \tag{3.118}$$

と定義される．$k \to \infty$ での曲率が無視できる極限において $H_\nu^{(2)}(k\eta) \propto e^{-ik\eta}$ となっていることから，その係数を消滅演算子に取ることが自然である．

ϕ に共役な運動量 π はラグランジアンから求めることができる．共役運動量は

$$\pi = \frac{\partial L}{\partial \dot{\phi}} = \frac{\dot{\phi}}{(H\eta)^2} \tag{3.119}$$

である．ここでドット $(\dot{})$ は η 微分を表している．ϕ と π の交換関係は，正準量子化の手法に従って

$$[\phi(\boldsymbol{x},\eta), \pi(\boldsymbol{x}',\eta)] = i\delta^3(\boldsymbol{x}-\boldsymbol{x}'), \tag{3.120a}$$

$$[\phi(\boldsymbol{x},\eta), \phi(\boldsymbol{x}',\eta)] = [\pi(\boldsymbol{x},\eta), \pi(\boldsymbol{x}',\eta)] = 0 \tag{3.120b}$$

となる．この交換関係を ϕ と $\dot{\phi}$ の交換関係に書き換えると，

$$[\phi(\boldsymbol{x},\eta), \dot{\phi}(\boldsymbol{x}',\eta)] = i(H\eta)^2\delta^3(\boldsymbol{x}-\boldsymbol{x}'), \tag{3.121a}$$

$$[\phi(\boldsymbol{x},\eta), \phi(\boldsymbol{x}',\eta)] = [\dot{\phi}(\boldsymbol{x},\eta), \dot{\phi}(\boldsymbol{x}',\eta)] = 0 \tag{3.121b}$$

を得る．これら ϕ と $\dot{\phi}$ の交換関係から，式 (3.117) を用いて生成・消滅演算子 $A^\dagger(\boldsymbol{k})$, $A(\boldsymbol{k})$ の交換関係を調べよう．ハンケル関数の性質，

$$H_\nu^{(2)}(x)\frac{d}{dx}H_\nu^{(1)}(x) - H_\nu^{(1)}(x)\frac{d}{dx}H_\nu^{(2)}(x) = \frac{4ie^{\pi Im(\nu)}}{\pi x} \tag{3.122}$$

を用いて，$A^\dagger(\boldsymbol{k})$ と $A(\boldsymbol{k})$ の交換関係を調べると，

$$[A(\boldsymbol{k}), A^\dagger(\boldsymbol{k}')] = \frac{\pi H^2}{4}e^{-\pi Im(\nu)}\delta^3(\boldsymbol{k}-\boldsymbol{k}'), \tag{3.123a}$$

$$[A(\boldsymbol{k}), A(\boldsymbol{k}')] = [A(\boldsymbol{k})^\dagger, A^\dagger(\boldsymbol{k}')] = 0 \tag{3.123b}$$

となっていることが，計算するとわかる．生成・消滅演算子の交換関係の係数は 1 にしておきたいので，式 (3.123a) 右辺の係数を吸収するように演算子を規格化して，式 (3.117) においてその規格化係数をモード関数に押し付けることにする．つまり，消滅演算子とその対となるモード関数を

$$a(\boldsymbol{k}) := \left(\frac{4}{\pi H^2}e^{\pi Im(\nu)}\right)^{1/2} A(\boldsymbol{k}), \tag{3.124a}$$

$$f_{\boldsymbol{k}}^{m^2}(\boldsymbol{x},\eta) := \left(\frac{\pi H^2}{4}e^{-\pi Im(\nu)}\right)^{1/2} \eta^{\frac{3}{2}}H_\nu^{(2)}(k\eta)e^{i\boldsymbol{k}\cdot x} \tag{3.124b}$$

と規格化しておく．すると，演算子 ϕ や，生成・消滅演算子の交換関係は以下のように書ける．

$$\phi = \int d^3k \left(a(\boldsymbol{k})f_{\boldsymbol{k}}^{m^2}(x,\eta) + h.c.\right), \tag{3.125a}$$

$$[a(\boldsymbol{k}), a^\dagger(\boldsymbol{k}')] = \delta^3(\boldsymbol{k}-\boldsymbol{k}'), \tag{3.125b}$$

$$[a(\boldsymbol{k}), a(\boldsymbol{k}')] = [a^\dagger(\boldsymbol{k}), a^\dagger(\boldsymbol{k}')] = 0. \tag{3.125c}$$

以上が，スピン 0（スカラー場）の正準量子化である．つまり，$a^\dagger(\boldsymbol{k})$ と $a(\boldsymbol{k})$ が生成・消滅演算子であり，$f_{\boldsymbol{k}}^{m^2 *}(\boldsymbol{x},\eta)$ と $f_{\boldsymbol{k}}^{m^2}(\boldsymbol{x},\eta)$ が対応するモード関数である．

3.4.3　スピン 1

では次に，スピン 1 場の量子化を考えてみよう．天下り的ではあるが，まず

$$S = \int \sqrt{-g} \left(-\frac{1}{4} F^{\mu\nu} F_{\mu\nu} - \frac{1}{2} m^2 A^\mu A_\mu \right) \tag{3.126}$$

$$\left(F_{\mu\nu} := \partial_\mu A_\nu - \partial_\nu A_\mu, \right)$$

という作用関数を考えることにする．ここで，$m^2 \neq 0$ とする．この作用関数が与えるハイゼンベルク方程式は，

$$\nabla_\mu F^{\mu\nu} - m^2 A^\nu = 0 \tag{3.127}$$

となる．この式に ∇_ν を作用させる．第 1 項は $F^{\mu\nu}$ の添え字に対する反対称性から 0 となることがすぐにわかる．すると，

$$\nabla_\nu A^\nu = 0 \tag{3.128}$$

という拘束条件が導かれる．このことから，作用関数 (3.126) は，4 成分のベクトル A_μ の transverse 成分のみが自由度として現れる作用関数であることがわかる．つまり，transverse 条件によりベクトル場 A_μ はスピン 0 成分が取り除かれ，理論はスピン 1 しか含まないことがわかる．

式 (3.127), (3.128) を空間成分と時間成分に分けて書き直すと，

$$\left[\Box_0 + \frac{2}{\eta} \partial_\eta - \frac{2H^2 + m^2}{(H\eta)^2} \right] A_0 = 0, \tag{3.129a}$$

$$\left[\Box_0 - \frac{m^2}{(H\eta)^2} \right] A_i - \frac{2}{\eta} \partial_i A_0 = 0, \tag{3.129b}$$

$$-\partial_\eta A_0 + \partial_i A_i + \frac{2}{\eta} A_0 = 0, \tag{3.129c}$$

となる．ここで添え字 i は空間 3 成分を表すの添え字であり，$\Box_0$ はミンコフスキー計量でのダランベール演算子

$$\Box_0 := -\partial_\eta^2 + \partial_i^2 \tag{3.130}$$

である．式 (3.129a) はスピン 0 のハイゼンベルク方程式 (3.116) の質量を $m^2 \to m^2 + 2H^2$ としたものになっており，その解は，

$$A_0 = \int d^3k \left(a_0(\boldsymbol{k}) g_{\boldsymbol{k}}^{m^2}(\boldsymbol{x}, \eta) + h.c. \right), \tag{3.131}$$

$$(g_{\boldsymbol{k}}^{m^2}(x, \eta) := f_{\boldsymbol{k}}^{m^2+2H^2}(\boldsymbol{x}, \eta))$$

と表される．0 成分はヘリシティー 0 のモードしか持つことができないので，このモードはヘリシティー 0 モードの自由度である．他の成分 A_i の値は拘束条件の式 (3.129c) から得ることができ，

$$A_i^{(0)} = -\frac{1}{k^2} \partial_i \left(\partial_\eta - \frac{2}{\eta} \right) g_{\boldsymbol{k}}^{m^2}(\boldsymbol{x}, \eta) \tag{3.132}$$

となる．ここで，$A_i^{(0)}$ の添え字 (0) はヘリシティー 0 を表している．

では次に，ヘリシティー 1 モードの解を考えよう．ヘリシティー 1 モードは A_0 を励起しないモードである．したがって，ヘリシティー 1 モードはハイゼンベルク方程式 (3.129b) において $A_0 = 0$ とした式，

$$\left[\Box_0 - \frac{m^2}{(H\eta)^2}\right] A_i = 0 \tag{3.133}$$

を満たす．この式は

$$\left[\Box_0 + \frac{2}{\eta}\partial_\eta - \frac{2H^2 + m^2}{(H\eta)^2}\right] (H\eta) A_i = 0 \tag{3.134}$$

と書き直すことができる．これを解くことで，ヘリシティー 1 モードが

$$A_0^{(1)} = 0, \tag{3.135a}$$

$$A_i^{(1)} = \frac{1}{H\eta} g_{\boldsymbol{k}}^{m^2}(\boldsymbol{x}, \eta) \times \sum_{s=1,2} h_i^{(s)}(\boldsymbol{k}) \tag{3.135b}$$

と表せることがわかる．ヘリシティー 1 モードは拘束条件の式 (3.129c) と $\partial_i A_i = 0$ とで制限が付いており，ヘリシティー 1 モードの自由度はベクトルの成分の数 4 から制限の数 2 を引いた 2 自由度である．式 (3.135b) の右辺の和に現れる添え字 s は，ヘリシティー 1 モードの独立した 2 つのモードを区別する添え字である．$h_i^{(s)}(\boldsymbol{k})$ は独立した 2 つのモードの基底を表す定数ベクトルで，

$$\sum_i h_i^{(s)}(\boldsymbol{k}) \boldsymbol{k}_i = 0, \tag{3.136a}$$

$$\sum_i h_i^{(s)}(\boldsymbol{k}) h_i^{(s')}(\boldsymbol{k}) = \delta^{ss'} \tag{3.136b}$$

を満たす．

まとめると，ヘリシティー 0 モードとヘリシティー 1 モードを合わせて，A_0, A_i は

$$A_0 = \int d^3k \left(a^{(0)}(\boldsymbol{k}) g_{\boldsymbol{k}}^{m^2}(\boldsymbol{x}, \eta) + h.c.\right), \tag{3.137a}$$

$$\begin{aligned} A_i = \int d^3k \Big[&\sum_s a^{(1)}(\boldsymbol{k}, s) \frac{1}{H\eta} h_i^{(s)}(\boldsymbol{k}) g_{\boldsymbol{k}}^{m^2}(\boldsymbol{x}, \eta) \\ &+ a^{(0)}(\boldsymbol{k}) \frac{1}{k^2} \partial_i \left(\partial_\eta - \frac{2}{\eta}\right) g_{\boldsymbol{k}}^{m^2}(\boldsymbol{x}, \eta) + h.c.\Big] \end{aligned} \tag{3.137b}$$

と表される．

共役運動量は，作用関数 (3.126) から

$$\pi^i = \frac{\partial L}{\partial \dot{A}_i} = -\sqrt{-g} F^{0i} \tag{3.138}$$

と与えられる．A_0 に対応する共役運動量 π^0 については，ラグランジアン ∂L

が $\dot{A}_0$ を持たないため，$\dot{A}_0$ が拘束条件

$$\pi^0 = \frac{\partial L}{\partial \dot{A}_0} = 0 \tag{3.139}$$

を与える．

ラグランジアンの変分を取ったオイラー–ラグランジュ方程式の解析から，この理論は 3 つの伝搬モードを持つ（1.4.3 節参照）．**ディラックによる拘束系の解析**を行うと*9)，ゲージ自由度が存在しないため，ハミルトニアン解析による π^0 が時間発展発展しない条件から第 2 次拘束条件が一つ現れる．この新たな拘束条件と $\pi^0 = 0$ は第 2 類の拘束条件を与える*10)．$A_i(\boldsymbol{x})$ と π^j 正準交換関係は正確には**ディラック括弧**を用いて計算しなければならない．しかし，拘束条件の一つが $A_i(\boldsymbol{x})$ と π^j とポアソン括弧で交換する $\pi^0 = 0$ であることから，$A_i(\boldsymbol{x})$ と π^j の交換関係についてはポアソン括弧がディラック括弧と一致するため，通常通りの正準交換関係

$$[A_i(\boldsymbol{x}), \pi^j(\boldsymbol{x}')] = i\delta(\boldsymbol{x} - \boldsymbol{x}')\delta_i^j, \tag{3.140a}$$

$$[A_i(\boldsymbol{x}), A_j(\boldsymbol{x}')] = [\pi^i(\boldsymbol{x}), \pi^j(\boldsymbol{x}')] = 0 \tag{3.140b}$$

を要請すればよい．これらの交換関係から $a^{(0)\dagger}$, $a^{(0)}$, $a^{(1)\dagger}$, $a^{(1)}$ の交換関係を読み取ることができる．結果は

$$[a^{(0)}(\boldsymbol{k}), a^{(0)\dagger}(\boldsymbol{k}')] = \frac{k^2}{m^2}\delta^3(\boldsymbol{k} - \boldsymbol{k}'), \tag{3.141a}$$

$$[a^{(1)}(\boldsymbol{k}, s), a^{(1)\dagger}(\boldsymbol{k}', s')] = \delta^{ss'}\delta^3(\boldsymbol{k} - \boldsymbol{k}') \tag{3.141b}$$

となる．そして，その他の交換関係は 0 である．

最後に $A, \dot{A}$ の交換関係を書いておくと，

$$[A_i(\boldsymbol{x}, \eta), \dot{A}_j(\boldsymbol{x}', \eta)] = i\left(-\frac{\delta_{ij}}{H\eta} - \frac{\partial_i\partial_j}{m^2}\right)(H\eta)^2\delta(\boldsymbol{x} - \boldsymbol{x}'), \tag{3.142a}$$

$$[A_0(\boldsymbol{x}, \eta), A_i(\boldsymbol{x}', \eta)] = -i\frac{1}{m^2}\partial_i(H\eta)^2\delta(\boldsymbol{x} - \boldsymbol{x}'), \tag{3.142b}$$

$$[\dot{A}_0(\boldsymbol{x}, \eta), \dot{A}_i(\boldsymbol{x}', \eta)] = i\left(\frac{1}{H\eta} + \frac{\nabla^2}{m^2}\right)\partial_i(H\eta)^2\delta(\boldsymbol{x} - \boldsymbol{x}'), \tag{3.142c}$$

$$[\dot{A}_0(\boldsymbol{x}, \eta), A_i(\boldsymbol{x}', \eta)] = i\frac{2H}{m^2}\partial_i(H\eta)\delta(\boldsymbol{x} - \boldsymbol{x}') \tag{3.142d}$$

となる．また，ここにあるもの以外の交換関係は 0 になる．

3.4.4 スピン 2

では，スピン 2 場の自由場の量子化を行おう．スピン 2 場の自由場の理論

*9) ここでは，ディラックによる拘束系の解析の詳細は説明しない．多くの教科書などに詳しい説明があるので，解析法を知らない読者はこれらの教科書を参考されたい．

*10) もちろん，ディラックによる拘束系のハミルトン解析を行うことで，容易にこの結果を確かめることができる．

は，フィールツ–パウリの質量項を持つ massive gravity 理論の作用関数

$$S=\int d^4x\sqrt{-g}\left[R-2\Lambda-\frac{m^2}{4}(h^{\mu\nu}h_{\mu\nu}-h^2)\right] \tag{3.143}$$

の摂動 2 次のものとして現れる．ここで，$h_{\mu\nu}$ は計量の背景計量からのずれ

$$h_{\mu\nu}=g_{\mu\nu}-g^{(0)}_{\mu\nu} \tag{3.144}$$

を表す．ここで，$g_{\mu\nu}$ は実際の計量，$g^{(0)}_{\mu\nu}$ は背景計量である．いま，ド・ジッター時空上の massive スピン 2 を考えたいので，背景計量 $g^{(0)}_{\mu\nu}$ は計量 (3.103) をとる．また，h は $h_{\mu\nu}$ のトレースである．質量項の形 $(h^{\mu\nu}h_{\mu\nu}-h^2)$ は，スピン 0 モードが存在しないために必要な条件である．具体的な 2 次の作用関数は，

$$S=\int d^4x\sqrt{-g^{(0)}}\frac{1}{4}\left[h^{\mu\nu}\Box h_{\mu\nu}-2h^{\mu\nu}\nabla_\mu\nabla^\alpha h_{\alpha\nu}+2h\nabla^\mu\nabla^\nu h_{\mu\nu}\right.$$
$$\left.-h\Box h-H^2\left(2h^{\mu\nu}h_{\mu\nu}+h^2\right)-m^2\left(h^{\mu\nu}h_{\mu\nu}-h^2\right)\right] \tag{3.145}$$

と書ける．共変微分や添え字の上げ下げは，背景計量 $g^{(0)}_{\mu\nu}$ を用いる．以下，摂動込みの計量 $g_{\mu\nu}$ は現れないので，背景計量 $g^{(0)}_{\mu\nu}$ を $g_{\mu\nu}$ で書くことにする．

作用関数 (3.145) がスピン 2 成分しか自由度を持たないこと，つまり，$h_{\mu\nu}$ は，**transverse-traceless 条件**を満たすことを見ておこう．作用関数 (3.145) が与えるハイゼンベルク方程式は，

$$\Box h_{\mu\nu}-2\nabla_\mu\nabla^\alpha h_{\alpha\nu}+\nabla^\alpha\nabla^\beta h_{\alpha\beta}g_{\mu\nu}+\nabla_\mu\nabla_\nu h-\Box hg_{\mu\nu}$$
$$-2H^2h_{\mu\nu}-H^2hg_{\mu\nu}-m^2h_{\mu\nu}+m^2hg_{\mu\nu}=0 \tag{3.146}$$

である．まず，このハイゼンベルク方程式に ∇^μ を作用させる．このとき，m^2 を含まない項は 0 になる．これは，具体的な計算をすることで確かめられる．一方，これらの項の由来がアインシュタインテンソルと宇宙項の部分であることを思い出すと，実はその発散は 0 になることが計算せずにもわかる．ハイゼンベルク方程式 (3.146) の発散から

$$\nabla^\mu h_{\mu\nu}=\nabla_\nu h \tag{3.147}$$

を得る．この式を，ハイゼンベルク方程式 (3.146) に代入すると，

$$\Box h_{\mu\nu}-\nabla_\mu\nabla_\nu h-2H^2h_{\mu\nu}-H^2hg_{\mu\nu}-m^2h_{\mu\nu}+m^2hg_{\mu\nu}=0 \tag{3.148}$$

が得られる．この式のトレースを取ることで，

$$\left(m^2-2H^2\right)h=0 \tag{3.149}$$

が得られる．$m^2 \neq 2H^2$ であれば*11) $h=0$ であり，このとき式 (3.147) から $h_{\mu\nu}$ は transverse-traceless であることがわかる．このことから，(3.145) はスピン 2 成分のみを自由度に持つ作用関数であることがわかる．

3.4.4.1 スピン 2 の場の交換関係

では，作用関数 (3.145) の正準量子化を行っていく．この小節の初めに書いたように，まず，ここでは作用関数 (3.145) にスピン 2 成分を含まない作用関数を加えて量子化を行う．その後，スピン 2 成分以外の自由度を手で省いていくことで，スピン 2 場の交換関係などを導いていく*12)．作用関数 (3.145) に加える項は

$$L_{gf} = -\sqrt{-g}\left[\frac{1}{2}\left(\nabla_\alpha h^{\alpha\gamma} - \frac{1}{2}\nabla^\gamma h\right)\left(\nabla^\beta h_{\beta\gamma} - \frac{1}{2}\nabla_\gamma h\right)\right] \qquad (3.151)$$

というものである*13)．ここで加えた L_{gf} には，$h_{\mu\nu}$ は発散やトレースの形でしか現れておらず，スピン 2 のモードを含んでいないことを注意しておく．つまり，元の理論にこのラグランジアンを加えた理論からスピン 2 以外の自由度を除くと，元の理論に戻る．また，L_{gf} の形はハイゼンベルク方程式が簡単になるように選んだ．

---

*11) 3.4.1 節で，スピン 0 の質量が $m_0^2 = -4H^2$ のとき，$h_{\mu\nu}$ からスピン 0 成分を抜き出すことができないことを見た．スピン 0 場から対称 2 階テンソル場を作る演算子 $\nabla_\mu\nabla_\nu - \frac{1}{4}\Box g_{\mu\nu}$ とダランベール演算子 $\Box$ の交換関係（ただし，スピン 0 場に作用している場合に限る）は

$$\begin{aligned}&\left(\nabla_\mu\nabla_\nu - \frac{1}{4}\Box g_{\mu\nu}\right)\left(\Box - m_0^2\right)S \\ &= \left(\Box - 2H^2 - \left(m_0^2 + 6H^2\right)\right)\left(\nabla_\mu\nabla_\nu - \frac{1}{4}\Box g_{\mu\nu}\right)S \qquad (3.150)\end{aligned}$$

となる．この交換関係から，質量 $m_0^2 = -4H^2$ をもつスピン 0 場により表される 2 階テンソルのスピン 0 モードは，2 階テンソル場としてみたときその質量が $m_2^2 = 2H^2$ となる．つまり，2 階テンソル場の質量が $m_2^2 = 2H^2$ のときは，そのテンソル場をスピン 0 モードとスピン 2 モードに分解することができず，その影響がこの解析にも表れている．ここでは，そのような場合には深入りせず，単に $m^2 \neq 2H^2$ の場合のみを考えることにする．詳しい内容は，論文[13]を参照されたい．

*12) ここで行うスピン 2 の量子化は，スピン 1 のときとは異なる方法であることを注意しておく．3.4.3 節で行ったスピン 1 の量子化では，スピン 0 の自由度を含まない拘束系の作用関数を考え，拘束系の量子化を行った．スピン 2 の場合でも同じやり方は可能である．しかし，これから行う量子化のほうが計算が楽になる．どちらの方法を用いても，もちろん同じ結果が得られる．

*13) 手で加えたラグランジアン L_{gf} の添え字 gf は，ゲージ固定（gauge fixing）から名づけている．今考えている理論はゲージ対称性がないため，もちろんゲージ固定項は必要ない．一方で，一般相対性理論（もしくは massless スピン 2 の理論）の経路積分量子化を考える際には，ゲージ固定項（とファデエフ–ポポフゴースト項）を導入する必要がある．ここで導入した L_{gf} はそのような量子化でしばしば導入されるゲージ固定項である．ゲージ固定項はすべての成分が運動項を持つように加える必要があるため，アインシュタイン–ヒルベルトの作用関数にこのような項を加えることで $h_{\mu\nu}$ の全成分が運動項を持つようになるのはよく知られている事実である．この項は，この解析の手法，つまり，$h_{\mu\nu}$ の全成分が運動項を持つようにするという手法に合致した形をしている．

作用関数 (3.145) に L_{gf} の項を加えた全ラグランジアンは,

$$L=\sqrt{-g}\Big[-\frac{1}{4}\nabla_\alpha h_{\beta\gamma}\nabla^\alpha h^{\beta\gamma}+\frac{1}{8}\nabla_\alpha h\nabla^\alpha h \\ -\frac{H^2}{2}\left(h_{\alpha\beta}h^{\alpha\beta}+\frac{1}{2}h^2\right)-\frac{m^2}{4}\left(h_{\alpha\beta}h^{\alpha\beta}-h^2\right)\Big] \quad (3.152)$$

となる．このラグランジアンから導き出されるハイゼンベルク方程式は,

$$\frac{1}{2}\Box h_{\mu\nu}-\frac{1}{4}g_{\mu\nu}\Box h-H^2\left(h_{\mu\nu}+\frac{1}{2}g_{\mu\nu}h\right)-\frac{m^2}{2}\left(h_{\mu\nu}-g_{\mu\nu}h\right)=0 \quad (3.153)$$

となる．

では，ラグランジアン (3.152) が与えられたとして，テンソル場 $h_{\mu\nu}$ を量子化を行おう．共役運動量は,

$$\pi^{\mu\nu}=\frac{\partial L}{\partial\dot{h}_{\mu\mu}}=-\sqrt{-g}\left(\nabla^0 h^{\mu\nu}-\frac{1}{2}g^{\mu\nu}\nabla^0 h\right) \quad (3.154)$$

と導き出される．そして，正準交換関係

$$[h_A(\boldsymbol{x},\eta),\pi^B(\boldsymbol{x}',\eta)]=i\delta_A^B\delta(\boldsymbol{x}-\boldsymbol{x}'), \quad (3.155a)$$

$$[h_A(\boldsymbol{x},\eta),h_B(\boldsymbol{x}',\eta)]=[\pi^A(\boldsymbol{x},\eta),\pi^B(\boldsymbol{x}',\eta)]=0 \quad (3.155b)$$

を要請する．ここで添え字 A, B は $\mu\nu$ の組を表している．（ただし μ, ν の入れ替えにより一致するものは同一視する．）$h_{\mu\nu}$ と $\dot{h}_{\mu\nu}$ の交換関係に書き直すと,

$$[h_{\mu\nu}(\boldsymbol{x},\eta),h_{\lambda\kappa}(\boldsymbol{x}',\eta)]=[\dot{h}_{\mu\nu}(\boldsymbol{x},\eta),\dot{h}_{\lambda\kappa}(\boldsymbol{x}',\eta)]=0, \quad (3.156a)$$

$$[h_{\mu\nu}(\boldsymbol{x},\eta),\dot{h}_{\lambda\kappa}(\boldsymbol{x}',\eta)] \\ =(g_{\mu\lambda}g_{\nu\kappa}+g_{\mu\kappa}g_{\nu\lambda}-g_{\mu\nu}g_{\lambda\kappa})\,i(H\eta)^2\delta^3(\boldsymbol{x}-\boldsymbol{x}') \\ =(\eta_{\mu\lambda}\eta_{\nu\kappa}+\eta_{\mu\kappa}\eta_{\nu\lambda}-\eta_{\mu\nu}\eta_{\lambda\kappa})\,i(H\eta)^{-2}\delta^3(\boldsymbol{x}-\boldsymbol{x}') \quad (3.156b)$$

となる．ここで $\eta_{\mu\nu}$ はミンコフスキー時空をデカルト座標で表したときの計量である．

この交換関係からスピン 0，スピン 1 の寄与を取り除いて，最終的にスピン 2 のみの交換関係を求めていこう．まずはトレースの部分から取り除く．交換関係 (3.156b) から,

$$[h(\boldsymbol{x},\eta),\dot{h}(\boldsymbol{x}',\eta)]=-8i(H\eta)^2\delta^3(\boldsymbol{x}-\boldsymbol{x}') \quad (3.157)$$

が得られる．ここでトレース部分を除いた量,

$$h_{\mu\nu}^{\mathrm{TL}}:=h_{\mu\nu}-\frac{1}{4}g_{\mu\nu}h \quad (3.158)$$

を定義する．このとき，交換関係 (3.156b) を用いると，$h_{\mu\nu}^{\mathrm{TL}}$ の交換関係は,

$$[h^{\rm TL}_{\mu\nu}(\boldsymbol{x},\eta), h^{\rm TL}_{\lambda\kappa}(\boldsymbol{x}',\eta)] = [\dot{h}^{\rm TL}_{\mu\nu}(\boldsymbol{x},\eta), \dot{h}^{\rm TL}_{\lambda\kappa}(\boldsymbol{x}',\eta)] = 0, \tag{3.159a}$$

$$\begin{aligned}&[h^{\rm TL}_{\mu\nu}(\boldsymbol{x},\eta), \dot{h}^{\rm TL}_{\lambda\kappa}(\boldsymbol{x}',\eta)]\\ &= \left(g_{\mu\lambda}g_{\nu\kappa} + g_{\mu\kappa}g_{\nu\lambda} - \frac{1}{2}g_{\mu\nu}g_{\lambda\kappa}\right) i(H\eta)^2\delta^3(\boldsymbol{x}-\boldsymbol{x}')\\ &= \left(\eta_{\mu\lambda}\eta_{\nu\kappa} + \eta_{\mu\kappa}\eta_{\nu\lambda} - \frac{1}{2}\eta_{\mu\nu}\eta_{\lambda\kappa}\right) i(H\eta)^{-2}\delta^3(\boldsymbol{x}-\boldsymbol{x}')\end{aligned} \tag{3.159b}$$

となることがわかる．$h^{\rm TL}_{\mu\nu}$ はトレースを含んでいないモードなので $h^{\rm TL}\left(:= h^{\rm TL}{}_{\mu}{}^{\mu}\right) = 0$ である．そのため，式 (3.159) でトレースを取った式は

$$\begin{aligned}[h^{\rm TL}(\boldsymbol{x},\eta), h^{\rm TL}(\boldsymbol{x}',\eta)] &= [\dot{h}^{\rm TL}(\boldsymbol{x},\eta), \dot{h}^{\rm TL}(\boldsymbol{x}',\eta)]\\ &= [h^{\rm TL}(\boldsymbol{x},\eta), \dot{h}^{\rm TL}(\boldsymbol{x}',\eta)] = 0\end{aligned} \tag{3.160}$$

となるはずであり，実際に容易に計算して確かめることができる．このとき，ハイゼンベルク方程式 (3.153) から，$h^{\rm TL}_{\mu\nu}$ に対するハイゼンベルク方程式

$$\Box h^{\rm TL}_{\mu\nu} - (m^2 + 2H^2)h^{\rm TL}_{\mu\nu} = 0, \tag{3.161}$$

が得られる．

$h^{\rm TL}_{\mu\nu}$ は transverse 条件を満たしていないためスピン 0，スピン 1 のモードが残っている．次に，これらの自由度を除かなくてはならない．$h^{\rm TL}_{\mu\nu}$ に含まれるスピン 1 のモードは，

$$h^1_{\mu\nu} = \nabla_\mu A_\nu + \nabla_\nu A_\mu \tag{3.162}$$

と表される．ここで，A_α はスピン 1 であり，transverse 条件

$$\nabla^\alpha A_\alpha = 0 \tag{3.163}$$

を満たすとする．このとき，$h^{\rm TL}_{\mu\nu}$ から $h^1_{\mu\nu}$ を省いても traceless 条件は満たされたままである．$h^1_{\mu\nu}$ に含まれるスピン 1 成分 $h^{\rm TL}_{\mu\nu}$ はハイゼンベルク方程式 (3.161) を満たす．したがって，ハイゼンベルク方程式 (3.161) に $h^{\rm TL}_{\mu\nu} = h^1_{\mu\nu}$ を代入することで A_μ が満たすべき式が得られる．それは，

$$\left[\Box - \left(m^2 - 3H^2\right)\right] A_\mu = 0 \tag{3.164}$$

となる．この式を変形すると，

$$\nabla_\mu F^{\mu\nu} + (m^2 - 6H^2)A^\nu = 0 \tag{3.165}$$

と書くことができる．ここで，transverse 条件 (3.163) を用いており，また $F_{\mu\nu}$ は式 (3.126) で定義されたものである．式 (3.127) と式 (3.165) を見比べると，A_μ が質量 $m^2 - 6H^2$ を持ったスピン 1 粒子のハイゼンベルク方程式を満たしていることがわかる．

次に $h_{\mu\nu}$ の traceless 成分に含まれるスピン 0 モードを考えよう．スカラー量で表される 2 階の traceless テンソルは，

$$h^0_{\mu\nu} = \nabla_\mu \nabla_\nu B - \frac{1}{4} g_{\mu\nu} \Box B \tag{3.166}$$

しかない．そのため，スピン 0 成分はこの形で表されている．また，ハイゼンベルク方程式 (3.161) も満たしている必要がある．このことから

$$\left[\Box - \left(m^2 - 6H^2\right)\right] B = 0 \tag{3.167}$$

を得る．この式と式 (3.116) を比べると，B が質量 $m^2 - 6H^2$ を持ったスピン 0 粒子のハイゼンベルク方程式を満たしていることがわかる．

以上のことから，$m^2 \neq 6H^2$ のとき $h^{\mathrm{TL}}_{\mu\nu}$ は，

$$h^{\mathrm{TL}}_{\mu\nu} = h^{\mathrm{FP}}_{\mu\nu} + \alpha \left(\nabla_\mu A_\nu + \nabla_\nu A_\mu\right) + \beta \left(\nabla_\mu \nabla_\nu - \frac{1}{4}\Box\right) B \tag{3.168}$$

と表すことができる．ここで $h^{\mathrm{FP}}_{\mu\nu}$ はスピン 0，スピン 1 を除いたスピン 2 の部分であり，最終的に求めたいフィールツ–パウリの質量項を持った理論の $h_{\mu\nu}$ である．したがって，スピン 2 成分の定義 transverse-traceless 条件を満たしている成分である．$m^2 = 6H^2$ のときは上の式のように表せないが，最終的に求めたい $h^{\mathrm{FP}}_{\mu\nu}$ の交換関係には影響しないのでここでは考えない．スピン 0，スピン 1 がどのように規格化されているか，つまり，ラグランジアン (3.152) にどのような係数を持って入っているかがわからない．今，スピン 0 とスピン 1 の交換関係がそれぞれ (3.121) と (3.142) であることがわかっており，この成分を正準交換関係 (3.159) から除こうとしている．しかし，規格化定数がわからないと，スピン 0 とスピン 1 からの寄与が (3.121) と (3.142) の何倍であるかがわからない．そこでここでは，とりあえずそれぞれに対する規格化定数 α と β を導入して A_μ, B は交換関係 (3.121), (3.142) を満たすように規格化されている状態にとる．そして，規格化係数 α, β を決定していこう．

まず，$h^{\mathrm{TL}}_{\mu\nu}$ に関するハイゼンベルク方程式 (3.161) に ∇^μ を作用させると，

$$\nabla^\mu h^{\mathrm{TL}}_{\mu\nu} = \alpha m^2 A_\nu + \frac{3}{4}\beta (m^2 - 2H^2) \partial_\nu B \tag{3.169}$$

を得る．ここでスピン 0，スピン 1 の交換関係を用いると，

$$\begin{aligned} &[\nabla^\mu h^{\mathrm{TL}}_{\mu 0}(\boldsymbol{x}, \eta), \partial_\eta \nabla^\mu h^{\mathrm{TL}}_{\mu 0}(\boldsymbol{x}', \eta)] \\ &= -\frac{\alpha^2 m^4}{m^2 - 6H^2} \nabla^2 i (H\eta)^2 \delta^3(\boldsymbol{x} - \boldsymbol{x}') \\ &\quad + \frac{9\beta^2}{16}(m^2 - 2H^2) \left(\frac{m^2 - 6H^2}{(H\eta)^2} - \nabla^2\right) i (H\eta)^2 \delta^3(\boldsymbol{x} - \boldsymbol{x}') \end{aligned} \tag{3.170}$$

となる．$h^{\mathrm{FP}}_{\mu 0}$ の transverse 条件 $\nabla^\mu h^{\mathrm{FP}}_{\mu 0} = 0$ から，$\nabla^\mu h^{\mathrm{TL}}_{\mu 0}$ には $h^{\mathrm{FP}}_{\mu 0}$ 成分，つ

まり，スピン 2 成分が含まれていないことに注意しよう．

一方，ハイゼンベルク方程式 (3.161) の各々の成分は，

$$\left[\Box_0 - \frac{2}{\eta}\partial_\eta - \frac{m^2 - 8H^2}{(H\eta)^2}\right] h_{00}^{\mathrm{TL}} + \frac{4}{\eta}\partial_i h_{i0}^{\mathrm{TL}} = 0, \tag{3.171a}$$

$$\left[\Box_0 - \frac{2}{\eta}\partial_\eta - \frac{m^2 - 6H^2}{(H\eta)^2}\right] h_{0i}^{\mathrm{TL}} + \frac{2}{\eta}\left(\partial_i h_{00}^{\mathrm{TL}} + \partial_j h_{ji}^{\mathrm{TL}}\right) = 0, \tag{3.171b}$$

$$\left[\Box_0 - \frac{2}{\eta}\partial_\eta - \frac{m^2 - 2H^2}{(H\eta)^2}\right] h_{ij}^{\mathrm{TL}} + \frac{2}{\eta}\left(\partial_i h_{0j}^{\mathrm{TL}} + \partial_j h_{0i}^{\mathrm{TL}}\right) + \frac{2}{\eta^2}\eta_{ij} h_{00}^{\mathrm{TL}} = 0 \tag{3.171c}$$

と書かれる．式 (3.159), (3.171a) を用いると交換関係は，

$$\begin{aligned}&[\nabla^\mu h_{\mu 0}^{\mathrm{TL}}(\boldsymbol{x},\eta), \partial_\eta \nabla^\mu h_{\mu 0}^{\mathrm{TL}}(\boldsymbol{x}',\eta)] \\ &\quad = \frac{1}{2}\left[-\nabla^2 + 3\frac{m^2 - 2H^2}{(H\eta)^2}\right] i(H\eta)^2 \delta^3(\boldsymbol{x} - \boldsymbol{x}')\end{aligned} \tag{3.172}$$

となることがわかる．式 (3.170), (3.172) の右辺の係数を見比べると，

$$\alpha = -\frac{1}{m^2}, \tag{3.173a}$$

$$\beta = \frac{8}{3}\frac{1}{(m^2 - 2H^2)(m^2 - 6H^2)} \tag{3.173b}$$

であることがわかる．

自由場の作用関数では異なるスピンからなる項は存在しないため，共役運動量に異なるスピン場が入ることはない．したがって，異なるスピンの粒子の生成・消滅演算子は交換する．このことから，$h_{\alpha\beta}^{\mathrm{TL}}$ と $\dot{h}_{\gamma\delta}^{\mathrm{TL}}$ との交換関係を

$$\begin{aligned}&\left[h_{\alpha\beta}^{\mathrm{TL}}(\boldsymbol{x},\eta), \dot{h}_{\gamma\delta}^{\mathrm{TL}}(\boldsymbol{x}',\eta)\right] = \left[h_{\alpha\beta}^{\mathrm{FP}}(\boldsymbol{x},\eta), \dot{h}_{\gamma\delta}^{\mathrm{FP}}(\boldsymbol{x}',\eta)\right] \\ &+ \alpha^2\left[\nabla_\alpha A_\beta(\boldsymbol{x},\eta), \nabla_\beta A_\alpha(\boldsymbol{x},\eta), \partial_\eta\left(\nabla_\gamma A_\delta(\boldsymbol{x}',\eta), \nabla_\delta A_\gamma(\boldsymbol{x}',\eta)\right)\right] \\ &+ \beta^2\left[\left(\nabla_\alpha\nabla_\beta - \frac{1}{4}g_{\alpha\beta}\Box\right) B(\boldsymbol{x},\eta), \partial_\eta\left(\nabla_\gamma\nabla_\delta - \frac{1}{4}g_{\gamma\delta}\Box\right) B(\boldsymbol{x}',\eta)\right]\end{aligned} \tag{3.174}$$

と書くことができる．$h_{\alpha\beta}^{\mathrm{TL}}(\boldsymbol{x},\eta)$, $A_\alpha(\boldsymbol{x},\eta)$, $B(\boldsymbol{x},\eta)$ は交換関係 (3.121a), (3.121b), (3.142a)～(3.142d), (3.159a)～(3.160) で与えられ，α, β の値は (3.173a), (3.173b) と計算されているので，$h_{\alpha\beta}^{\mathrm{FP}}(\boldsymbol{x},\eta)$ の交換関係を計算することができる．実際計算すると，

$$\left[h_{00}^{\mathrm{FP}}(\boldsymbol{x},\eta), \dot{h}_{00}^{\mathrm{FP}}(\boldsymbol{x}',\eta)\right] = \frac{4}{3}\frac{\left(\nabla^2\right)^2}{m^2(m^2 - 2H^2)} i(H\eta)^2 \delta^3(\boldsymbol{x} - \boldsymbol{x}'), \tag{3.175a}$$

$$\left[h_{00}^{\mathrm{FP}}(\boldsymbol{x},\eta), h_{00}^{\mathrm{FP}}(\boldsymbol{x}',\eta)\right] = \left[\dot{h}_{00}^{\mathrm{FP}}(\boldsymbol{x},\eta), \dot{h}_{00}^{\mathrm{FP}}(\boldsymbol{x}',\eta)\right] = 0, \tag{3.175b}$$

$$\left[h_{0i}^{\mathrm{FP}}(\boldsymbol{x},\eta), \dot{h}_{0j}^{\mathrm{FP}}(\boldsymbol{x}',\eta)\right] = \left[\frac{4}{3}\frac{\nabla^2\partial_i\partial_j}{m^2(m^2 - 2H^2)}\right.$$

$$-\frac{1}{m^2}\frac{1}{(H\eta)^2}\left(\eta_{ij}\nabla^2+\frac{1}{3}\partial_i\partial_j\right)\Bigg] i(H\eta)^2\delta^3(\boldsymbol{x}-\boldsymbol{x}'), \tag{3.175c}$$

$$\begin{aligned}
&\left[h^{\mathrm{FP}}_{ij}(\boldsymbol{x},\eta),\dot{h}^{\mathrm{FP}}_{kl}(\boldsymbol{x}',\eta)\right]\\
&=\Bigg[\left(\eta_{ik}\eta_{jl}+\eta_{il}\eta_{jk}-\frac{2}{3}\eta_{ij}\eta_{kl}\right)\frac{1}{(H\eta)^4}\\
&\quad-\frac{1}{m^2}\left\{\eta_{jl}\partial_i\partial_k+\eta_{jk}\partial_i\partial_l+(i\leftrightarrow j)\right\}\frac{1}{(H\eta)^2}\\
&\quad+\frac{2}{3}\frac{1}{m^2-2H^2}\left(\eta_{ij}\partial_k\partial_l+\frac{m^2+2H^2}{m^2}\eta_{kl}\partial_i\partial_j\right)\frac{1}{(H\eta)^2}\\
&\quad-\frac{4}{3}\frac{H^2}{m^2(m^2-2H^2)}\eta_{kl}\eta_{ij}\nabla^2\frac{1}{(H\eta)^2}+\frac{4}{3}\frac{\partial_i\partial_j\partial_k\partial_l}{m^2(m^2-2H^2)}\Bigg]\\
&\quad\times i(H\eta)^2\delta^3(\boldsymbol{x}-\boldsymbol{x}')
\end{aligned} \tag{3.175d}$$

となる．その他の交換関係も 0 になっているわけではない．一般に，

$$\left[h^{\mathrm{FP}}_{\alpha\beta}(\boldsymbol{x},\eta),h^{\mathrm{FP}}_{\gamma\delta}(\boldsymbol{x}',\eta)\right]\neq 0 \tag{3.176}$$

であるが，ここではすべてを書くことはしない．

3.4.4.2　スピン 2 の生成・消滅演算子の交換関係

作用関数 (3.145) におけるスピン 2 場 $h_{\mu\nu}$ の交換関係がわかったので，これから生成・消滅演算子やモード関数を求めていこう．以下フィールツ-パウリの質量項を持つ理論のみを考えていくので，記述の簡略化のため今まで $h^{\mathrm{FP}}_{\mu\nu}$ と表していた表記を単に $h_{\mu\nu}$ と表すことにする．

$h_{\mu\nu}$ は transverse-traceless 条件を満たす．それらは

$$\sum_i h_{ii}=h_{00}, \tag{3.177a}$$

$$\partial_i h_{i0}=\dot{h}_{00}-\frac{2}{\eta}h_{00}, \tag{3.177b}$$

$$\partial_i h_{ij}=\dot{h}_{0j}-\frac{2}{\eta}h_{0j} \tag{3.177c}$$

と書くことができる．ハイゼンベルク方程式 (3.171) は，

$$\left[\Box_0+\frac{2}{\eta}\partial_\eta-\frac{m^2}{(H\eta)^2}\right]h_{00}=0, \tag{3.178a}$$

$$\left[\Box_0-\frac{m^2-2H^2}{(H\eta)^2}\right]h_{0i}+\frac{2}{\eta}\partial_i h_{00}=0, \tag{3.178b}$$

$$\left[\Box_0-\frac{2}{\eta}\partial_\eta-\frac{m^2-2H^2}{(H\eta)^2}\right]h_{ij}+\frac{2}{\eta}(\partial_i h_{0j}+\partial_j h_{0i})+\frac{2}{\eta^2}\eta_{ij}h_{00}=0 \tag{3.178c}$$

と書き直せる．スピン 1 のときと同じようにヘリシティー 0 のモードから順に考えていこう．

ヘリシティー0

h_{00} の式 (3.178a) はスピン 0 のハイゼンベルク方程式 (3.116) と同じ形をしている．つまり，一般解は

$$h_{00}(\boldsymbol{x},\eta)=\int d^3k\left(b^{(0)}(\boldsymbol{k})h_{00}^{(0)}(\boldsymbol{k})+h.c\right), \tag{3.179}$$

$$(h_{00}^{(0)}(\boldsymbol{k}):=f_{\boldsymbol{k}}^{m^2}(x,\eta))$$

と書くことができる．交換関係 (3.175a), (3.175b) から，$b^{(0)\dagger}(\boldsymbol{k})$，$b^{(0)}(\boldsymbol{k})$ の交換関係は，

$$[b^{(0)}(\boldsymbol{k}),b^{(0)\dagger}(\boldsymbol{k}')]=\frac{4}{3}\frac{k^4}{m^2(m^2-2H^2)}\delta^3(\boldsymbol{k}-\boldsymbol{k}') \tag{3.180}$$

となることが導き出される．右辺の値は $0<m^2<2H^2$ で負になっている．つまり，これは真空から $b^{\dagger(0)}$ によって粒子が作られた状態 $b^{\dagger(0)}\mid 0\rangle$ のノルムが負になるためゴースト場になる*14)．このゴーストモードが**樋口ゴースト**と呼ばれるものである[12]．ヘリシティー0 の定義から，このモードの h_{0i}, h_{ij} 成分はあるスカラー関数 $\phi(\boldsymbol{x},\eta)$, $f(\boldsymbol{x},\eta)$, $\chi(\boldsymbol{x},\eta)$ を用いて

$$h_{0i}^{(0)}(\boldsymbol{x},\eta)=\partial_i\phi(\boldsymbol{x},\eta), \tag{3.181a}$$

$$h_{ij}^{(0)}(\boldsymbol{x},\eta)=\nabla_i\nabla_j f(\boldsymbol{x},\eta)-\eta_{ij}\chi(\boldsymbol{x},\eta) \tag{3.181b}$$

と表されるはずである．transverse-traceless 条件 (3.177) を用いて，これらの成分を $h_{00}^{(0)}$ で表すと，

$$h_{0i}^{(0)}(\boldsymbol{x},\eta)=-\frac{\partial_i}{k^2}\left[\dot{h}_{00}^{(0)}(\boldsymbol{k})-\frac{2}{\eta}h_{00}^{(0)}(\boldsymbol{k})\right], \tag{3.182a}$$

$$\begin{aligned}h_{ij}^{(0)}(\boldsymbol{x},\eta)=&\frac{\partial_i\partial_j}{k^4}\left[-k^2h_{00}^{(0)}(\boldsymbol{k})-\frac{3}{2}\left(\frac{2}{\eta}\dot{h}_{00}^{(0)}(\boldsymbol{k})+\frac{m^2-6H^2}{(H\eta)^2}h_{00}^{(0)}(\boldsymbol{k})\right)\right]\\&-\frac{1}{2}\frac{1}{k^2}\eta_{ij}\left[\frac{2}{\eta}\dot{h}_{00}^{(0)}(\boldsymbol{k})+\frac{m^2-6H^2}{(H\eta)^2}h_{00}^{(0)}(\boldsymbol{k})\right]\end{aligned} \tag{3.182b}$$

を得る．これら h_{0i}, h_{ij} はそれぞれハイゼンベルク方程式 (3.178b), (3.178c) を満たしていることは，容易に確かめることができる．

ヘリシティー1

次にヘリシティー1 モードを考えよう．h_{00} はヘリシティー0 のモードにのみ含まれるので，これを 0 とおく．このとき，h_{0i} の運動方程式 (3.178b) は h_{0i} のみの方程式となり，

$$\left[\Box_0-\frac{m^2-H^2}{(H\eta)^2}\right]h_{0i}=0 \tag{3.183}$$

と書くことができる．この微分方程式の一般解は

---

*14) 3.2 節で説明したように，$b^{(0)}(\boldsymbol{k})$ と $b^{(0)\dagger}(\boldsymbol{k})$，どちらを生成演算子に取るかは自由である．ただし，どちらを選ぶにしろ，3.2 節と同じ問題が $0<m^2<2H^2$ のヘリシティー0 の場に生じる．

$$h_{0i}^{(1)}(\boldsymbol{x},\eta)=\int d^3k\left(\sum_s b^{(1)}(\boldsymbol{k},s)h_{0i}^{(1)}(\boldsymbol{k},s)+h.c\right), \tag{3.184}$$
$$\left(h_{0i}^{(1)}(\boldsymbol{k},s):=\frac{h_i(\boldsymbol{k},s)}{H\eta}f_{\boldsymbol{k}}^{m^2}(x,\eta)\right)$$

である．ここで，$h_i(\boldsymbol{k},s)$ はヘリシティー 1 のモードの基底を表す 2 つの定数ベクトルで，

$$\sum_i h_i(\boldsymbol{k},s)k_i=0, \tag{3.185a}$$
$$\sum_i h_i(\boldsymbol{k},s)h_i(\boldsymbol{k},s')=\delta^{ss'} \tag{3.185b}$$

を満たすものである．transverse 条件 (3.177c) から $h_{ij}^{(1)}(\boldsymbol{x},\eta)$ を求めることができ，

$$h_{ij}^{(1)}(\boldsymbol{k},s)=-\frac{1}{k^2}\left[\left(\partial_\eta-\frac{2}{\eta}\right)\partial_i h_{j0}^{(1)}(\boldsymbol{k},s)+(i\leftrightarrow j)\right] \tag{3.186}$$

を得る．これが traceless 条件 (3.177a) や h_{ij} のハイゼンベルク方程式 (3.178c) を満たしていることは，容易に確かめることができる．

では，$b^{(1)}(\boldsymbol{k},s)$, $b^{(1)\dagger}(\boldsymbol{k},s)$ の交換関係を求めよう．$h_{0i}^{(1)}$ と $\dot{h}_{0i}^{(1)}$ との交換関係は

$$\begin{aligned}[h_{0i}^{(1)}(\boldsymbol{x},\eta),\dot{h}_{0i}^{(1)}(\boldsymbol{x}',\eta)]&=[h_{0i}(\boldsymbol{x},\eta),\dot{h}_{0i}(\boldsymbol{x}',\eta)]-[h_{0i}^{(0)}(\boldsymbol{x},\eta),\dot{h}_{0i}^{(0)}(\boldsymbol{x}',\eta)]\\&=\frac{1}{m^2}\left(\eta_{ij}k^2-k_ik_j\right)i\delta^3(\boldsymbol{x}-\boldsymbol{x}')\end{aligned} \tag{3.187}$$

と得られる．また，同様な計算をすることで，

$$[h_{0i}^{(1)}(\boldsymbol{x},\eta),h_{0i}^{(1)}(\boldsymbol{x}',\eta)]=[\dot{h}_{0i}^{(1)}(\boldsymbol{x},\eta),\dot{h}_{0i}^{(1)}(\boldsymbol{x}',\eta)]=0 \tag{3.188}$$

となっていることがわかる．このことから，

$$[b^{(1)}(\boldsymbol{k},s),b^{(1)\dagger}(\boldsymbol{k}',s')]=\frac{1}{2}\delta^{ss'}\frac{k^2}{m^2}\delta^3(\boldsymbol{k}-\boldsymbol{k}') \tag{3.189}$$

が導き出される．

ヘリシティー 2

最後にヘリシティー 2 のモードを考えよう．h_{00}, h_{0i} は励起されないので，それらを 0 とおく．このとき h_{ij} のハイゼンベルク方程式 (3.178c) は h_{ij} のみの方程式，

$$\left[\Box_0-\frac{2}{\eta}\partial_\eta-\frac{m^2-2H^2}{(H\eta)^2}\right]h_{ij}=0 \tag{3.190}$$

となる．この方程式の一般解は

$$h_{ij}^{(2)}(\boldsymbol{x},\eta)=\int d^3k\left(\sum_s b^{(2)}(\boldsymbol{k},s)h_{ij}^{(2)}(\boldsymbol{k},s)+h.c\right), \tag{3.191}$$
$$\left(h_{ij}^{(2)}(\boldsymbol{k},s):=\frac{H_{ij}(\boldsymbol{k},s)}{(H\eta)^2}f_{\boldsymbol{k}}^{m^2}(x,\eta)\right)$$

と書くことができる．ここで，$H_{ij}(\boldsymbol{k},s)$ はヘリシティー 0 モードの基底を表す 2 階の定数テンソルで，

$$\sum_i H_{ij}(\boldsymbol{k},s)k_i = 0, \tag{3.192a}$$

$$\sum_i H_{ii} = 0, \tag{3.192b}$$

$$H_{ij} = H_{ji}, \tag{3.192c}$$

$$\sum_{ij} H_{ij}(\boldsymbol{k},s)H_{ij}(\boldsymbol{k},s') - \delta^{ss'} \tag{3.192d}$$

を満たすものである．ヘリシティー 1 のとき同様にして，生成・消滅演算子の交換関係を求めることができる．つまり，まず全体の h_{ij} からヘリシティー 0，ヘリシティー 1 の寄与 $h_{ij}^{(0)}$, $h_{ij}^{(1)}$ を引く．その結果，$h_{ij}^{(2)}$ や $\dot{h}_{kl}^{(2)}$ の交換関係が得られる．その交換関係を用いて $b^{(2)}(\boldsymbol{k},s)$, $b^{(2)\dagger}(\boldsymbol{k},s)$ の交換関係を導くことができ，結果，

$$[b^{(2)}(\boldsymbol{k},s), b^{(2)\dagger}(\boldsymbol{k}',s')] = \frac{1}{2}\delta^{ss'}\delta^3(\boldsymbol{k}-\boldsymbol{k}') \tag{3.193}$$

を得る．

以上で，4 次元ド・ジッター時空上のスピン 2 場の正準量子化が完了した．

第 4 章 次元勘定定理による繰り込み可能性

一般相対性理論を正準量子化すると，得られる理論は繰り込み不可能である．また，プランクエネルギーを超える高エネルギー現象で摂動的ユニタリ性が破れる．重力を量子化するにおいて，これらの問題を回避するように一般相対性理論をプランクエネルギーを超える高エネルギー領域で変形させる必要がある．しかしながら，その変形は困難であり，それが重力の量子理論構築の困難そのものである．

この章では，繰り込み可能性を取り扱う．摂動的量子論の高エネルギー領域の振舞いを解析し，繰り込み可能性を判定する次元勘定定理の説明をする．次元勘定定理の正確な主張内容を読み取り，場の次元が非正のときの次元勘定定理の注意点を述べる．その後，次章で説明する摂動的ユニタリ性との関係を明らかにするため，また，場の次元が非正のときの具体例として，ローレンツ対称性を持たないリフシッツ理論の繰り込み可能条件を導出する．

4.1 繰り込み可能性と次元勘定定理

ファインマン則に従って散乱振幅を摂動的に計算すると，ループ図と呼ばれる発散するファインマン図が現れる．この**発散項**は，相殺項と呼ばれる項を導入して発散を取り除くことで解消される．発散項が現れるたびに相殺項を導入すれば，原理的にはすべての散乱振幅が有限におさえられ，発散の問題は解決されるように思われる．しかしながら，**相殺項**が無限個必要である理論には，発散を含む無限個のパラメータの導入が必要となる．無限個のパラメータを決めるためには無限回の実験・観測が必要である．そのため，実験・観測により理論を特定することはできない．これは，理論が予言能力を持っていないことを意味しており，物理学として役に立たない理論であることを示している．したがって，予言能力を持つ理論では，有限個の相殺項の導入で発散が取り除けなければならない．このような，有限個のパラメータで書かれた理論を繰り込み可能な理論と言う．

4.1.1 ϕ^4 相互作用のループ発散

ファインマン図を用いた散乱振幅計算において，**ループ積分**が発散することがある．散乱振幅は観測量であるため，発散部分を正則化して有限にしなければならない．この操作を繰り込みと言う．この小節では，4 次の相互作用項をもつスカラー場 ϕ を考え，具体的に発散する 1 ループのファインマン図を見てみよう．そして，その大雑把な**紫外カットオフ依存性**を調べる．前提として，ファインマン図を基にした計算の知識を，読者が既にある程度持っていると仮定して議論を進める．場の理論の詳しい計算法は様々な教科書に詳述してあるので，そちらを参考にされたい．ここでは，繰り込み可能性の条件を大雑把に確認し**次元勘定定理**の主張を理解するための，最低限の議論を行う．

次元勘定定理の主張を正確に読み取るため，ここでは自由場の作用項や相互作用項が高階微分を含んでいる場合を考える．また，計算を簡単にするため，1 つのスカラー場 ϕ を考えることにする．スカラー場 ϕ の自由場の作用を線形微分作用素 $f(\partial_x)$ を用いて

$$S_2 = \int d^n x \, \frac{1}{2}\phi(x) f(\partial_x) \phi(x) \tag{4.1}$$

と導入する．例えば，質量 m の正準スカラー場の場合，$f = \Box - m^2$ である．高階微分の理論など一般的な運動項を考えたいので，一般的な線形微分作用素 f で自由場の作用を書いておいた．この作用関数から**プロパゲータ**が読み取れる．運動量を p^μ で表したフーリエ空間では

$$G_\phi = \frac{i}{f(-ip)} \tag{4.2}$$

という形になる．**ループ積分の紫外発散**を読み取るには，$|p|$ が十分大きなところのみが重要となる．$|p|$ が十分大きいところでの $f(-ip)$ の振舞いが

$$f(-ip) = \alpha p^s + \mathcal{O}\left(p^{s-1}\right) \tag{4.3}$$

であるとして，後の計算を進めよう．ここで α は，ある定数である．

後のユニタリ性の議論と関連付けるため，ここでは 4 次の相互作用項についてのみ考えてみる．具体的には

$$S_{\mathrm{int},4} = \int d^n x \, (\partial^{a_1}\phi(x))(\partial^{a_2}\phi(x))(\partial^{a_3}\phi(x))(\partial^{a_4}\phi(x)) \tag{4.4}$$

という相互作用を考える．ここで，$(\partial^{a_1}\phi(x))$ は，スカラー場 ϕ に偏微分 $(\partial/\partial x^\mu)$ が a_1 個作用していることを表している．また，偏微分の添え字はすべて，$(\partial^{a_1}\phi(x))\cdots(\partial^{a_4}\phi(x))$ 内で縮約されているものとする．さらに，

$$a_1 \le a_2 \le a_3 \le a_4 \tag{4.5}$$

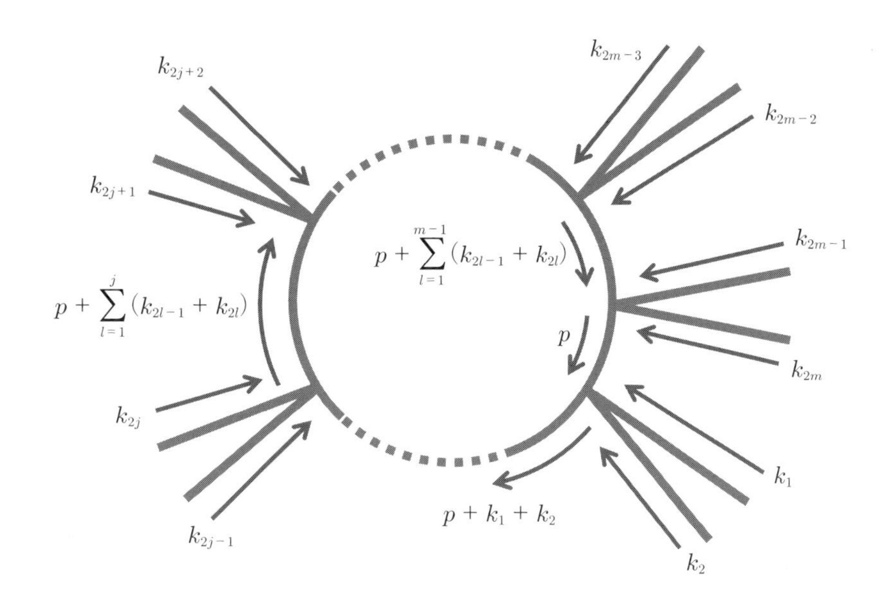

図 4.1 4 次の相互作用項 (4.4) を m 個用いた 1 ループ図．各線が持つ運動量を明記した（時空の添え字は省略している.）．j 番目の頂点には k^{μ}_{2j-1} と k^{μ}_{2j} の運動量を持つ 2 本の外線が存在する．ループの存在により，外線構造からは決まらない運動量 p^{μ} の自由度があり，このファインマン図からの寄与はこの運動量 p^{μ} についてループ積分する必要がある．全運動量の保存則 $\sum_{l=1}^{m}\left(k^{\mu}_{2l-1}+k^{\mu}_{2l}\right)=0$ から，図の一番右側の頂点で $p^{\mu}+\sum_{l=1}^{m-1}\left(k^{\mu}_{2l-1}+k^{\mu}_{2l}\right)+k^{\mu}_{2m-1}+k^{\mu}_{2m}=p^{\mu}$ となっていることに注意しよう．

としても一般性を失わないので，この条件を課すことにする．

では，この作用 (4.1) と (4.4) を基に，ファインマンダイアグラムの 1 ループ図が発散する条件をみてみよう．簡単のため，すべての頂点において，4 点相互作用 (4.4) の $(\partial^{a_1}\phi(x))\,(\partial^{a_2}\phi(x))$ の部分が外線に来ている場合を考えてみる．このとき，頂点 (4.4) が m 個現れるファインマン図は図 4.1 のようになり，$2m$ 本の外線を持つファインマン図になる．このファインマン図の外線には，$(\partial^{a_1}\phi(x))$ と $(\partial^{a_2}\phi(x))$ が m 個ずつ現れる．ある頂点から順番に時計回りに 1 から m まで番号付けをして，l 番目の $(\partial^{a_1}\phi(x))$ と $(\partial^{a_2}\phi(x))$ に対応する外線の運動量を k^{μ}_{2l-1}, k^{μ}_{2l} としておく．外線の運動量はすべて内向きで取っておく．また，m 番目と 1 番目を繋ぐ内線の運動量を p^{μ} としておく．運動量の方向は m 番目から 1 番目とする．（詳しくは，図 4.1 を参照のこと．）このとき，各頂点での運動量保存則から，l 番目と $l+1$ 番目を繋ぐ内線の運動量は l 番目から $l+1$ 番目への向きで

$$p^\mu + \sum_{l=1}^{m} \left(k_{2l-1}^\mu + k_{2l}^\mu\right) =: p_l^\mu \tag{4.6}$$

となる．

以上を基に，ループ積分の紫外領域の振る舞いを大雑把に見積ってみよう．ループ積分では，外線の運動量だけでは決まらない内線に現れる変数について積分を行う必要がある．つまり，今の設定では，p^μ について積分を行う必要がある．l 番目の頂点では，2 つの**内線運動量**は式 (4.6) で定義した p_l^μ を用いて，$-p_{l-1}^\mu$ と p_l^μ と表される．したがって，この頂点からの寄与 V_l は，

$$V_l = (k_{2l-1})^{a_1} (k_{2l})^{a_2} \left[(-p_{l-1})^{a_3} (p_l)^{a_4} + (p_l)^{a_3} (-p_{l-1})^{a_4}\right] \tag{4.7}$$

となる．ここで，例えば $(k_{2l-1})^{a_1}$ が示していることは，(4.4) と同じく，a_1 個の k_{2l-1}^μ の積であり，添え字はすべて V_l 内で縮約されているとする．今，紫外領域の振舞いを考えているので，p_l や p_{l-1} はおおよそ p と近似できる．ここで簡単のため，$a_3 + a_4$ が偶数になるとして，式 (4.7) の右辺の主要項が相殺しないとする*1)．このとき，V_l をざっくりと

$$V_l \simeq 2(-1)^{a_3} (k_{2l-1})^{a_1} (k_{2l})^{a_2}\, p^{a_3+a_4} \tag{4.8}$$

と近似しておこう*2)．

次にプロパゲータの大きさを見積もる．$l+1$ 番目の頂点と l 番目の頂点を結ぶ内線の運動量は p_l^μ であり（ただし，$n+1=1$ とする），この運動量も $|p|$ が十分大きいところでざっくりと p^μ に近似しておこう．このとき，$l+1$ 番目の頂点と l 番目の頂点を結ぶ内線のプロパゲータ G_l は，式 (4.2) と式 (4.3) から計算でき，大雑把に見積もると

$$G_l \simeq \frac{i}{\alpha p^s} \tag{4.9}$$

となる．このとき，この 1 ループの $2m$ 点振幅は

$$\begin{aligned}\Gamma_{2m} &= \int d^n p \prod_{l=1}^{m} V_l G_l \\ &\sim \prod_{l=1}^{m} \left[(k_{2l-1})^{a_1} (k_{2l})^{a_2}\right] \int dp\, p^{n-1} p^{m(a_3+a_4)} p^{-ms}\end{aligned}$$

*1) 主要項が相殺する場合は，V_l を与える式 (4.7) の右辺の $[(-p_{l-1})^{a_3}(p_l)^{a_4} + (p_l)^{a_3}(-p_{l-1})^{a_4}]$ における p の次数が一つ下がって $a_3 + a_4 - 1$ となり，その係数は k_{2l-1} と k_{2l} の線形和に比例する．つまり，実質的に a_1 もしくは a_2 の値が 1 増えるのと同等になる．主要項の相殺が起きない場合でも，$|p|$ が十分大きいという近似の次の次数に，a_1 もしくは a_2 の値を変化させる項が入っていることに注意しよう．

*2) V_l の表式 (4.7) 内の縮約によっては p の次数が下がることもあるかもしれないが，その場合も p の次数が下がった分に対応して，k_{2l-1} や k_{2l} が現れる．最終的に評価する外線について，微分の数 a_1 や a_2 を変更させた相互作用に関するループ補正が得られる．

$$\sim \prod_{l=1}^{m} \left[(k_{2l-1})^{a_1} (k_{2l})^{a_2} \right] \Lambda^{m(a_3+a_4-s)+n} \tag{4.10}$$

となる．ただし，この計算は大雑把な次元勘定であり，また，"$\sim$" は定数係数などを無視した大雑把な評価を表している．Λ は紫外カットオフを表しており，また，その次数 $m(a_3+a_4-s)+n$ が 0 になるときは，式 (4.10) の右辺の由来が積分であることから，$\log\Lambda$ の紫外発散を表すとする．

ツリー振幅で $\prod_{l=1}^{m} \left[(k_{2l-1})^{a_1} (k_{2l})^{a_2} \right]$ を与える相互作用項は

$$S_{\text{counter}} = \lambda_{\text{counter}} \int d^n x \left[(\partial^{a_1}\phi)(\partial^{a_2}\phi) \right]^m \tag{4.11}$$

である．1 ループの $2m$ 点振幅 (4.10) が発散する場合，相殺項としてこの S_{counter} を作用に加える必要がある．

1 ループ図からの寄与が発散するのは，**紫外カットオフ** Λ の次数が非負のときである．つまり，

$$m(a_3+a_4-s)+n \geq 0 \tag{4.12}$$

のとき，対応する 1 ループ図は発散する．n は時空次元であるため正の値を取る．したがって，例えば a_3+a_4-s が非負の場合は，いかなる m に対してもループ図からの寄与は発散を与える．そのため，無限個の相殺項が必要となり，理論は繰り込み可能ではなくなる．

4.1.2 次元勘定定理

前小節では，具体的に 1 ループの計算を（概算ではあるが）行い，発散が無限個現れる場合があることを見た．この節では，前節で計算した紫外発散の次数を，大雑把に読み取る手法を与える．実は相互作用項の係数の次元次数を読み取ることで，発散の次数を大雑把に見積もることができる[14]．

まずは，スカラー場 ϕ の次元次数を読み取ってみよう．考える作用は，自由場の部分は前小節と同じ，式 (4.1) で与えられたものとする．摂動論を扱っているので，スカラー場の次元次数は最低次の部分である自由場の作用から与えられる．作用関数のエネルギー次元の次数は 0 であることから，式 (4.1) を用いてスカラー場の紫外領域での次元次数を読み取ろう．まず，時空間距離はエネルギー次元の逆数なので，

$$[dx] = -1, \tag{4.13}$$

つまり，

$$[d^n x] = -n \tag{4.14}$$

である．ここで，[...] は括弧内の変数のエネルギー次元の次数を表す．一方，

微分はエネルギーと同じ次元を持つ．つまり，

$$[\partial_\mu] = 1 \tag{4.15}$$

となる．紫外領域での近似 (4.3) を用いて，式 (4.1) の右辺の次元を評価すると，

$$\begin{aligned}\left[\int d^n x \, \frac{1}{2}\phi(x) f(\partial_x) \phi(x)\right] &= [d^n x] + s[\partial_x] + 2[\phi] \\ &= -n + s + 2[\phi] \end{aligned} \tag{4.16}$$

となる．作用関数のエネルギー次元は 0 であるので，上の式の値は 0 であり，これから，

$$[\phi] = \frac{-n+s}{2} \tag{4.17}$$

を得る．

では次に，以下のような m 点相互作用項

$$S_{\mathrm{int},m} = \lambda_m \int d^n x \, (\partial^{a_1}\phi(x)) (\partial^{a_2}\phi(x)) \cdots (\partial^{a_m}\phi(x)) \tag{4.18}$$

を考える．このとき，まず λ_m の次元を勘定してみよう．i 番目の ϕ の次元は，微分を含めて，

$$[\partial^{a_l}\phi] = a_l[\partial_\mu] + [\phi] = a_l + [\phi] \tag{4.19}$$

となる．したがって，式 (4.18) の右辺の次元は

$$\begin{aligned}&\left[\lambda_m \int d^n x \, (\partial^{a_1}\phi(x)) (\partial^{a_2}\phi(x)) \cdots (\partial^{a_m}\phi(x))\right] \\ &= [\lambda_m] + [d^n x] + \sum_{k=1}^{m} (a_k + [\phi]) \\ &= [\lambda_m] - n + \sum_{k=1}^{m} (a_k + [\phi]) \end{aligned} \tag{4.20}$$

である．作用関数の次元は 0 であることから，

$$[\lambda_m] = n - \sum_{k=1}^{m} (a_k + [\phi]) = n - \frac{m(-n+s)}{2} - \sum_{k=1}^{m} a_k \tag{4.21}$$

となる．

次元勘定定理の主張は，「$[\lambda_m] \geq 0$ となる相互作用項のみをすべて含む理論は繰り込み可能になっている」というものである．以下，大雑把にではあるがこのことを確かめてみよう．簡単のため，頂点関数が相互作用項 (4.18) からなるファインマン図のみ考えてみる．一般の場合の拡張はそれほど難しくないが，計算を具体的に書くと煩雑になるため，その解析は読者にゆだねることにする．ここでは，とりあえず考えているファインマン図のループ積分の発散次

数が最高になる部分のみ考えることにする*3)．

各頂点に関して，そこから出ている線は外線か内線である．頂点を表す相互作用 (4.18) に対し，そこから任意に数本を選ぶ選び方全体の集合を $\mathfrak{S}$ とする．($\mathfrak{S}$ は空集合を含むとする．）ある頂点についてその頂点の外線に対応する相互作用 (4.18) 内の ϕ の取り方を，$\mathfrak{S}$ の元で対応させる．例えば，ある頂点が 3 つ外線を持ち，その外線が相互作用 (4.18) 内の $(\partial^{a_1}\phi)$ と $(\partial^{a_3}\phi)$, $(\partial^{a_4}\phi)$ の ϕ であれば，$\{1,3,4\} \in \mathfrak{S}$ を対応させる．ここで，V_σ を，今考えているファインマン図の中にある $\sigma \in \mathfrak{S}$ に対応する頂点の数であるとする．また，σ に対応する頂点が与えるループ積分の内線運動量の冪の合計 D_m は

$$D_\sigma = \left[\prod_{l \notin \sigma} \partial^{a_l}\right] = \sum_{l=1}^{m} a_l - \sum_{l \in \sigma} a_l \tag{4.22}$$

となる．ここで，和 $l \in \sigma$ は σ に含まれるすべての元についての和を取るとする．（例えば $\sigma = \{1,3,4\}$ なら，$\displaystyle\sum_{l \in \sigma} a_l = a_1 + a_3 + a_4$ である．）したがって，すべての頂点からの寄与 D は，これら一つ一つの頂点からの寄与 D_σ を足し合わせればよく，

$$\begin{aligned} D_V &= \sum_{\sigma \in \mathfrak{S}} V_\sigma D_\sigma \\ &= V \sum_{l=1}^{m} a_l - \sum_{\sigma \in \mathfrak{S}} V_\sigma \sum_{l \in \sigma} a_l \end{aligned} \tag{4.23}$$

となる．ここで，σ についての和 $\displaystyle\sum_{\sigma \in \mathfrak{S}}$ は，考えられるすべての $\sigma \in \mathfrak{S}$ について取り，また，V はすべての頂点の個数（$V = \displaystyle\sum_{\sigma \in \mathfrak{S}} V_\sigma$）である．

では，プロパゲータの運動量の冪の次数を見てみよう．今，興味があるのは紫外での発散であるので，プロパゲータの形 (4.2) と高エネルギー極限 (4.3) の表式から，各々のプロパゲータが持つ運動量の冪の次数 D_P は

$$D_P = [p^{-s}] = -s \tag{4.24}$$

となる．

ファインマン図の計算には，ループに応じて運動量積分を行う．ループ一つにつき $d^n p$ の積分が現れるため，ループ一つ当たりが持つ運動量の冪 D_L は

$$D_L = [d^n p] = n \tag{4.25}$$

---

*3) ファインマン図の形が同じでも，その外線にかかる微分の数が異なれば，異なる形の相殺項が必要になる．あるファインマン図が発散したとき，最高発散次数の次のオーダーの発散は，外線運動量を用いてループ積分を摂動展開することで得られ，そのため最高発散する相殺項とは外線にかかる微分の数が異なる．したがって，次のオーダーも発散する場合は新たな相殺項が必要になり，そのオーダーの相殺項の形についても本来は調べる必要がある．

となる．

ファインマン図が与える振幅は，すべての頂点と内線プロパゲータの寄与を掛け算し，その後すべてのループについて運動量積分を行うことで得られる．今，考えているあるファインマン図において，内線プロパゲータの数が P，ループの数が L であり，$\sigma \in \mathfrak{S}$ に対応する頂点関数の数が V_σ であるとすると，そのファインマン図の運動量の次数 D は

$$D = PD_P + LD_L + \sum_\sigma V_\sigma D_\sigma \tag{4.26}$$

となる．ここで，オイラーの定理を用いると，ループの数 L，内線プロパゲータの数 P（これは頂点と頂点を繋ぐ線の数である），そして頂点の数 V は

$$L = P - V + 1 \tag{4.27}$$

の関係を満たす．また，内線の両端は常に頂点から出ているため，頂点から出ている内線の数の総和は，内線（プロパゲータ）の数の 2 倍に等しい．つまり，

$$\begin{aligned} P &= \frac{1}{2} \sum_{\sigma \in \mathfrak{S}} V_\sigma \left(m - \#(\sigma)\right) \\ &= \frac{1}{2} mV - \frac{1}{2} \sum_{\sigma \in \mathfrak{S}} V_\sigma \#(\sigma) \end{aligned} \tag{4.28}$$

となる．ここで，$\#(\sigma)$ は σ の元の数，つまり，各頂点から出ている外線の数である．例えば $\sigma = \{1, 3, 4\}$ のときは $\#(\sigma) = 3$ である．

これらの式 (4.27) と (4.28) を (4.26) に代入し，式 (4.23)，式 (4.24)，式 (4.25) を用いて整理すると，

$$\begin{aligned} D &= -Ps + (P - V + 1)n + V \sum_{l=1}^{m} a_l - \sum_\sigma V_\sigma \sum_{l \in \sigma} a_l \\ &= n + P(n - s) + V \left(\sum_{l=1}^{m} a_l - n \right) - \sum_\sigma V_\sigma \sum_{l \in \sigma} a_l \\ &= n + V \left(\sum_{l=1}^{m} a_l + \frac{m}{2}(n - s) - n \right) \\ &\quad - \sum_\sigma V_\sigma \left(\sum_{l \in \sigma} a_l + \frac{1}{2} \#(\sigma)(n - s) \right) \end{aligned} \tag{4.29}$$

となる．ここで，この表式 (4.29) を式 (4.17) と式 (4.21) を用いて，ϕ と λ_m の次元 $[\phi]$, $[\lambda_m]$ で表すと，

$$\begin{aligned} D &= n - V[\lambda_m] - \sum_\sigma V_\sigma \left(\sum_{l \in \sigma} a_l + \#(\sigma)[\phi] \right) \\ &= n - V[\lambda_m] - \sum_\sigma V_\sigma \sum_{l \in \sigma} (a_l + [\phi]) \end{aligned}$$

$$= n - V[\lambda_m] - \sum_\sigma V_\sigma \sum_{l\in\sigma}[\partial^{a_l}\phi] \tag{4.30}$$

となる．$\#(\sigma)$ は σ の元の数であるので，

$$\sum_{l\in\sigma} 1 = \#(\sigma) \tag{4.31}$$

であることに注意しよう．

今考えているファインマン図は，各頂点において σ に対応する外線を持っているので，ループ積分した後に得られる演算子は

$$\prod_{\sigma\in\mathfrak{S}}\prod_{l\in\sigma}(\partial^{a_l}\phi)^{V_\sigma} \times (\text{ループ積分}) \tag{4.32}$$

の形をしている．このループ積分が発散したとき，発散を打ち消すために導入する頂点関数の形は

$$S_{\text{count}} = \lambda_{\text{count}} \int d^n x \prod_{\sigma\in\mathfrak{S}}\prod_{l\in\sigma}(\partial^{a_l}\phi)^{V_\sigma} \tag{4.33}$$

である．λ_{count} の次元を見積もると

$$[\lambda_{\text{count}}] = n - \sum_\sigma V_\sigma \sum_{l\in\sigma}[\partial^{a_l}\phi] \tag{4.34}$$

となる．この式を，式 (4.30) に代入すると

$$D = [\lambda_{\text{count}}] - V[\lambda_m] \tag{4.35}$$

を得る．

ループ積分が発散するのは $D \geq 0$ のとき，つまり，式 (4.35) から

$$[\lambda_{\text{count}}] \geq V[\lambda_m] \tag{4.36}$$

のときである．これが示すことは，もし $[\lambda_m] \geq 0$ であれば，繰り込みには $[\lambda_{\text{count}}] \geq 0$ に対応する相殺項のみが必要となる．この解析の初めに述べたように，相互作用項が複数あった場合も同じ解析で話は進む．つまり，もし，ラグランジアンに含まれるすべての相互作用に対して，その相互作用定数 λ が $[\lambda] \geq 0$ を満たすのであれば，繰り込みに必要なすべての相殺項の相互作用定数 λ_{count} の次元は $[\lambda_{\text{count}}] \geq 0$ となる．つまり，$[\lambda] \geq 0$ を満たすすべての相互作用を持つラグランジアンを考えると，繰り込みに必要な相互作用は必ず元のラグランジアンに含まれる．これが次元勘定定理である．

ここで行われた次元勘定は，大雑把な勘定である．実際の運動量積分は各々のループごとについて行われるべきであり，本来はその各々のループ積分について発散やその**相殺項**を確かめないといけない．正しい解析に依る証明は [14] などにより行われており，この大雑把な次元勘定が正しい結果を与えることが確かめられている．

通常，次元勘定定理から，相互作用定数 λ の次元が非負になるすべての相互作用を含むラグランジアンは繰り込み可能であると言われている．しかし，注意が必要なこと場合がある．その一つは，理論が対称性を持つ場合である．対称性を満たし相互作用定数 λ の次元が非負になるすべての相互作用項を取り入れても，もし対称性を破る相殺項が必要になると，その相殺項は元のラグランジアンには含まれていない．このような場合は量子異常が現れる場合である．量子異常については多くの教科書に詳しい説明があるので，ここでは取り扱わない．もう一つは，相互作用定数 λ の次元が非負になる相互作用項が無限個ある場合である．通常考える多くの理論では，次元が非負になる相互作用項が無限個現れることがないため，この場合に関してはあまり詳しく議論されていない．しかし，例えばラグランジアンが高階微分を持つ理論などでは，このようなことが起こることがある．次節でこのような場合について説明する．

4.2 場の次元が正でないときの次元勘定定理

前節で，次元勘定定理を説明した．ここに，前節で得た次元勘定定理の主張をもう一度書く．すべての相互作用定数 λ の次元が非負になる相互作用からなるラグランジアンが与えられたとき，ファインマン図のループ積分から現れる発散を打ち消すための相殺項の相互作用定数 λ の次元は必ず非負になる．このことから，相互作用定数 λ の次元が非負になるすべての相互作用を含むラグランジアンを考えれば，そのループ発散の相殺項は必ずラグランジアンに含まれる．しかし，そのような相互作用項の数が無限個あると，それは**無限個の相殺項**が必要であることを意味し，繰り込み可能な理論とは言い難い．相互作用定数 λ の次元が非負になる相互作用を無限個含む理論では，相互作用定数 λ の次元が非負になる相互作用無限個現れる場合がある．次章で見るように，そのような理論では高エネルギー領域で摂動的ユニタリ性の破れが現れ，繰り込みの観点以外からも紫外に問題が現れる理論になっていることがわかる．

この節では，まず，4.2.1 節で場の次元が非負になる具体的な状況を挙げる．次に 4.2.2 節では，4.2.1 節で紹介した理論の相互作用項一つを取り出し，それが 1 ループ積分で無限種類の発散項を生み出すことをみる．4.2.3 節では 4.2.1 節の結果を一般化し，場の次元が非負になる場合の繰り込み可能性の条件を説明する．

4.2.1 場の次元が正でない理論

前節で相互作用定数 λ の次元が非負になる相互作用を無限個含む理論が存在すれば，ラグランジアンが非負次元の相互作用項のみで書けていても繰り込み不可能になる可能性について述べた．では，そのように無限個の相互作用定数 λ の次元が非負になる相互作用項を与える理論はどのような理論であろうか？

結論から言うと，**場 ϕ の次元が正でない理論** $[\phi] \leq 0$ である．

もし，場 ϕ の次元が正でないとすると，次のように簡単に相互作用定数 λ の次元が非負になる相互作用項を作ることができる．まず，相互作用定数 λ の次元が非負である作用

$$S_{\mathcal{O}_0} = \lambda_{\mathcal{O}_0} \int d^n x \, \mathcal{O} \tag{4.37}$$

が存在するとしよう．つまり，

$$[\lambda_{\mathcal{O}_0}] \geq 0 \tag{4.38}$$

である．ここで $\mathcal{O}$ は，場 ϕ やその微分で書かれた，ある何かしらの項である．この項は相互作用項である必要はなく，自由場の作用であってもよい．自由場の作用は次元 0 であり，つまり非負であるため，このような項は必ず存在する．この $\mathcal{O}$ に適当な ϕ を掛けた相互作用項

$$S_{\mathcal{O}_l} = \lambda_{\mathcal{O}_l} \int d^n x \, \mathcal{O}\phi^l \tag{4.39}$$

を考えよう．ϕ の次元は 0 以下であるので，ϕ を加えることで演算子の次元は上がることはない．したがって，$\lambda_{\mathcal{O}_l}$ の次元は $\lambda_{\mathcal{O}_0}$ の次元は同じか大きくなるかである．つまり，式 (4.38) から

$$[\lambda_{\mathcal{O}_l}] \geq [\lambda_{\mathcal{O}_0}] \geq 0 \tag{4.40}$$

である．よって，$\mathcal{O}_l$ の次元は非負である．任意の数の l を考えることができるので，無限種類の相互作用項を導入でき，その相互作用定数の次元を非負にできる．したがって，相互作用定数 λ の次元が非負になる相互作用を無限個作ることができる．

では，次元が正でない場はどのようなときに現れるのであろうか？ 自然な例は，2 次元で自由場の作用に微分を 2 個含む場である．例えば，スカラー場の自由場の作用

$$S_{\phi 2} = \int d^2 x \, \frac{1}{2}\phi \left(\Box - m^2\right) \phi \tag{4.41}$$

を考えると，場 ϕ の次元は 0 になる．

次の可能性は，場が高階微分を含む場合である．例えば，4 次元時空の理論で，自由場の作用が 4 階微分を持つと，場の次元は 0 になるし，もっと高い微分を持つと場の次元が負になることもある．具体的にはスカラー場の自由場の作用が

$$S_{\phi l} = \int d^n x \, \frac{1}{2}\phi \Box^m \phi \tag{4.42}$$

という理論を考えると，場 ϕ の次元は

$$[\phi] = m - \frac{n}{2} \tag{4.43}$$

となる．$m \leq n/2$ であれば，場 ϕ の次元は 0 以下になる．

もう一つの面白い例としては，ローレンツ対称性の破れた**リフシッツ理論**の場合である．時間と空間にブーストの対称性がない理論として，例えば，

$$S_{\mathrm{Lif2}} = \int dt d^d x \, \phi \left(-\partial_t^2 + \Delta^z \right) \phi \tag{4.44}$$

という自由場の作用を考えてみよう．ここで，Δ は空間のラプラス演算子である．この理論における ϕ の次元を読み取ってみよう．リフシッツ理論において，$[\mathcal{O}]$ で表す演算子 $\mathcal{O}$ の次元はエネルギーではなく運動量にしたほうが計算しやすいので，運動量の次元で表記することにする*4)．空間微分は運動量と同じ次元を持っているため，

$$[\Delta] = 2 \tag{4.45}$$

である．自由場の作用をみると，∂_t^2 と Δ^z の次元が同じであることが読み取れる．したがって，

$$[\partial_t] = z \tag{4.46}$$

としておけばよい．dt と dx は，時間微分，空間微分と逆次元を持っているので，

$$[dt] = -z, \quad [dx] = -1 \tag{4.47}$$

である．これから，

$$[dt \, d^d x \, \phi \, \partial_t^2 \, \phi] = [dt \, d^d x \, \phi \, \Delta^z \, \phi] = z - d + 2[\phi] \tag{4.48}$$

を得る．作用の次元は 0 であるので，式 (4.48) を 0 とおくことで

$$[\phi] = \frac{d - z}{2} \tag{4.49}$$

を得る．このことから，$d = z$ で場 ϕ の次元は 0，$d < z$ で場 ϕ の次元は負になることがわかる．

4.2.2 無限種類の発散項

この小節では，場の次元が 0 以下であるとき，相互作用定数の次元が 0 以上となる相互作用項から無限種類の発散項が現れることを具体的に見てみる．4 次元の例で考えてみよう．自由場の作用は，場 ϕ の次元が 0 になる

$$S_2 = \int d^4 x \, \frac{1}{2} \phi \Box^2 \phi \tag{4.50}$$

を考えよう．ϕ の次元は 0 であることはすぐにわかるため，ここでは説明しな

---

*4) ローレンツ対称な理論では，エネルギーと運動量の次元は同じであるので，運動量で次元を数えるかエネルギーで次元を数えるかを気にする必要はなかった．

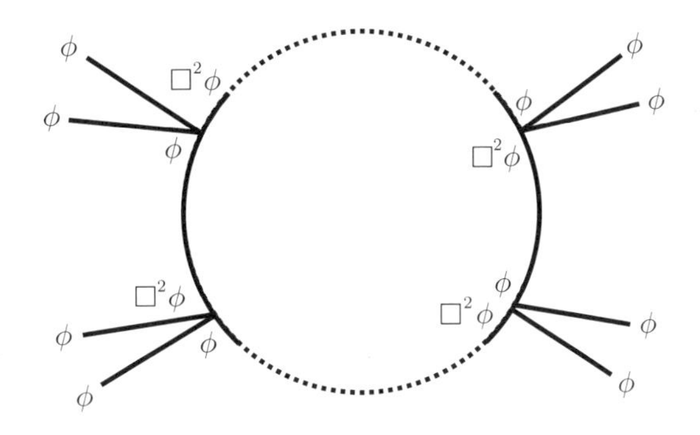

図 4.2 相互作用項 (4.51) を l 個持つ 1 ループグラフ．点線部分にも頂点を置き，合計 l 個の頂点を持っている．内線に $\Box^2\phi$ を含む場合が，最も大きなループ発散を与える．n 個ある各頂点から 2 本の外線が伸びているので，合計 $2l$ 本の外線を持つファインマン図になる．

い．このとき，相互作用項の一例として，

$$S_{\mathrm{int}} = \lambda \int d^4x\, \phi^3 \Box^2 \phi \tag{4.51}$$

を考える．この相互作用定数 λ の次元が 0 になることは，前節で示した次元勘定を用いるとすぐにわかる．

では，1 ループのファインマン図を考えよう（図 4.2）．考える 1 ループのファインマン図の頂点関数の数を l とする．1 ループ図であるため各頂点から外線が 2 本出ている．つまり，合計 $2l$ 本の外線が出ているため，$2l$ 点関数に対応するファインマン図になる．外線に対応する演算子 ϕ を，式 (4.51) の右辺の微分が付いていない ϕ に対応させる．このとき，$\Box^2$ が付いた演算子は内線となる．つまり，頂点ごとに p^4 の項が現れる．プロパゲータ G の運動量依存性は，自由場の作用 (4.50) から，定数部分を無視すると $G \sim p^{-4}$ となる．

頂点とプロパゲータの数はともに l 個であり，運動量依存性はそれぞれ p^4, p^{-4} であるため，ループ積分は大雑把に

$$\int d^4p \left(\frac{p^4}{p^4}\right)^l \sim \Lambda^4 \tag{4.52}$$

となる．ここで，$\sim$ では大体の発散の振舞いを表しており，定数係数は無視している．また，Λ は紫外のカットオフである．この積分は $\Lambda \to \infty$ で発散しているため，繰り込む必要がある．

外線は，作用 (4.51) の微分が付いていない ϕ に対応しているので，微分のない ϕ^2 が l 個，つまり ϕ^{2l} の形になる*5)．これを繰り込むために必要な相殺

*5) ループ積分は外線の運動量 k_l^μ に比べて内線の運動量 p^μ が大きいという近似を用いている．ループ発散の最高次 (4.52) の次のオーダーの発散は，$|k|/|p|$ の展開の次のオーダーであり，この展開は外線運動量 k_l^μ 依存性を与える．外線運動量 k_l^μ 依存性は外線に微分と対応するため，低い発散オーダーで外線に微分を持った項が現れる．今の例では，外線に微分を持った項でも発散する場合があることに注意しよう．

項は

$$S_{\mathrm{count},l} = \lambda_{\mathrm{count},l} \int d^n x\, \phi^{2l} \tag{4.53}$$

である．しかし，l は任意であるため，任意の l に対して相殺項を入れないといけない．つまり，発散項が無限に現れる．これは，理論が繰り込み不可能であることを示している*6)．

このように，相互作用定数の次元が 0 以上であっても，その相互作用の頂点関数から作られるループが，無限種類の外線構造を持つ発散を与えることがある．

4.2.3　場の次元が正でない場合の繰り込み条件

前小節で，相互作用定数の次元が 0 以上であっても繰り込み可能になっていない場合があることを示した．これは，相互作用定数の次元が 0 以上になる相互作用項が無限個あることが原因である．そして，ある相互作用項が無限個の相殺項を必要としていることにより，理論が繰り込み不可能になっている．相互作用定数の次元が 0 以上になる相互作用項が有限個である場合，次元勘定定理は詳細なループ計算をすべて調べることなく理論が繰り込み可能であることを保証してくれる強い定理である．一方，相互作用定数の次元が非負になる相互作用項が無限個である場合も同様な議論で繰り込み可能性を判定できると便利である．この目標に向けて，無限個の発散項が現れるその起源を調べてみよう．そして，その解析を基に場の次元が 0 以下となる場が存在する理論での次元勘定定理を示す[15], [16]．

まず，前小節での例に戻ろう．場 ϕ の次元は 0 であり，相互作用は式 (4.51) である．この相互作用項 (4.51) の中で，前小節で行ったループ積分に関わる（内線になる）のは $\Box^2\phi$ と，3 つある ϕ のうちの一つの ϕ である．そこで，相互作用 (4.51) を内線に対応する部分と外線に対応する部分とにわける，つまり，

$$S_{\mathrm{int}} = \lambda \int d^4 x\, \phi_e^2\, \phi_i \Box^2 \phi_i \tag{4.54}$$

のように分解してみよう．ここで，ϕ_e は外線に対応する部分 ϕ_i は内線に対応する部分である．このとき，ループ積分に関与する部分は $\phi_i \Box^2 \phi_i$ のみであり，ϕ_e^2 は関係ない．つまり，ループ発散を読み取るには $\phi_i \Box^2 \phi_i$ の次元が重要である．

この視点で前小節の議論を見てみよう．前小節の 1 ループのファインマン図において，l 個頂点があるファインマン図が発散しているとする．このとき，ループの一部を切って，そこに相互作用項 (4.54) の ϕ_i を繋ぐ．相互作用項

*6)　次章で見る高エネルギーでの散乱振幅の摂動的ユニタリ性の観点からもこのような相互作用は紫外領域で問題を起こすことが示唆されている．

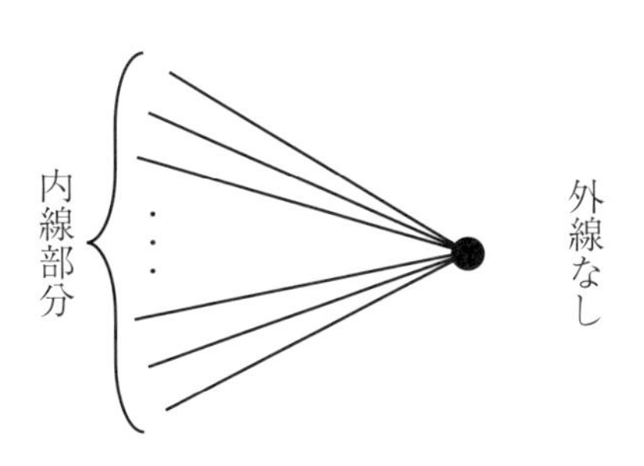

図 4.3　内線部分しか持たない相互作用項 S_{add} の図．あるファインマン図に S_{add} を加えたとき，すべての相互作用項 S_{add} のすべての線が内線になるように加える．（図 4.4 参照.）外線の構造を変えないところが，後ほど出てくる図 4.5 との違いである．

(4.54) は ϕ_e^2 を持っているため，新たに 2 個の外線が加わり，外線の数は元のファインマン図と比べて 2 本多い異なる種類のファインマン図になる．ループの発散次数は，加えた相互作用項 (4.54) の内線部分は d^4x と合わせて次元が 0 になるため，元のファインマン図からの発散の次元を変えない．そのため，元のファインマン図が発散していれば，相互作用項 (4.54) を加えたファインマン図も発散する．したがって，ある発散したループ図に相互作用項 (4.54) を加えることで，発散する新たなファインマン図が作られる．そして，帰納的にいくらでも新たに発散するファインマン図を作ることができる．

この例からわかることは，ファインマン図の発散を見るためには相互作用係数の次元を見るのではなく，内線に関連する部分の次元のみを見ないといけない．そして，頂点から外線が出ているかも重要である．議論を一般的にして，無限個発散が作られる状況はどのような場合か見てみよう．

あるファインマン図にある相互作用項を加えることを考える．まず，加える相互作用項について，その相互作用項が表す頂点から外線が出ていない場合を考えてみよう．加える相互作用を S_{add} とする．（図 4.3 参照.）ある発散したファインマン図の一部を切って，S_{add} の積分内にある場がすべて内線になるように，発散するファインマン図に付け加える*7)．（図 4.4 参照.）でき上がったファインマン図は発散しているかもしれないが，そのファインマン図の外線の形は元のファインマン図と変わらない．そのため，元のファインマン図を繰り込むための相殺項と同じ相殺項で繰り込むことができる．

今度は，ある発散していないファインマン図に S_{add} を付け加えることを考える．このとき，S_{add} 内の相互作用定数を除いた部分の次元が正であれば*8)，

*7)　ファインマン図の一部を切って付ける作業は切り口が偶数個できるため，S_{add} が奇数個の場からなるときは，数を合わせて接続することができない．そのような場合は S_{add} を 2 個付けることを考えればよい．ただ，このことはあまり議論の本質ではないため，詳しくは触れない．

*8)　作用の次元は 0 であるので，このとき，相互作用定数の次元は負になる．通常の次元勘定定理で，繰り込み不可能であることが知られている項に対応する．

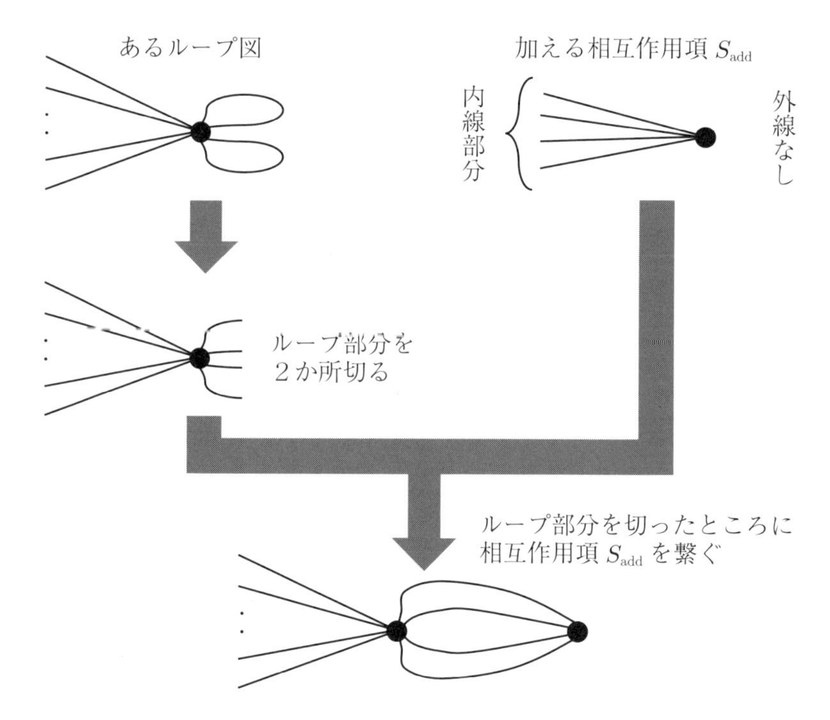

図 4.4 ループ図に S_{add} を加える過程．ここでは一例として，加える相互作用項 S_{add} が 4 点相互作用項である場合を考える．相互作用項 S_{add} はすべて内線になるとする．最終的に得られるファインマン図は，元のループ図と同じ外線構造を持つ．

S_{add} に対応する頂点関数を加えれば加えるほど発散の次数が上がる．つまり，どんな有限のファインマン図から初めても，S_{add} を適当な個数付け加えることで発散するファインマン図が現れる．そのため，どのような外線を持つファインマン図に対しても，S_{add} を適当な個数付け加え発散するファインマン図が作れてしまうので，無限個の相殺項が必要になってしまう．したがって，S_{add} の積分部分の次元は 0 以下である必要がある．まとめると，相互作用項 S_{add} が

$$S_{\text{add}} = \lambda_m \int d^n x \, (\partial^{a_1}\phi(x))\,(\partial^{a_2}\phi(x))\cdots(\partial^{a_m}\phi(x)) \tag{4.55}$$

という形をしているとき，

$$\left[\int d^n x \, (\partial^{a_1}\phi(x))\,(\partial^{a_2}\phi(x))\cdots(\partial^{a_m}\phi(x))\right] \leq 0 \tag{4.56}$$

でなければ，発散する無限個のファインマン図が作られる．この条件は，次元勘定定理で通常用いる繰り込み可能条件

$$[\lambda_m] \geq 0 \tag{4.57}$$

と同値な条件である．

では，加える頂点関数 S_{add} から外線が出ている場合を考えよう．（図 4.5 参

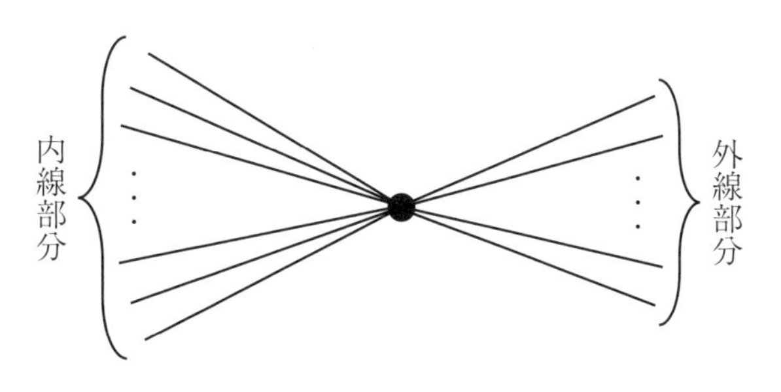

図 4.5 相互作用項 S_{add} を内線部分と外線部分に分けた頂点関数の図．あるファインマン図に S_{add} を加えることを考える（図 4.6 参照.）．このとき，S_{add} を加えた後の図で，左側の「内線部分」が内線に，「外線部分」が外線になるように S_{add} を加える．「外線部分」を持つことが，先ほどの図 4.3 との違いである．

照.）この小節の前半での議論を振り返ると，外線や内線となる線が相互作用項 (4.55) のどの ϕ に対応するかが重要になってくる．そこで，式 (4.54) のように相互作用項 (4.55) を

$$S_{\mathrm{add}} = \lambda_m \int d^n x \, (\partial^{a_1}\phi_i)\,(\partial^{a_2}\phi_i)\cdots(\partial^{a_l}\phi_i)\,(\partial^{a_{l+1}}\phi_e)\cdots(\partial^{a_m}\phi_e) \tag{4.58}$$

と，内線の部分と外線の部分に分けておこう．最終的には考え得るすべてのファインマン図を考えないといけないので，外線と内線の分け方について任意の場合を考えないといけない．ここではまず，分け方を一般に式 (4.58) と書いておき，各々の場合で a_l に関する条件を求めていこう．

外線部分が存在するため，この頂点関数をあるファインマン図に加えると，全体としての外線の構造が変わる．（図 4.6 参照.）ループの発散への影響は，式 (4.58) の内線に関わるところ

$$\int d^n x \, (\partial^{a_1}\phi_i)\,(\partial^{a_2}\phi_i)\cdots(\partial^{a_l}\phi_i) \tag{4.59}$$

である．すなわち，この部分の次元を評価することで，この頂点をあるファインマン図に加えたときの発散の振舞いがどのように変化するかがわかる．

相互作用項の内線部分 (4.59) の次元が正であるとき，この頂点をあるファインマン図に加えると，発散の次数が上がる．したがって，この頂点を加えていくと，たとえ元のファインマン図が発散していなくてもある程度の個数の頂点を加えたところでファインマン図は発散し，以後さらにこの頂点を加えるとどんどん発散次数が上がっていく．この頂点関数は外線を持っていることから，頂点関数を加えていくごとに全体の外線構造が変わり，異なる相殺項が必要になる．また，任意のファインマン図から始めることができるので，発散するファインマン図をいくらでも作ることができる．したがって無限個の相殺項が必要になり，繰り込み不可能になる．

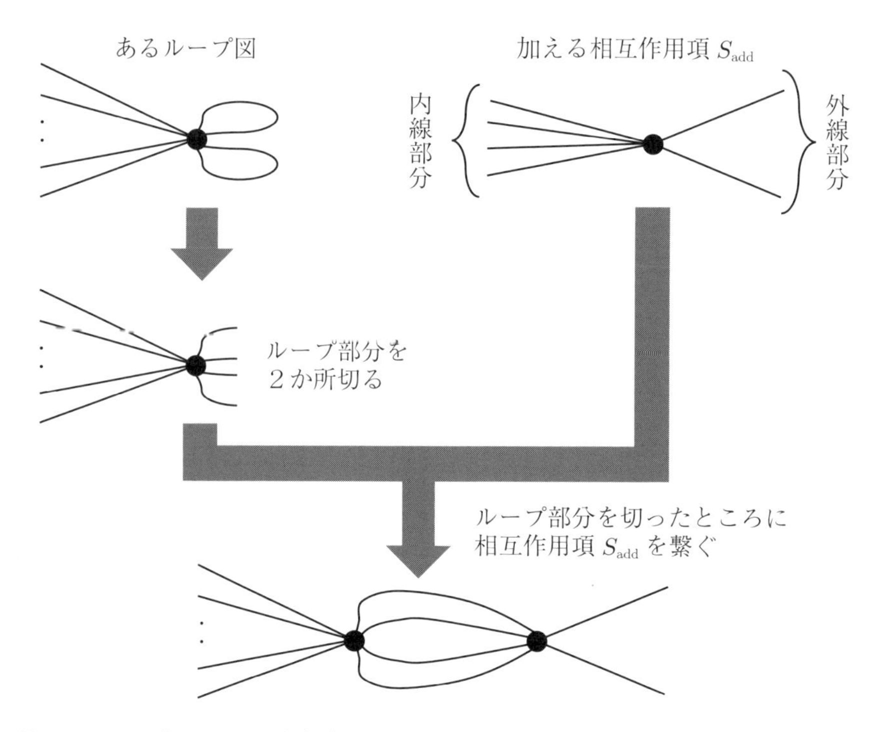

図 4.6　ループ図に S_{add} を加える過程．ここでは一例として，加える相互作用項 S_{add} は 6 点相互作用項を考え，そのうち 4 本が内線になり，2 本が外線になる場合を考える．このとき，最終的に得られるファインマン図は，元のループ図に比べて外線が 2 本増えている．

一方，(4.59) の次元が負のときは頂点関数を加えていくごとに発散の次数が下がる．元のファインマン図が発散していようが，頂点関数を加えていくとどこかの段階で発散次数が有限になる．したがって発散するファインマン図は有限個であり，繰り込みの条件を壊さない．

ここまでの議論は，加える頂点に外線がないときでも同じである．条件が変わるには，(4.59) の次元が 0 のときである．このとき，この頂点関数をあるファインマン図に加えても，発散の次数は変わらない．ある発散するファインマン図にこの頂点を加えても発散次数は変わらないため，加えた後のファインマン図も発散する．加える頂点関数に外線がないときとの大きな違いは，外線がある頂点関数を加えると，外線の数や構造を変えてしまうところにある．外線の構造が変われば，必要となる相殺項の形も変わる．頂点関数を加えるごとに外線の数が増えていくため，異なる相殺項が必要となり，任意の数の頂点関数を加えることができるため，無限種類の発散項が現れてしまう．したがって，そのような相互作用が存在すれば，繰り込み可能ではないことになる．

以上の議論から頂点関数に外線があるときの繰り込み可能性の条件は，

$$\left[\int d^n x \, (\partial^{a_1}\phi_i)\,(\partial^{a_2}\phi_i)\cdots(\partial^{a_l}\phi_i)\right] = \sum_{k=1}^{l}(a_k + [\phi]) < 0 \qquad (4.60)$$

となる．等号が入らないことに注意しよう．相互作用項 (4.55) が繰り込み可能であるためには，(4.55) 内における各々の ϕ に対してそれが内線・外線になる任意の場合分けに対して，不等式 (4.60) を満たさなければならない．ただし，ループ構造を作るためには内線は 2 本以上必要であることに注意しよう．外線が現れない頂点関数を加える議論と合わせて，相互作用項 (4.55) が繰り込み可能である条件は

$$\sum_{k=1}^{m}(a_k + [\phi]) \leq n, \tag{4.61a}$$

$$\sum_{k\in\sigma}(a_k + [\phi]) < n$$
$$(\#(\sigma) \geq 2,\ \#(\sigma) \neq m \text{ を満たす任意の } \sigma \in \mathfrak{S}) \tag{4.61b}$$

となる．右辺の n は，$[d^n x] = -n$ の寄与を右辺に移項したものである．1 つ目の条件 (4.61a) は，相互作用定数 λ_m の次元が 0 以上であることと等価である．2 つ目の条件 (4.61b) が，場 ϕ の次元が 0 以下のときに現れる新たな条件である．ここで示した主張は正確には，「これらの条件 (4.61a), (4.61b) を満たす相互作用項は有限個の相殺項しか生まず，必要な相殺項の形も，これら条件 (4.61a), (4.61b) を満たす形になっている」，ということである．

場 ϕ の次元が正のときは一つ目の条件 (4.61a) だけで十分であり，2 つ目の条件 (4.61b) は必要でないことを見ておこう．2 つ目の条件 (4.61b) の左辺は，1 つ目の条件 (4.61a) からいくつかの $(a_k + [\phi])$ を取り除いたものになっている．場 ϕ の次元が正であるとき，$(a_k + [\phi])$ は正であるので，$(a_k + [\phi])$ をいくつか取り除くと値は必ず小さくなる．これにより，1 つ目の条件 (4.61a) が満たされると

$$\sum_{k\in\sigma}(a_k + [\phi]) < \sum_{k=1}^{m}(a_k + [\phi]) \leq n \quad (\#(\sigma) \neq m) \tag{4.62}$$

となり，2 つ目の条件 (4.61b) は自動的に満たされる．つまり，場の次元が 0 以下のときのみ，2 つ目の条件 (4.61b) を確認しないといけない．

具体的に繰り込み可能なラグランジアンを得る方法は以下の通りである．1 つ目の方法は，対称性により挿入可能な演算子の形を次元が正となるものに限るようにする方法である．例えば，場 ϕ の次元が 0 となる場合を考えてみよう．場 ϕ がシフト対称性を持っているとしよう．シフト対称性とは定数 c を用いて

$$\phi \to \phi + c \tag{4.63}$$

と場 ϕ を変換してもラグランジアンの形が変わらない対称性のことである．ラグランジアン内で場 ϕ が常に微分とともに現れる，つまり $\partial_\mu\phi$ の形で現れるとき，理論はシフト対称性を持つ．相互作用項も $\partial_\mu\phi$（と，その微分）で構成

されている．$\partial_\mu \phi$ の次元は 1（>0）であるため，正の演算子のみで相互作用項は構成されている．このようなときは，次元勘定定理の議論は場の次元が正であるときと同じになるため，可能な相互作用項は有限個である．

他にも以下のような方法がある．まず，条件 (4.61a), (4.61b) を満たす相互作用項を有限個含むラグランジアンを考える．そして，ループ発散を繰り込むための相互作用項を導入する．元のラグランジアンに含まれていない相殺項と同じ形の相互作用項を新たに加え，それを新たなラグランジアンでループ発散計算し，新たに必要な相殺項を導く．その相殺項と同じ形の相互作用項を考え，と繰り返していくと，最終的に有限個の相互作用項のみで書かれた作用が得られ，その理論が繰り込み可能であることがわかる．この議論が最終的に有限個の相互作用項のみを含むかを確かめてみよう．条件 (4.61a) で等号を満たさない（つまり $\sum_{k=1}^{m}(a_k + [\phi]) < n$）場合は，通常の次元勘定の議論において，超繰り込み可能な項である．したがって，通常の次元勘定定理の議論から，相殺項の相互作用定数の次元はループを構成する相互作用定数の次元より大きいものしか出てこない．そのため，上記の操作は有限回で閉じ，有限個の相互作用しか現れない．一方，条件 (4.61a) で等号を満たす相互作用項を考えてみよう．この項は条件 (4.61b) も満たしているはずである．条件 (4.61a) の左辺の和から一つ取り除くと条件 (4.61b) の左辺になるので，条件 (4.61a) の左辺の和を構成する一つ一つが正になっていないといけない．つまり，次元が正になる演算子のみで構成されており，対称性を導入した前段落の議論と同様に，対応する項は有限個である．したがって，相殺項が有限項になるラグランジアンが得られる．

4.3 リフシッツ場の繰り込み可能性

次章で行う高エネルギーでの摂動的ユニタリ性の議論と比較するため，リフシッツ場における 4 点相互作用が繰り込み可能になる条件を見ておこう[16]．リフシッツ場とは，式 (4.44) で与えられるような，ブーストの対称性を持たない理論である．自由スカラー場の作用を，ここにもう一度書いておく．

$$S_{\mathrm{Lif2}} = \int dt d^d x\, \phi \left(-\partial_t^2 + \Delta^z\right) \phi. \tag{4.64}$$

4.2.1 節で行ったように，次元を運動量次元で数えることにする．このときの場の次元や空間微分，時間微分などの次元は 4.2.1 節で既に求めており

$$[\phi] = \frac{d-z}{2}, \quad [\partial_x] = 1, \quad [\partial_t] = z, \quad [dx] = -1, \quad [dt] = -z \tag{4.65}$$

であった．ここで，∂_x は空間微分である．本来は空間方向を表す添え字が付くが，ここでは省略した．

リフシッツ理論の自由場の作用 (4.64) は時間微分に対して 2 階までしか現れないため，高階微分によるゴーストが現れない．一方で，z を調節することで場 ϕ の次元を 0 もしくは負にすることができる面白い理論である．

4 点相互作用として，ここでは空間微分しか持たない相互作用項

$$S_{\mathrm{Lif,int}} = \int dtd^dx \left(\partial_x^{a_1}\phi\right)\left(\partial_x^{a_2}\phi\right)\left(\partial_x^{a_3}\phi\right)\left(\partial_x^{a_4}\phi\right) \tag{4.66}$$

を考える．ここで $\partial_x^{a_1}\phi$ の意味は，式 (4.4) の場合と同じく ϕ に空間微分 $\partial/\partial x^i$ が a_1 個作用していることを示している．i は空間座標を表す添え字である．相互作用項 (4.66) において，微分に付随する空間添え字 i は作用内ですべて縮約されているとする．a_1, a_2, a_3, a_4 の対称性から

$$a_1 \le a_2 \le a_3 \le a_4 \tag{4.67}$$

として一般性を失わない．

この相互作用 (4.66) に対して，繰り込み可能性の条件 (4.61a) と (4.61b) を具体的に書いてみよう．条件 (4.61a) と (4.61b) の右辺に現れる n は，$[d^nx] = -n$ の寄与を右辺に移項したものであったので，リフシッツ場の場合は $[dt\,d^dx] = -z-d$ を右辺に移項した $z+d$ に置き換わることに注意しよう．条件 (4.61a) は

$$z+d \ge \sum_{k=1}^{4}(a_k + [\phi]) = 2(d-z) + \sum_{k=1}^{4} a_k \tag{4.68}$$

より，

$$a_1 + a_2 + a_3 + a_4 \le 3z - d \tag{4.69}$$

となる．

では次に，条件 (4.61b) を考えよう．まず，内線が 3 つの場合を考えよう．このとき，条件 (4.67) から (4.61b) の左辺は $k=1$ 以外の 3 つを選んだ場合が一番大きくなる．そのため，その場合に関して条件 (4.61b) が満たされれば，他の $\#(\sigma) = 3$ の場合の条件 (4.61b) は自明に満たされる．$k=1$ 以外の 3 つを選んだ場合の条件 (4.61b) は

$$z+d > \sum_{k=2}^{4}(a_k + [\phi]) = \frac{3}{2}(d-z) + \sum_{k=2}^{4} a_k \tag{4.70}$$

となり，この条件は

$$a_2 + a_3 + a_4 < \frac{5z-d}{2} \tag{4.71}$$

と書くことができる．右辺は整数か半整数であるので，この条件は

$$a_2 + a_3 + a_4 \le \frac{5z-d-1}{2} \tag{4.72}$$

と書くこともできる．

内線が 2 つの場合も同様に，$k = 3, 4$ の場合を考えればよい．このとき，条件 (4.61b) は

$$z + d > \sum_{k=3}^{4} (a_k + [\phi]) = (d - z) + \sum_{k=3}^{4} a_k \tag{4.73}$$

であり，

$$a_3 + a_4 < 2z \tag{4.74}$$

を得る．右辺が整数であることから，

$$a_3 + a_4 \leq 2z - 1 \tag{4.75}$$

と書くこともできる．

次章で，この条件がリフシッツ場 ϕ が高エネルギーで摂動的ユニタリ性を持つための条件と完全に一致することを見る．

第 5 章
高エネルギー極限でのユニタリ性

時間発展による状態の確率保存と発展の一意性を保証する時間発展ユニタリ性は，量子理論に必要とされる性質であると考えられている．また，高エネルギー極限でのユニタリ性の条件は，繰り込み可能性と関係すると予想されている．有効理論からボトムアップ的に紫外の理論を構築していく際に，散乱振幅のユニタリ性はその拡張の指針として用いられることが多い．繰り込み可能性とユニタリ性の関係に関する予想が正しければ，このような拡大で紫外理論を構築することで，繰り込み可能性は勝手に満たされるようになる．

この章では，高エネルギーユニタリ性の条件，より正確には高エネルギー極限における摂動近似でおユニタリ性の必要条件であるツリー近似でのユニタリティーバウンドの高エネルギー極限を具体的モデルで評価し，前章で求めた繰り込み可能性の条件との対応を見る．

5.1 ユニタリ性の定義

具体的な解析に入る前に，まず，量子理論における**時間発展のユニタリ性**とはどのような性質を指すか，その定義をまとめておく．量子論において，量子状態がある始状態 $|\phi_i\rangle$ から終状態 $|\phi_f\rangle$ へ移る**遷移確率**に，我々は興味がある．状態の時間発展は，**シュレディンガー方程式**

$$i\frac{d}{dt}|\phi\rangle = H|\phi\rangle \tag{5.1}$$

で表される．ここで，H はハミルトニアンである．これを形式的に解いて，

$$|\phi_f\rangle = \exp\left(-i\int_{t_i}^{t_f} Hdt\right)|\phi_i\rangle \tag{5.2}$$

を得る．ここで，積分区間の両端 t_i と t_f は，それぞれ始状態と終状態の時刻である．ある**始状態** $|\phi_i\rangle$ からある**終状態** $|\phi_f\rangle$ へ移る**散乱振幅** S_{fi} は

$$S_{fi} = \langle \phi_f | \phi_i \rangle \tag{5.3}$$

と定義する．この値は，原理的にはハミルトニアンが与えられると計算可能な量である．つまり，各始状態から各終状態への時間発展を表す演算子 S は

$$S := \exp\left(-i\int_{t_i}^{t_f} Hdt\right) \tag{5.4}$$

と表せる．

愚直には，式 (5.2) により始状態と終状態を関係付けると，始状態と終状態は一対一に対応し，始状態のノルムは保存される．つまり，終状態に時間を過去に発展させる演算

$$S^{-1} = \exp\left(i\int_{t_i}^{t_f} Hdt\right) \tag{5.5}$$

を施すと

$$\begin{aligned}\exp\left(i\int_{t_i}^{t_f} Hdt\right)|\phi_f\rangle &= \exp\left(i\int_{t_i}^{t_f} Hdt\right)\exp\left(-i\int_{t_i}^{t_f} Hdt\right)|\phi_i\rangle \\ &= |\phi_i\rangle\end{aligned} \tag{5.6}$$

となる．また，終状態のノルムは

$$\begin{aligned}\langle \phi_f | \phi_f \rangle &= \langle \phi_i | \exp\left(i\int_{t_i}^{t_f} Hdt\right)\exp\left(-i\int_{t_i}^{t_f} Hdt\right)|\phi_i\rangle \\ &= \langle \phi_i | \phi_i \rangle\end{aligned} \tag{5.7}$$

となり，確かにノルムが保存していることがわかる．ただし，この計算は S^{-1} が well-defined であることを仮定していることに注意をしておく．通常，ハミルトニアン H の固有値は有限であるとしている．しかし，摂動論において，繰り込み操作を行わないと散乱振幅は発散してしまう．漸近領域において摂動論により張られた状態空間に作用するハミルトニアンが有限であるためには，繰り込みの操作がうまく行われていなければならない．繰り込み可能でない理論においては，ハミルトニアン H の固有値が有限である保証がなく，S 行列がユニタリになっている保証はない．

議論が少しずれてしまったが，時間発展のユニタリ性の議論に戻ろう．時間発展のユニタリ性は，この発展演算子が始状態と終状態を一対一に対応させること，つまり，ノルムが保存されることを表している．始状態から終状態への変換行列 S の言葉では，

$$SS^\dagger = 1 \tag{5.8}$$

を意味する．ここで，右辺の 1 は，恒等行列（単位行列）を表す．

しかし，一般にユニタリ性の定義は式 (5.8) のみではない．作用する状態空間に関する条件も，ユニタリ性の条件として含まれる．それは，いかなる状態

に対しても，そのノルムは正でなければならないという条件である．これは**ノルムの正定値性**と呼ばれる．ノルムは考えている状態の確率を表すため，ノルムの正定値性はいかなる確率も正であることを表している．まとめると，ユニタリ性は以下の 2 つの性質を持つことを意味する．

- ノルムの正定値性．
- $SS^\dagger = 1$.

物理の議論においてユニタリ性の条件を用いるときは，上の 2 つの条件のうちどちら（もしくは両方）を用いたかをはっきり理解しておくことが，論理構造を追う上で重要である．後者の条件（$SS^\dagger = 1$）のことを，本書では **S 行列ユニタリ性**と呼ぶことにする[*1)]．

5.2 ユニタリティーバウンド

ユニタリティーバウンドは散乱振幅のユニタリ性から導出されるユニタリ性の必要条件である．本節では，ユニタリティーバウンドの導出を行う．ユニタリ性の条件をどこでどのように用いたかという点に気を付けよう．後の小節で，S 行列ユニタリ性のみを用いて，S 行列ユニタリ性からどこまでの条件が導けるかなどを考える．その際の準備として，S 行列ユニタリ性の条件やノルムの正定値性をどこで用いたかを注意して解析を追ってみよう．

高エネルギーにおけるユニタリティーバウンドは，繰り込み可能性の条件と関係することが予想される．5.1 節で説明したように，繰り込み可能な理論はハミルトニアンが発散を含まずに定義され，それから作られる S 行列は S 行列ユニタリ性を持つ．（ユニタリ性でなく，S 行列ユニタリ性で十分である．前節の式 (5.5) あたりの議論では，ノルムの正定値性を使っていないことに注意しよう．）つまり，散乱振幅の S 行列ユニタリ性を調べることは，繰り込み可能性の条件を調べることに直結する．

高エネルギー極限におけるユニタリティーバウンドの条件をツリー近似で書いたものを**ツリーユニタリティー**と呼ぶ．繰り込み可能性の条件を知るためにはツリーユニタリティーが成り立つことが必要十分であるという予想がされている[17],[18]．厳密な証明はないが，よく知られている理論では，確かに対応があることが見える．

---

*1) S 行列ユニタリ性は，一般に擬ユニタリ性と呼ばれることが多い．ノルムの正定値性条件を外した状態空間を擬ノルム空間と呼び，S はこの擬ノルム空間に作用するユニタリ的な行列だからである．しかし，擬ユニタリ性と呼ぶと，負ノルムが存在する空間を考えているイメージを与えるので，本書ではあえて S 行列ユニタリ性と呼ぶ．S 行列ユニタリ性といったときは，ノルムの正定値性などは気にせず，$SS^\dagger = 1$ の条件のみを気にしているということである．

5.2.1 ユニタリティーバウンドの導出

ユニタリティーバウンドの導出を行おう．まずは，散乱振幅ではなく，ユニタリ行列に関する一般的な議論から始めよう．状態空間が規格化された状態 $\{|\psi_i\rangle\}$ で張られているとする．規格化されているとは，

$$\langle\psi_i|\psi_j\rangle = \delta_{ij} \tag{5.9}$$

となるような状態で状態空間の基底が張られていることである．このとき，恒等変換を表す単位行列 1 は

$$1 = \sum_i |\psi_i\rangle\langle\psi_i| \tag{5.10}$$

と表される．（後に散乱振幅を扱う際，状態空間基底として規格化されていないものを選ぶ．そのときは，式 (5.10) の左辺は恒等変換を表す単位行列 1 ではなく，規格化の因子がかかる．そのため以下の議論は少し修正される．散乱振幅の計算を行うときに，再度，コメントを入れる．）

ここで，**遷移振幅** T を S 行列から恒等変換 1 を引いた部分

$$S = 1 + iT \tag{5.11}$$

と定義する．このとき，S 行列ユニタリ性 (5.8) から

$$-i\left(T - T^\dagger\right) = TT^\dagger \tag{5.12}$$

を得る．この式において始状態と終状態を同じ状態に取り左右から作用させると，**光学定理**

$$2\mathrm{Im}\,T_{ii} = \sum_j |T_{ij}|^2 \tag{5.13}$$

が導かれる．右辺の和を始状態と同じ状態と他のものに分解すると

$$2\mathrm{Im}\,T_{ii} = |T_{ii}|^2 + \sum_{j\neq i} |T_{ij}|^2 \geq |T_{ii}|^2 = (\mathrm{Re}\,T_{ii})^2 + (\mathrm{Im}\,T_{ii})^2 \tag{5.14}$$

という不等式が得られる．この式を変形すると，

$$(\mathrm{Re}\,T_{ii})^2 + (\mathrm{Im}\,T_{ii} - 1)^2 \leq 1 \tag{5.15}$$

となる．これは，図 5.1 に示されるように，T_{ii} の値は複素平面で，i を中心とした半径 1 の円盤の内部の値しか取れないことを意味する．

$|T_{ii}|$ についての上限を得るため，不等式 (5.14) の左辺を

$$2\,|T_{ii}| \geq 2\mathrm{Im}\,T_{ii} \tag{5.16}$$

と評価しておこう．すると，不等式 (5.14) は

$$2\,|T_{ii}| \geq |T_{ii}|^2 \tag{5.17}$$

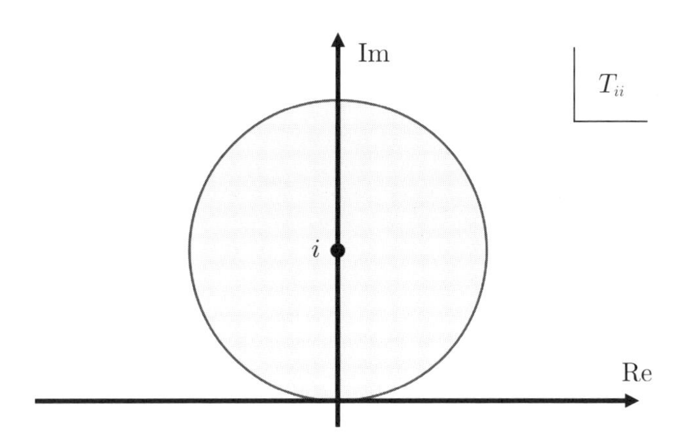

図 5.1　$(\mathrm{Re}\,T_{ii})^2 + (\mathrm{Im}\,T_{ii} - 1)^2 \leq 1$ が満たす領域．灰色で表した円盤の領域が，この不等式を満たす T_{ii} を表す．

となる．両辺を $|T_{ii}|$ で割ることで，

$$|T_{ii}| \leq 2 \tag{5.18}$$

を得る．この条件を元の光学定理の式 (5.13) と，それから得られた式 (5.16) を用いて変形し，今度は和のところを始状態と異なる状態 k と他のものに分解すると，

$$4 \geq 2\,|T_{ii}| \geq \sum_j |T_{ij}|^2 = |T_{ik}|^2 + \sum_{j \neq k} |T_{ij}|^2 \geq |T_{ik}|^2 \tag{5.19}$$

が得られる．ここで状態 k は規格化された任意の状態である．両辺を 1/2 乗することで，

$$2 \geq |T_{ik}| \tag{5.20}$$

を得る．これが，ユニタリティーバウンドと呼ばれる条件である．つまり，どのような遷移振幅の絶対値も 2 より小さくないといけない．ユニタリティーバウンドはユニタリ性から導き出された条件であるため，ユニタリ性の必要条件である．

5.2.2　散乱振幅におけるユニタリティーバウンド

前小節で書いた議論により，散乱振幅のユニタリティーバウンドは，“振幅”が定数でおさえられることを意味すると言われる．この説明は正しいが，その意味を間違って理解されていることが多い．そこで，正しい意味をここで説明する．

ファインマン図を用いたときに使う“振幅”は規格化されていない状態を用いたり，全エネルギーと全運動量を固定した部分空間で議論される．そのため，規格化された状態に対して前小節で導出したユニタリティーバウンド (5.20)

をファインマン図を用いたときに使う“振幅”に適用する際には，注意が必要である．特に，この次の小節で見るように，（ローレンツ不変性を持つ）4 次元理論の 2 粒子散乱の場合，ファインマン図を用いたときに使う規格化されていない状態に対しての散乱振幅が定数でおさえられる，という結果が偶然得られる．そのため，一般の時空次元の場合に拡張したとき，規格化の問題や部分空間の問題を忘れてしまうことがある．後に見るように，時空次元の数や粒子数を変えたり，もしくはローレンツ不変性が保たれない理論を考えると，ファインマン図を用いて計算される散乱振幅が定数でおさえられるという結果は正しくない，ということを覚えておこう．「定数でおさえられる」という結果は，規格化された状態に対してのみである．

では，具体的に散乱振幅のユニタリティーバウンドを計算してみよう．ここでは，ローレンツ不変性が破れた理論にも対応できるように，ローレンツ不変性を持たない理論を考える．ローレンツ不変性を持つ理論の結果を知りたい場合は，以下の計算で，ローレンツ不変性を持つパラメータを選べばよい．空間の次元を d としておく．

散乱振幅 $\mathcal{M}$ を，遷移振幅から全エネルギーと全運動量の保存則を表すデルタ関数を除いた部分として

$$\langle f|T|i\rangle = \delta(E_i - E_f)\delta^d(\boldsymbol{P}_i - \boldsymbol{P}_f)\mathcal{M}(i \to f) \tag{5.21}$$

と定義する．ここで，$|i\rangle$ と $|f\rangle$ は始状態と終状態であり，E_i, E_f, $\boldsymbol{P}_i$ そして $\boldsymbol{P}_f$ は始状態と終状態の全エネルギーと全運動量である．式 (5.12) を $\langle f|$ と $|i\rangle$ で挟むことで，まず右辺は

$$\begin{aligned} & -i\langle f|(T - T^\dagger)|i\rangle \\ &= -i\delta(E_i - E_f)\delta^d(\boldsymbol{P}_i - \boldsymbol{P}_f)\left[\mathcal{M}(i \to f) - \mathcal{M}^*(f \to i)\right] \end{aligned} \tag{5.22}$$

となる．一方，左辺は，$|X\rangle$ を状態空間のある**規格直交基底**を用いて表した恒等演算子

$$1 = \sum_X |X\rangle\langle X| \tag{5.23}$$

を挟むことで，

$$\begin{aligned} & \langle f|TT^\dagger|i\rangle \\ &= \sum_X \langle f|T|X\rangle\langle X|T^\dagger|i\rangle \\ &= \sum_X \delta(E_X - E_f)\delta^d(\boldsymbol{P}_X - \boldsymbol{P}_f)\mathcal{M}^*(f \to X) \\ &\quad \times \delta(E_i - E_X)\delta^d(\boldsymbol{P}_i - \boldsymbol{P}_X)\mathcal{M}(i \to X) \\ &= \sum_X \delta(E_i - E_f)\delta^d(\boldsymbol{P}_i - \boldsymbol{P}_f)\delta(E_i - E_X)\delta^d(\boldsymbol{P}_i - \boldsymbol{P}_X) \end{aligned}$$

$$\times \mathcal{M}^*(f \to X)\mathcal{M}(i \to X) \tag{5.24}$$

となる．ここで，E_X と $\boldsymbol{P}_X$ は状態 X の全エネルギーと全運動量である．式 (5.22) と式 (5.24) を比べることで，**全エネルギー保存**と**全運動量保存**を表すデルタ関数を除いた式

$$\begin{aligned} &-i\,[\mathcal{M}(i \to f) - \mathcal{M}^*(f \to i)] \\ &= \sum_X \delta(E_i - E_X)\delta^d(\boldsymbol{P}_i - \boldsymbol{P}_X)\mathcal{M}^*(f \to X)\mathcal{M}(i \to X) \end{aligned} \tag{5.25}$$

を得る．これは，全エネルギーと全運動量を固定した部分位相空間における遷移振幅に対する関係式であり，デルタ関数 $\delta(E_i - E_X)\delta^d(\boldsymbol{P}_i - \boldsymbol{P}_X)$ は，全エネルギーと全運動量が同じ値を取るすべての状態についてすべての X の和を取ることを意味している．始状態と終状態を同じ状態に取ることで，全エネルギーと全運動量を固定した部分位相空間に対する光学定理

$$2\mathrm{Im}\,\mathcal{M}(i \to i) = \sum_X \delta(E_i - E_X)\delta^d(\boldsymbol{P}_i - \boldsymbol{P}_X)|\mathcal{M}(i \to X)|^2 \tag{5.26}$$

が得られる．

では，始状態，終状態をそれぞれ n 粒子状態，m 粒子状態として，粒子状態の散乱振幅がどのように制限されるかを見ていこう．場の理論の計算では，まず規格化された真空状態 $|0\rangle$ は

$$\langle 0|0\rangle = 1, \tag{5.27a}$$

$$a_j(\boldsymbol{k})|0\rangle = 0 \tag{5.27b}$$

で定義される．ここで，a_j は任意の消滅演算子である．(j の添え字は粒子の種類を表す．) 粒子状態は，この状態に生成演算子を作用させて構成する．ファインマン図を用いた計算において，粒子状態は不変規格化[*2]された生成演算子

$$A_j(\boldsymbol{k}) = \sqrt{2k_0}a_j(\boldsymbol{k}) \tag{5.28}$$

を真空に作用することで作られる．このとき，1 粒子状態 $|j;\boldsymbol{k}\rangle = A_j(\boldsymbol{k})|0\rangle$ のノルムは

$$\langle j;\boldsymbol{k}|k;\boldsymbol{p}\rangle = 2k_0\delta_{jk}\delta^d(\boldsymbol{k}-\boldsymbol{p}) \tag{5.29}$$

となる．ローレンツ対称性を持つ理論では $2k_0\delta^d(\boldsymbol{k}-\boldsymbol{p})$ はローレンツ不変な組み合わせであるので，$|j;\boldsymbol{k}\rangle$ を**不変規格化**された 1 粒子状態と呼ぶのである．以下，粒子の種類 j は議論の本質ではないので，省略することにする．不変規

*2) 不変規格化はローレンツのもとで不変な規格化である．今，ローレンツ不変性を持たない理論も含めて考えているが，ファインマン図の計算などはこの規格化で行ったほうがわかりやすい．そのため，ローレンツ不変性を持たない理論においても，この "不変規格化" された状態を考えることにする．

格化された粒子状態に対して，恒等演算子は

$$1=\sum_{n=0}^{\infty}\int\prod_{j=1}^{n}\frac{d^dp_j}{2E_j}|\boldsymbol{p}_1,\cdots,\boldsymbol{p}_n\rangle\langle\boldsymbol{p}_1,\cdots,\boldsymbol{p}_n| \tag{5.30}$$

で表される．

散乱振幅を計算する際，系の全エネルギーと全運動量は保存するため，散乱による遷移は全エネルギーと全運動量が同じ部分空間内で起こる．すなわち，状態を各粒子の運動量でラベルした (5.30) より，全エネルギーと全運動量をラベルに用いたほうが，見通しが良い．このとき，全エネルギー E と全運動量 $\boldsymbol{P}$ を持つ状態は，状態は E と $\boldsymbol{P}$ を持つ任意の状態の重ね合わせで表される．全エネルギー E と全運動量 $\boldsymbol{P}$ 以外のラベルを l としておくと，全エネルギー E と全運動量 $\boldsymbol{P}$ を持つ n 粒子状態は

$$|E,\boldsymbol{P},l\rangle=\int d\Pi_n h_l(\boldsymbol{p}_1,\cdots,\boldsymbol{p}_n)|\boldsymbol{p}_1,\cdots,\boldsymbol{p}_n\rangle \tag{5.31}$$

で表される．ここで，$d\Pi_n$ は全エネルギー E と全運動量 $\boldsymbol{P}$ を持つ状態に限る積分の測度であり，

$$d\Pi_n:=\prod_{j=1}^{n}\frac{d^dp_j}{2E_j}\delta\left(E_1+\cdots+E_n-E\right)\delta^d\left(\boldsymbol{p}_1+\cdots+\boldsymbol{p}_n-\boldsymbol{P}\right) \tag{5.32}$$

である．また，$h_l(\boldsymbol{p}_j)$ は $\boldsymbol{p}_j$ の任意の関数である*3)．$h_l(\boldsymbol{p}_j)$ は規格化因子であり，$|E,\boldsymbol{P},l\rangle$ が規格化された状態になるように取ると便利である．

1 粒子状態は on-shell 状態を満たすように粒子のエネルギーと運動量を指定することで得られる．したがって，エネルギーと d 個の運動量で表される空間 $\mathbb{R}^{d+1}$ 上で，on-shell 状態を表す双曲面上の一点を指定することで，状態を指定することができる．任意の n 粒子状態からなる状態空間はこの 1 粒子状態が作る空間の n 個の積空間であり，$\mathbb{R}^{n(d+1)}$ 上で，各粒子の on-shell 状態を指定することで得られる．ここで，系の全エネルギー E と全運動量 $\boldsymbol{P}$ を固定すると，それは状態を $\mathbb{R}^{n(d+1)}$ 上の有界な閉領域に限定することになる．そのため，全エネルギー E と全運動量 $\boldsymbol{P}$ を固定した n 粒子状態からなる状態からなる空間は，コンパクトな空間になる．コンパクト空間上の基底は無限個の離散的なラベルで表すことができる．したがって，$|E,\boldsymbol{P},l\rangle$ に現れるラベル l は，

*3) 状態 $|E,\boldsymbol{P},l\rangle$ は全エネルギー E と全運動量 $\boldsymbol{P}$ を持つ状態に限っているため，$h(\boldsymbol{p}_j)$ の引数が全エネルギー E と全運動量 $\boldsymbol{P}$ を満たさない場合は $h(\boldsymbol{p}_j)$ を 0 にしたほうが良いかもしれない．しかしながら，$d\Pi_n$ にデルタ関数 $\delta\left(E_1+\cdot+E_n-E\right)$ と $\delta^d\left(\boldsymbol{p}_1+\cdots+\boldsymbol{p}_n-\boldsymbol{P}\right)$ が入っているため，$d\Pi_n h_l(\partial_j)$ のコンビネーションでは全エネルギー E と全運動量 $\boldsymbol{P}$ を満たさない場合を含まないようにできている．ただし，$\boldsymbol{p}_j$ が全エネルギー E と全運動量 $\boldsymbol{P}$ を持つところで，$h(\boldsymbol{p}_j)$ と別の $\tilde{h}(\boldsymbol{p}_j)$ が等しくなったときは，$h(\boldsymbol{p}_j)$ から作った状態と $\tilde{h}(\boldsymbol{p}_j)$ から作った状態は同じ状態を表していることに注意しよう．

離散的に取ることができる*4)．例えば，空間 3 次元の理論において，重心系（つまり全運動量 $\boldsymbol{P}$ が 0）で 2 粒子の状態を考えたとき，l は片方の粒子の伝搬方向の重ね合わせを球面調和関数 Y_{lm} で表したときの (l, m) に対応している．これは部分波展開と呼ばれるものである．

今，$|E, \boldsymbol{P}, l\rangle$ は規格化された状態であり，連続変数で表されるレベル E, $\boldsymbol{P}$ と離散的なラベル l で表されている．つまり，ラベル l を上手に取ることで，内積が

$$\langle E', \boldsymbol{P}', l' | E, \boldsymbol{P}, l\rangle = \delta(E' - E)\delta^d(\boldsymbol{P}' - \boldsymbol{P})\delta_{l'l} \tag{5.33}$$

となるように，状態ラベルを取ることができる．連続ラベルについてはデルタ関数で，離散的なラベルについてはクロネッカーのデルタで表されることに注意しよう．n 粒子状態の状態空間の基底 $|X\rangle$ を，この E, $\boldsymbol{P}$, l でラベルされた状態で張ることにする．このとき，X に関する和は，正確には連続変数 E や $\boldsymbol{P}$ によるラベルに対しては，積分で表されることに注意しよう．一方で，離散的なラベル l については，通常の和になる．したがって，

$$\sum_X := \int dE \int d^d P \sum_l \tag{5.34}$$

と定義されているとすればよい．このことに注意をしながら，式 (5.21) を全エネルギー E や全運動量 $\boldsymbol{P}$ を固定した空間の式に書き直してみよう．

初期状態 $|E_i, \boldsymbol{P}_i, l_i\rangle$ から終状態 $|E_f, \boldsymbol{P}_f, l_f\rangle$ への散乱振幅 $\mathcal{M}$ を式 (5.21) のように

$$\langle E_f, \boldsymbol{P}_f, l_f | T | E_i, \boldsymbol{P}_i, l_i\rangle = \delta(E_i - E_f)\delta^d(\boldsymbol{P}_i - \boldsymbol{P}_f)\mathcal{M}(E_i, \boldsymbol{P}_i; l_i \to l_f) \tag{5.35}$$

と導入する．そして，この散乱振幅 $\mathcal{M}(E_i, \boldsymbol{P}_i; l_i \to l_f)$ に対して式 (5.21) 以下に続く表式を求めていこう．計算は同じであるので，結果だけを書くと，式 (5.25) に対応する式

$$\begin{aligned}
&- i\left[\mathcal{M}(E_i, \boldsymbol{P}_i; l_i \to l_f) - \mathcal{M}^*(E_f, \boldsymbol{P}_f; l_f \to l_i)\right] \\
&= \sum_X \delta(E_i - E_X)\delta^d(\boldsymbol{P}_i - \boldsymbol{P}_X) \\
&\quad \times \mathcal{M}^*(E_f, \boldsymbol{P}_f; l_f \to l_X)\mathcal{M}(E_i, \boldsymbol{P}_i; l_i \to l_X)
\end{aligned} \tag{5.36}$$

と，式 (5.26) に対応する光学定理

$$2\mathrm{Im}\,\mathcal{M}(E_i, \boldsymbol{P}_i; l_i \to l_i)$$

*4) 連続的で有界なラベルを張ることもできる．この場合，状態の内積にデルタ関数が現れるため，測度の取り方が厄介である．しかし，これは数学的に複雑になるだけであり，連続的なラベルを取っても正しい解析を行うことはできる．

$$
\begin{aligned}
&= \sum_X \delta(E_i - E_X)\delta^d(\boldsymbol{P}_i - \boldsymbol{P}_X)|\mathcal{M}(E_i, \boldsymbol{P}_i; l_i \to l_X)|^2 \\
&= \int dE_X \int d^d P_X \sum_{l_X} \delta(E_i - E_X)\delta^d(\boldsymbol{P}_i - \boldsymbol{P}_X)|\mathcal{M}(E_i, \boldsymbol{P}_i; l_i \to l_X)|^2 \\
&= \sum_{l_X} |\mathcal{M}(E_i, \boldsymbol{P}_i; l_i \to l_X)|^2 \qquad (5.37)
\end{aligned}
$$

を得る．式 (5.13) に似た式であるが，全エネルギー E や全運動量 $\boldsymbol{P}$ を固定した空間上の不等式であることに注意しよう．式 (5.13) 以下の議論を繰り返すことで，最終的に式 (5.18) に対応する不等式

$$
|\mathcal{M}(E_i, \boldsymbol{P}_i; l_i \to l_f)| \le \text{const.} \qquad (5.38)
$$

を得る．（const. は 2 であるが，以下の議論では定数であることが重要であり具体的な定数の値は重要でないため，ここでは const. と書くことにする．）これは，粒子散乱の振幅が定数でおさえられていることを表している．しかし，この小節の冒頭で述べたように，通常ファインマン図で計算する散乱振幅との関連を考えるときは，少し気を付ける必要がある．その注意点を次節で見ていこう．

5.3 重心系の 2 粒子散乱のユニタリティーバウンド

前節で得た散乱振幅に対するユニタリティーバウンドの表式 (5.38) を基に，重心系（$\boldsymbol{P}=0$）の 2 粒子散乱に関して，ファインマン図による計算から得られる振幅に対するユニタリティーバウンドの表式を導こう．ここでは，ローレンツ対称性を持たない理論，時間と空間の間に対称性を持たない理論にも応用が効くように，ローレンツ対称性を仮定せずに計算を行う．ローレンツ対称性を持つ理論への応用は，得られた表式に対して対称性を持つようにパラメータを変えればよい．各粒子の on-shell 状態のエネルギーと運動量の関係として，各粒子のエネルギー E_j と運動量の大きさ p_j が

$$
E_j \approx p_j^z \qquad (5.39)
$$

とリフシッツスケーリングで振る舞う場合を考える．ローレンツ対称な理論を考えたいのであれば，$z=1$ とすればよい．このようなエネルギーと運動量の関係は，例えば，スカラー場 ϕ の作用関数が以下のような運動項

$$
S_K = \int dt d^d x \left[(\partial_t \phi)^2 - \phi(-\Delta)^z \phi \right] \qquad (5.40)
$$

を持つ場合に実現される．ここで，Δ は空間のラプラス演算子である．このとき，運動方程式の運動項は

$$
\left(\partial_t^2 + (-\Delta)^z \right) \phi = 0 \qquad (5.41)
$$

であり，この方程式の解

$$\phi = \exp\left(i(-Et \pm \boldsymbol{p}\cdot\boldsymbol{x})\right) \tag{5.42}$$

のエネルギー E と運動量の大きさ p が式 (5.39) を満たすことはすぐに確認できる．

ここからは，散乱振幅の大まかなエネルギー依存性を確認していこう．2 つの粒子の運動量 $\boldsymbol{p}_1$ と $\boldsymbol{p}_2$ でラベルされる状態基底 $|\boldsymbol{p}_a, \boldsymbol{p}_2\rangle$ の線形結合で 2 粒子状態を表す．重心系（$\boldsymbol{P}=0$）を考えると，$\boldsymbol{p}_1 = -\boldsymbol{p}_2$ となる．このとき，状態基底 $|\boldsymbol{p}_1, \boldsymbol{p}_2\rangle$ は d 個の変数 $\boldsymbol{p}_1$ を指定することで決まる．全エネルギーが E である一般の重心系（$\boldsymbol{P}=0$）2 粒子状態は $|\boldsymbol{p}_1, \boldsymbol{p}_2\rangle$ の線形結合

$$|E, \boldsymbol{P}=0, i\rangle = \int d\Pi_2 h_i(\boldsymbol{p}_1, \boldsymbol{p}_2)|\boldsymbol{p}_1, \boldsymbol{p}_2\rangle \tag{5.43}$$

で表される．今，各粒子は分散関係 (5.39) をみなしていることを考慮すると，$d\Pi_2$ は，

$$d\Pi_2 = \frac{d^d p_1\, d^d p_2}{4p_1^z p_2^z}\delta(E_1+E_2-E)\delta^d(\boldsymbol{p}_1+\boldsymbol{p}_2) \tag{5.44}$$

となる．$|E, \boldsymbol{P}=0, i\rangle$ が規格化されていることから，h_2 の運動量の冪依存性がわかる．つまり

$$\begin{aligned}
&\delta(E'-E)\delta^d(\boldsymbol{P}')\delta_{ij}\\
&= \langle E', \boldsymbol{P}', i|E, \boldsymbol{P}=0, j\rangle\\
&= \int \frac{d^d p_1\, d^d p_2}{4p_1^z p_2^z}\frac{d^d p_3\, d^d p_4}{4p_3^z p_4^z}\delta(E_1+E_2-E')\delta(E_3+E_4-E)\\
&\quad \times \delta^d(\boldsymbol{p}_1+\boldsymbol{p}_2-\boldsymbol{P}')\delta^d(\boldsymbol{p}_3+\boldsymbol{p}_4)h_j^*(\boldsymbol{p}_1,\boldsymbol{p}_2)h_i(\boldsymbol{p}_3,\boldsymbol{p}_4)\\
&\quad \times \langle \boldsymbol{p}_1, \boldsymbol{p}_2|\boldsymbol{p}_3, \boldsymbol{p}_4\rangle\\
&= \int \frac{d^d p_1\, d^d p_2}{4p_1^z p_2^z}\frac{d^d p_3\, d^d p_4}{4p_3^z p_4^z}\delta(E_1+E_2-E')\delta(E_3+E_4-E)\\
&\quad \times \delta^d(\boldsymbol{p}_1+\boldsymbol{p}_2-\boldsymbol{P}')\delta^d(\boldsymbol{p}_3+\boldsymbol{p}_4)\\
&\quad \times (2p_1^z)\,(2p_2^z)\,h_j^*(\boldsymbol{p}_1,\boldsymbol{p}_2)h_i(\boldsymbol{p}_3,\boldsymbol{p}_4)\\
&\quad \times \left[\delta^d(\boldsymbol{p}_1-\boldsymbol{p}_3)\delta^d(\boldsymbol{p}_2-\boldsymbol{p}_4)+\delta^d(\boldsymbol{p}_1-\boldsymbol{p}_4)\delta^d(\boldsymbol{p}_2-\boldsymbol{p}_3)\right]\\
&= \int \frac{d^d p_1\, d^d p_2\, d^d p_3\, d^d p_4}{4p_1^{2z}}\delta(E_1+E_2-E)\delta(E'-E)\\
&\quad \times \delta^d(\boldsymbol{p}_1+\boldsymbol{p}_2-\boldsymbol{P})\delta^d(\boldsymbol{P})h_j^*(\boldsymbol{p}_1,\boldsymbol{p}_2)h_i(\boldsymbol{p}_3,\boldsymbol{p}_4)\\
&\quad \times \left[\delta^d(\boldsymbol{p}_1-\boldsymbol{p}_3)\delta^d(\boldsymbol{p}_2-\boldsymbol{p}_4)+\delta^d(\boldsymbol{p}_1-\boldsymbol{p}_4)\delta^d(\boldsymbol{p}_2-\boldsymbol{p}_3)\right]\\
&= \delta(E'-E)\delta^d(\boldsymbol{P})\int \frac{d^d p_1}{2p_1^{2z}}\\
&\quad \times h_j^*(\boldsymbol{p}_1,-\boldsymbol{p}_1)h_i(\boldsymbol{p}_1,-\boldsymbol{p}_1)\delta(2E_1-E)\\
&\simeq \delta(E'-E)\delta^d(\boldsymbol{P})
\end{aligned}$$

$$
\times \int \frac{dp_1}{2p_1^{2z-(d-1)}} d\Omega_{d-1} h_j^*(\boldsymbol{p}_1, -\boldsymbol{p}_1) h_i(\boldsymbol{p}_1, -\boldsymbol{p}_1) \delta(2p_1^z - E)
$$

$$
\sim \delta(E' - E)\delta^d(\boldsymbol{P})
$$

$$
\times \int \frac{dp_1}{2p_1^{2z-(d-1)}} h_j^*(\boldsymbol{p}_1, -\boldsymbol{p}_1) h_i(\boldsymbol{p}_1, -\boldsymbol{p}_1) \delta(2p_1^z - E) \tag{5.45}
$$

となる．ここで，$\delta(2p_1^z - E)$ はオーダー p_1^{-z} で振る舞うので，上式から $h_i(\boldsymbol{p}_1, -\boldsymbol{p}_1)$ のオーダーは

$$
h_i(\boldsymbol{p}_1, -\boldsymbol{p}_1) \sim \left[\int \frac{dp_1}{2p_1^{2z-(d-1)}} \delta(2p_1^z - E) \right]^{-\frac{1}{2}} \sim p_1^{(3z-d)/2} \tag{5.46}
$$

と振る舞うことがわかる．4 次元時空でローレンツ対称性がある理論，つまり $d = 3$, $z = 1$ のとき，冪がちょうど 0 になっていることに注意しよう．

粒子状態 $|\boldsymbol{p}_1, \boldsymbol{p}_2\rangle$ で表される散乱振幅 $\mathcal{M}(\boldsymbol{p}_1, \boldsymbol{p}_2 \to \boldsymbol{p}_3, \boldsymbol{p}_4)$ を，

$$
\langle \boldsymbol{p}_3, \boldsymbol{p}_4 | T | \boldsymbol{p}_1, \boldsymbol{p}_2 \rangle
$$

$$
= \delta(E_1 + E_2 - E_3 - E_4)\delta^d(\boldsymbol{p}_1 + \boldsymbol{p}_2 - \boldsymbol{p}_3 - \boldsymbol{p}_4)
$$

$$
\times \mathcal{M}(\boldsymbol{p}_1, \boldsymbol{p}_2 \to \boldsymbol{p}_3, \boldsymbol{p}_4) \tag{5.47}
$$

と定義する．通常のファインマン則を用いて計算する散乱振幅は，この振幅である．この散乱振幅 $\mathcal{M}(\boldsymbol{p}_1, \boldsymbol{p}_2 \to \boldsymbol{p}_3, \boldsymbol{p}_4)$ と規格化された基底で書かれた散乱振幅 $\mathcal{M}(E, \boldsymbol{P}, l \to l')$ の関係を求めて，$\mathcal{M}(E, \boldsymbol{P}, l \to l')$ に対するユニタリティーバウンドから，$\mathcal{M}(\boldsymbol{p}_1, \boldsymbol{p}_2 \to \boldsymbol{p}_3, \boldsymbol{p}_4)$ に対するユニタリティーバウンドを求めてみよう．状態 $|E, \boldsymbol{P}, l\rangle$ の定義 (5.31) からこれらの関係は

$$
\mathcal{M}(E, \boldsymbol{P}, l_i \to l_f)
$$

$$
= \int d\Pi_{2,i} d\Pi_{2,f} h_i(\boldsymbol{p}_{1,i}, \boldsymbol{p}_{2,i}) h_f^*(\boldsymbol{p}_{1,f}, \boldsymbol{p}_{2,f})
$$

$$
\times \mathcal{M}(\boldsymbol{p}_{1,i}, \boldsymbol{p}_{2,i} \to \boldsymbol{p}_{1,f}, \boldsymbol{p}_{2,f}) \tag{5.48}
$$

となることがわかる．$d\Pi_2$ の $p_1(=: p)$ 依存性は (5.44) から

$$
d\Pi_2 \sim \frac{p^d p^d}{p^z p^z} p^{-z} p^{-d} \sim p^{d-3z} \tag{5.49}
$$

である．さらに，

$$
\mathcal{M}(\boldsymbol{p}_{1,i}, \boldsymbol{p}_{2,i} \to \boldsymbol{p}_{1,f}, \boldsymbol{p}_{2,f}) \sim p^a \tag{5.50}
$$

と振る舞うと仮定すると，式 (5.48) から，

$$
\mathcal{M}(E, \boldsymbol{P}; l_i \to l_f)
$$

$$
\sim p^{d-3z} p^{d-3z} p^{(3z-d)/2} p^{(3z-d)/2} \mathcal{M}(\boldsymbol{p}_{1,i}, \boldsymbol{p}_{2,i} \to \boldsymbol{p}_{1,f}, \boldsymbol{p}_{2,f})
$$

$$
\sim p^{d-3z+a} \tag{5.51}
$$

と振る舞うことがわかる．$\mathcal{M}(E,\boldsymbol{P},l\to l')$ に対するユニタリティーバウンド (5.38) から，

$$p^{d-3z+a} \leq \text{const.} \tag{5.52}$$

が導かれる．分散関係 (5.39) や $\mathcal{M}(\boldsymbol{p}_{1,i},\boldsymbol{p}_{2,i}\to\boldsymbol{p}_{1,f},\boldsymbol{p}_{2,f})$ の振舞い (5.50) が高エネルギー極限 $p\to\infty$ でも正しいとすると，不等式 (5.52) が満たされるためには

$$a \leq 3z-d \tag{5.53}$$

が満たされていなければならない．

ローレンツ対称性のある 4 次元時空（$z=1$, $d=3$）において，式 (5.53) の右辺が偶然 0 になっていることを注意しておく．ローレンツ対称性のある 4 次元時空の場合は，不変規格化された 2 粒子状態

$$|\boldsymbol{p}_1,\boldsymbol{p}_2\rangle = A^\dagger(\boldsymbol{p}_1)A^\dagger(\boldsymbol{p}_2)|0\rangle \tag{5.54}$$

で書かれた散乱振幅 $\mathcal{M}(\boldsymbol{p}_{1,i},\boldsymbol{p}_{2,i}\to\boldsymbol{p}_{1,f},\boldsymbol{p}_{2,f})$ は，高エネルギー極限で定数でおさえられていないといけないことがわかる．一般に，ユニタリティーバウンドは散乱振幅が定数でおさえられていることを指すが，ローレンツ対称性のある 4 次元時空の場合では，規格直交基底で書かれた散乱振幅 $\mathcal{M}(E,\boldsymbol{P};l\to l')$ だけでなく不変規格化された 2 粒子状態の散乱振幅 $\mathcal{M}(\boldsymbol{p}_{1,i},\boldsymbol{p}_{2,i}\to\boldsymbol{p}_{1,f},\boldsymbol{p}_{2,f})$ も定数でおさえられていることがわかる．ただし，ユニタリティーバウンドが散乱振幅 $\mathcal{M}(\boldsymbol{p}_{1,i},\boldsymbol{p}_{2,i}\to\boldsymbol{p}_{1,f},\boldsymbol{p}_{2,f})$ を定数でおさえているのは，偶然であることを強調しておく．次元やリフシッツスケーリング z が他の値を取るときは，注意が必要である．このとき，規格直交基底で書かれた散乱振幅 $\mathcal{M}(E,\boldsymbol{P};l\to l')$ は定数でおさえられているが，ファインマン図を用いて計算される散乱振幅 $\mathcal{M}(\boldsymbol{p}_{1,i},\boldsymbol{p}_{2,i}\to\boldsymbol{p}_{1,f},\boldsymbol{p}_{2,f})$ は，定数ではなく粒子の運動量 p のある冪でおさえられるのである．この事実はよく混乱を招くので，覚えておくとよい．

5.4 ツリーユニタリティー

ユニタリ性は量子論に必要な性質であると考えられている．高エネルギーにおけるユニタリティーバウンドを調べることで，高エネルギーの（非）整合性を議論することができる．特に，理論が繰り込み可能であると，高エネルギー極限まで摂動論が正しい近似を与えると期待できる．そのような理論では，ツリーレベル近似で散乱振幅 $\mathcal{M}(\boldsymbol{p}_{1,i},\boldsymbol{p}_{2,i}\to\boldsymbol{p}_{1,f},\boldsymbol{p}_{2,f})$ のユニタリティーバウンドが満たされているはずである．ツリー近似によるユニタリティーバウンドを**ツリーユニタリティー**と呼ぶ．高エネルギーで摂動論が正しく振る舞うか，

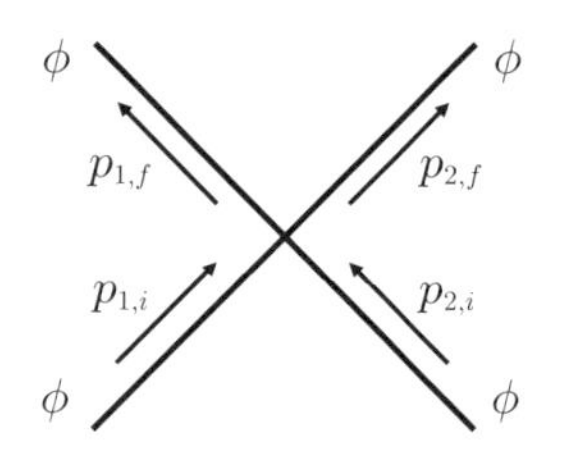

図 5.2　スカラー場 ϕ の 2 粒子散乱のツリーファインマン図.

考えている理論は繰り込み可能であるのか，といった事柄を，ツリーユニタリティーを用いて間接的に調べることができる．また，厳密な証明はないが，ツリーユニタリティーと繰り込み可能性が同じ条件を与えるという予想がされている．

この章では，2 粒子散乱の具体例を用いてツリーユニタリティーを調べ，繰り込み可能性との対応を見てみよう．多粒子散乱に関するツリーユニタリティーは，例えば [18] を参考にするとよい．

スカラー場理論の 4 点相互作用は，時空 4 次元までは繰り込み可能であるが，5 次元以上では繰り込み不可能になる．この対応はツリーユニタリティーでも見ることができる．スカラー場理論のツリーユニタリティーを解析して，この対応を確かめてみよう．

スカラー場の理論として，

$$S = \int d^{d+1}x \left(\mathcal{L}_2 + \mathcal{L}_{\text{int}}\right), \tag{5.55}$$
$$\left(\mathcal{L}_2 := -\frac{1}{2}\eta^{\mu\nu}\left(\partial_\mu\phi\right)\left(\partial_\nu\phi\right) - \frac{m^2}{2}\phi^2,\ \mathcal{L}_{\text{int}} := -\frac{\lambda}{4!}\phi^4\right)$$

を考えよう．前節に合わせて，時空は $d+1$ 次元とした．$\mathcal{L}_2$ は線形理論の，$\mathcal{L}_{\text{int}}$ は相互作用のラグランジアンである．

このとき，ツリー近似による 2 粒子の散乱振幅 $\mathcal{M}(\boldsymbol{p}_{1,i}, \boldsymbol{p}_{2,i} \to \boldsymbol{p}_{1,f}, \boldsymbol{p}_{2,f})$ は，ファインマン図を用いた計算で行われる．ファインマン図は単純な図 5.2 であり，

$$\mathcal{M}(\boldsymbol{p}_{1,i}, \boldsymbol{p}_{2,i} \to \boldsymbol{p}_{1,f}, \boldsymbol{p}_{2,f}) = -\frac{\lambda}{2} \quad (\text{定数}) \tag{5.56}$$

となる．式 (5.50) と不等式 (5.53) から散乱振幅 $\mathcal{M}(\boldsymbol{p}_{1,i}, \boldsymbol{p}_{2,i} \to \boldsymbol{p}_{1,f}, \boldsymbol{p}_{2,f})$ は，ある定数 α を用いて高エネルギーで

$$|\mathcal{M}(\boldsymbol{p}_{1,i}, \boldsymbol{p}_{2,i} \to \boldsymbol{p}_{1,f}, \boldsymbol{p}_{2,f})| \leq \alpha p^a \quad (a \leq 3-d) \tag{5.57}$$

とおさられていなければならない．ここで今，ローレンツ対称性を持つ理論を考えているので，$z=1$ とした．このとき，$d \leq 3$（4 次元以下）では右辺は非減少関数であるため，$\mathcal{M}(\boldsymbol{p}_{1,i}, \boldsymbol{p}_{2,i} \to \boldsymbol{p}_{1,f}, \boldsymbol{p}_{2,f})$ が定数であることと矛盾はない．一方，$d \geq 4$（5 次元以上）では右辺は 0 に漸近する減少関数であるため，

$\mathcal{M}(\boldsymbol{p}_{1,i}, \boldsymbol{p}_{2,i} \to \boldsymbol{p}_{1,f}, \boldsymbol{p}_{2,f})$ は λ が 0 でない限り，(5.56) の条件をあるエネルギースケールで破る．この性質は，$d \leq 3$（4 次元以下）では理論が繰り込み可能であり，$d \geq 4$（5 次元以上）では理論が繰り込み不可能であることと対応している．

5.5 リフシッツ場のツリーユニタリティー

高エネルギーのユニタリティーバウンドをツリー近似で解析するツリーユニタリティーについて，前節で説明した．前節では全運動量が 0 となる重心系を考えて，高エネルギー極限を取った．では一般に，全運動量はどのような値を取るのが良いのだろうか？ 理論がローレンツ対称性を持つ場合，全運動量がどのような値を取ろうとも，ローレンツブーストにより重心系に移ることができる．そのため，全運動量をどのような値に取ろうが，重心系で行われる解析以上の情報は得られない．物理としては，重心系に移ろうが移るまいが同じである（物理は座標系の取り方に依存しない）ので，得られるユニタリティーバウンドの条件は全く同じものになる．

一方で，理論がローレンツ対称性を持たない場合は事情が変わる[16]．こういった理論ではローレンツブーストをする自由度がなく，重心系に移って議論することができない．全運動量が 0 でない場合の物理と重心系の物理は本質的に異なるものになる．そのため，ユニタリティーバウンドの高エネルギー極限は，全運動量が異なる場合の解析が異なる制限を与える．特に，理論の高エネルギー極限の振舞いに対して，扱う散乱振幅の全運動量の値ごとに，理論に対する様々な制限が得られる．

前節までに，繰り込み可能性に必要な条件とユニタリティーバウンドが対応していることを，ローレンツ対称性が存在する理論で確認した．また前章において，ローレンツ対称性を持たない理論では繰り込み可能性の条件が変更されることを見た．この節ではユニタリティーバウンドに対しても，繰り込み可能性と同様に，理論の整合性には新たな条件が必要であることを示す．そして，ローレンツ対称性を持たない理論でも繰り込み可能性の条件とユニタリティーバウンドに対応があることを確認しよう．つまり，重心系以外の状態に対して高エネルギー極限を取ることで，理論に対し新たな制限が，繰り込み可能性の条件と同等な形で得られることを見る．特に，ツリーユニタリティーを用いた解析結果と，繰り込み可能性の条件との対応を確かめてみよう．

5.5.1 非重心系のユニタリティーバウンド

5.3 節では，重心系でのユニタリティーバウンドを導出した．そこでは全運動量は厳密に 0 としている．全運動量を固定したまま全エネルギーを無限大にとばす極限では，全エネルギーに比べて全運動量が無視できるため，高エネルギー極限のユニタリティーバウンドから得られる理論に対する制限は，5.3 節と同様である．しかし，全エネルギーだけでなく全運動量も無限大になる極限を考えると，異なる結果が得られる．本小節では，これを解析する．

状態の典型的な高エネルギー極限の一つに，2 粒子が同程度の運動量を持つ状態を考えて，2 つの粒子の運動量の比を保ちながら極限を取る状況（以下，このような状態を $|\alpha\rangle$ で表す）がある．重心系は 2 粒子が同じ大きさの逆向きの運動量を持つ状態を考えているので，この状態は $|\alpha\rangle$ の一種である．別の典型的な状態は，片方の粒子がほぼ停止しており，もう一方の粒子のみが大きな運動量を持つ場合（以下，このような状態を $|\beta\rangle$ で表す）がある．この 2 つの状態間に対して，4 種類の散乱振幅 $\mathcal{M}(\alpha \to \alpha)$, $\mathcal{M}(\alpha \to \beta)$, $\mathcal{M}(\beta \to \alpha)$, $\mathcal{M}(\beta \to \beta)$ を考えることができる[*5]．$\mathcal{M}(\alpha \to \beta) = \mathcal{M}^*(\beta \to \alpha)$ であるため，$\mathcal{M}(\alpha \to \beta)$ を解析すれば，$\mathcal{M}(\beta \to \alpha)$ は解析する必要はない．そこで，$\mathcal{M}(\alpha \to \alpha)$, $\mathcal{M}(\alpha \to \beta)$, $\mathcal{M}(\beta \to \beta)$ の 3 つの場合を考え，ユニタリティーバウンドの高エネルギー極限を調べてみよう．

5.5.2　2 粒子状態の定義

議論をシンプルにするため，スカラー場の理論を考えよう．ローレンツ対称性を破った理論を考えたいので，**リフシッツスカラー場**を考える．自由場のラグランジアンは

$$\mathcal{L}_2 = \frac{1}{2}\phi\{\partial_t^2 - f(-\Delta)\}\phi \quad (\Delta := \partial^i \partial_i) \tag{5.58}$$

となる．ここで $f(-\Delta)$ は Δ の任意関数である．関数 $f(-\Delta)$ の最高次が z であることを考えよう．つまり，

$$f(-\Delta) := (-\Delta)^z + \cdots \tag{5.59}$$

となっている場合を考える[*6]．このとき，スカラー場のエネルギー E と運動量 p の分散関係は，高エネルギー極限 $p \to \infty$ で

$$E = \sqrt{f(p^2)} \sim p^z \tag{5.60}$$

となる．最後の近似 "$\sim$" では高エネルギー極限における近似 $p \gg 1$ を考えている．以下，高エネルギー領域にのみ注目して，$E \sim p^z$ として解析を行う．

では，2 つの典型的な状態 $|\alpha\rangle$ と $|\beta\rangle$ を定義していこう．1 つ目の状態 $|\alpha\rangle$ はそれぞれの粒子が十分大きな運動量を持ち，高エネルギー極限でともに発散する状態とする．全エネルギー E と全運動量 $\boldsymbol{P}$ を固定した状態の重ね合わせ

*5)　2 つ目と 3 つ目の α から β への遷移は，ローレンツ対称性を持つ理論ではエネルギー運動量の保存則から禁止されている．リフシッツスケールする場を考えているから起こる反応であることに注意しよう．

*6)　時間 t と空間 x，加えて場 ϕ をスケール変換することで，$f(-\Delta)$ の最初の項 $(-\Delta)^z$ の係数を常に 1 にすることができる．

は式 (5.31) で表されており，上で示した状態になるように $h_l(\boldsymbol{p}_1,\boldsymbol{p}_2)$ を決めればよい．今，全運動量の絶対値は $P:=|\boldsymbol{P}|$ であるので

$$P=|\boldsymbol{p}_1+\boldsymbol{p}_2|\leq|\boldsymbol{p}_1|+|\boldsymbol{p}_2| \tag{5.61}$$

である．ここで，

$$\big||\boldsymbol{p}_1|-|\boldsymbol{p}_2|\big|\leq\frac{P}{2} \tag{5.62}$$

としよう．このとき

$$|\boldsymbol{p}_1|\geq\frac{P}{4},\quad |\boldsymbol{p}_2|\geq\frac{P}{4} \tag{5.63}$$

となることを示す．$|\boldsymbol{p}_1|\geq|\boldsymbol{p}_2|$ としても一般性を失わない．このとき不等式 (5.61) から式 (5.62) を引くと，

$$(|\boldsymbol{p}_1|\geq)\,|\boldsymbol{p}_2|\geq\frac{P}{4} \tag{5.64}$$

を得る．このことから，不等式 (5.62) を満たした状態は，$P\to\infty$ の極限で，$|\boldsymbol{p}_1|$ も $|\boldsymbol{p}_2|$ も同じオーダーで発散する．そこで，$|\alpha;E,\boldsymbol{P}\rangle$ を不等式 (5.62) を満たす，全エネルギー E，全運動量 $\boldsymbol{P}$ を持つ状態の重ね合わせで定義する．具体的には，

$$h_\alpha(\boldsymbol{p}_1,\boldsymbol{p}_2)=\frac{1}{\sqrt{N_\alpha}}\times\begin{cases}1 & \left(\big||\boldsymbol{p}_1|-|\boldsymbol{p}_2|\big|\leq\dfrac{P}{2}\right),\\ 0 & \left(\big||\boldsymbol{p}_1|-|\boldsymbol{p}_2|\big|>\dfrac{P}{2}\right)\end{cases} \tag{5.65}$$

として，$|\alpha;E,\boldsymbol{P}\rangle$ を定義する．N_α は規格化定数である．これにより $|\alpha;E,\boldsymbol{P}\rangle$ は

$$\begin{aligned}|\alpha;E,\boldsymbol{P}\rangle=\frac{1}{\sqrt{N_\alpha}}\int_{I_\alpha}\frac{d^dp_1}{2E_1}\frac{d^dp_2}{2E_2}\delta(E_1+E_2-E)&\\ \times\delta^d(\boldsymbol{p}_1+\boldsymbol{p}_2-\boldsymbol{P})|\boldsymbol{p}_1,\boldsymbol{p}_2\rangle&\end{aligned} \tag{5.66}$$

となる．ここで，積分領域 I_α は，$\big||\boldsymbol{p}_1|-|\boldsymbol{p}_2|\big|\leq\frac{P}{2}$ を満たす領域

$$I_\alpha=\left\{(\boldsymbol{p}_1,\boldsymbol{p}_2)\in\mathbb{R}^d\times\mathbb{R}^d\,\middle|\,\big||\boldsymbol{p}_1|-|\boldsymbol{p}_2|\big|\leq\frac{P}{2}\right\} \tag{5.67}$$

である．$|\alpha;E,\boldsymbol{P}\rangle$ のノルムは

$$\begin{aligned}&\langle\alpha;E,\boldsymbol{P}|\alpha;E',\boldsymbol{P}'\rangle\\ &=\frac{1}{\sqrt{N_\alpha N_\alpha{}'}}\int_{I_\alpha}\frac{d^dp_1}{2E_1}\frac{d^dp_2}{2E_2}\delta(E_1+E_2-E)\delta^d(\boldsymbol{p}_1+\boldsymbol{p}_2-\boldsymbol{P})\\ &\quad\times\int_{I_\alpha{}'}\frac{d^dp_1{}'}{2E_1{}'}\frac{d^dp_2{}'}{2E_2{}'}\delta(E_1{}'+E_2{}'-E')\delta^d(\boldsymbol{p}_1{}'+\boldsymbol{p}_2{}'-\boldsymbol{P}')\\ &\quad\times\langle\boldsymbol{p}_1,\boldsymbol{p}_2|\tilde{\boldsymbol{p}_1},\tilde{\boldsymbol{p}_2}\rangle\end{aligned}$$

$$
\begin{aligned}
&= \frac{1}{\sqrt{N_\alpha N_\alpha{}'}} \int_{I_\alpha} \frac{d^d p_1}{2E_1} \frac{d^d p_2}{2E_2} \delta(E_1 + E_2 - E) \delta^d(\boldsymbol{p}_1 + \boldsymbol{p}_2 - \boldsymbol{P}) \\
&\quad \times \int_{I_\alpha{}'} \frac{d^d p_1{}'}{2E_1{}'} \frac{d^d p_2{}'}{2E_2{}'} \delta(E_1{}' + E_2{}' - E') \delta^d(\boldsymbol{p}_1{}' + \boldsymbol{p}_2{}' - \boldsymbol{P}') \\
&\quad \times 2E_1 2E_2 \left(\delta^d(\boldsymbol{p}_1 - \boldsymbol{p}_1{}') \delta^d(\boldsymbol{p}_2 - \boldsymbol{p}_2{}') + \delta^d(\boldsymbol{p}_1 - \boldsymbol{p}_2{}') \delta^d(\boldsymbol{p}_2 - \boldsymbol{p}_1{}') \right) \\
&= \delta(E - E') \delta^d(\boldsymbol{P} - \boldsymbol{P}') \frac{2}{N_\alpha} \\
&\quad \times \int_{I_\alpha} \frac{d^d p_1}{2E_1} \frac{d^d p_2}{2E_2} \delta(E_1 + E_2 - E) \delta^d(\boldsymbol{p}_1 + \boldsymbol{p}_2 - \boldsymbol{P})
\end{aligned} \tag{5.68}
$$

となる．つまり，規格化定数 N_α は

$$
N_\alpha = \frac{1}{2} \int_{I_\alpha} \frac{d^d p_1}{2E_1} \frac{d^d p_2}{2E_2} \delta(E_1 + E_2 - E) \delta^d(\boldsymbol{p}_1 + \boldsymbol{p}_2 - \boldsymbol{P}) \tag{5.69}
$$

と取ればよい．

次に，もう一つの状態 $|\beta; E, \boldsymbol{P}\rangle$ を定義しよう．この状態の高エネルギー極限は，一つの粒子はほぼ静止していて，もう一つの粒子の運動量が無限大になるような極限である．そのため，考えている全運動量の大きさ P に対して十分小さな定数 ϵ を取り，片方の運動量 $\boldsymbol{p}_1$ の大きさが ϵ より小さい（$|\boldsymbol{p}_1| < \epsilon$）の状態の重ね合わせを考えればよい．それは，式 (5.31) における h_l を

$$
h_\beta = \frac{1}{\sqrt{N_\beta}} \times \begin{cases} 1 & (|\boldsymbol{p}_1| \leq \epsilon), \\ 0 & (|\boldsymbol{p}_1| > \epsilon) \end{cases} \tag{5.70}
$$

と取ることで実現される．このとき $|\beta; E, \boldsymbol{P}\rangle$ は

$$
\begin{aligned}
|\beta; E, \boldsymbol{P}\rangle = \frac{1}{\sqrt{N_\beta}} \int_{I_\beta} \frac{d^d p_1}{2E_1} \frac{d^d p_2}{2E_2} & \delta(E_1 + E_2 - E) \\
& \times \delta^d(\boldsymbol{p}_1 + \boldsymbol{p}_2 - \boldsymbol{P}) |\boldsymbol{p}_1, \boldsymbol{p}_2\rangle
\end{aligned} \tag{5.71}
$$

であり，積分領域 I_β は $|\boldsymbol{p}_1| \leq \epsilon$ を満たす領域

$$
I_\beta = \left\{ (\boldsymbol{p}_1, \boldsymbol{p}_2) \in \mathbb{R}^d \times \mathbb{R}^d \middle| \, |\boldsymbol{p}_1| \leq \epsilon \right\} \tag{5.72}
$$

である．規格化定数 N_β は，N_α を求めた計算と同様な計算により，

$$
N_\beta = \int_{I_\alpha} \frac{d^d p_1}{2E_1} \frac{d^d p_2}{2E_2} \delta(E_1 + E_2 - E) \delta^d(\boldsymbol{p}_1 + \boldsymbol{p}_2 - \boldsymbol{P}) \tag{5.73}
$$

となることが簡単に得られる．些細なことであるが，$\frac{1}{2}$ のファクターがなくなっていることに注意しよう．これは，途中の計算で現れるデルタ関数 $\delta^d(\boldsymbol{p}_1 - \boldsymbol{p}_2{}')$ が，I_β の範囲内では 0 になっているからである．

5.5.3 ユニタリティーバウンド

では，$\mathcal{M}(\alpha \to \alpha)$, $\mathcal{M}(\alpha \to \beta)$, $\mathcal{M}(\beta \to \beta)$ の 3 つの場合のユニタリティー

バウンドを解析しよう．まず，規格化定数 N_α, N_β からオーダー評価を行う．N_α は式 (5.69) で与えられている．2 粒子とも運動量が無限大になる極限を考えているので，両粒子ともエネルギーを $E \sim p^z$ と近似できる．積分の P 依存性を見るために，積分を無次元量 $\boldsymbol{u}_i := \boldsymbol{p}_i/|\boldsymbol{p}_i|$ で書き表すと

$$N_\alpha = \frac{1}{2}P^{d-3z}\int_{I'_\alpha}\frac{d^du_1d^du_2}{4u_1^zu_2^z}\delta\left(u_1^z + u_2^z - \frac{E}{P^z}\right)\delta^d\left(\boldsymbol{u}_1 + \boldsymbol{u}_2 - \frac{\boldsymbol{P}}{P}\right) \tag{5.74}$$

となる．積分領域 $I_\alpha{}'$ は，I_α を $1/P$ でスケールした

$$I_\alpha{}' = \left\{(\boldsymbol{u}_1, \boldsymbol{u}_2) \in \mathbb{R}^d \times \mathbb{R}^d \,\middle|\, \big||\boldsymbol{u}_1| - |\boldsymbol{u}_2|\big| \leq \frac{1}{2}\right\} \tag{5.75}$$

となる．積分値は P の値に依存しないので，

$$N_\alpha \sim \text{const.} \times P^{d-3z} \tag{5.76}$$

を得る．

N_β の評価は少し複雑である．まず，$|\boldsymbol{p}_2| \gg |\boldsymbol{p}_1|$ より，ほとんどの運動量，エネルギーは 2 つ目の粒子が担っている．つまり

$$P \sim \boldsymbol{p}_2, \quad E \sim |\boldsymbol{p}_2|^z \tag{5.77}$$

である．したがって，全運動量と全エネルギーは

$$E \sim P^z - C\eta P^{z-1} + \mathcal{O}\left(P^{z-2}\right) \tag{5.78}$$

となっている．ここで C は任意の無次元定数，η は運動量の次元を持つある定数である*7)．無次元定数 c と運動量の次元を持つ定数 η を用いて，I_β の領域を定める定数 ϵ を $\epsilon = c\eta$ と表しておく．つまり，

$$I_\beta = \left\{(\boldsymbol{p}_1, \boldsymbol{p}_2) \in \mathbb{R}^d \times \mathbb{R}^d \,\middle|\, |\boldsymbol{p}_1| \leq c\eta\right\} \tag{5.79}$$

である．また，1 つ目の粒子の運動量も運動量の次元を持つ定数 η を用いて

$$\boldsymbol{p}_1 = -\eta\boldsymbol{v} \tag{5.80}$$

と表しておこう．領域 I_β の積分において，まず $\boldsymbol{p}_2$ の積分を行っておくと

$$\boldsymbol{p}_2 = \boldsymbol{P} - \eta\boldsymbol{v} \tag{5.81}$$

となる．このとき，エネルギーに関するデルタ関数の中身は

*7) $|\beta, E, \boldsymbol{P}\rangle$ が始状態，もしくは終状態に含まれる場合，全エネルギーと運動量が式 (5.78) を満たす状態を考えないといけない．$|\alpha, E, \boldsymbol{P}\rangle$ から $|\beta, E, \boldsymbol{P}\rangle$ への遷移振幅を考えることがあるが，$|\alpha, E, \boldsymbol{P}\rangle$ は式 (5.78) を満たすような状態を取ることができるため，このような遷移を考えても問題なく，その振幅は 0 にはならない．ただし，ローレンツ対称性を持つ $z = 1$ の理論では，式 (5.78) を満たす状態 $|\alpha, E, \boldsymbol{P}\rangle$ を取ることができないことに注意しておく．

$$
\begin{aligned}
E_1 + E_2 - E &= E_1 + |\boldsymbol{P} - \eta \boldsymbol{v}|^z - \left(P^z - C\eta P^{z-1} + \mathcal{O}\left(P^{z-2}\right)\right) \\
&\sim \eta P^{z-1}\left[C - z\hat{\boldsymbol{P}}\cdot\boldsymbol{v} + \mathcal{O}(\delta)\right]
\end{aligned} \tag{5.82}
$$

と書ける．ここで，δ は無次元の微小量

$$
\delta = \frac{\eta}{P} \tag{5.83}
$$

である．これらを式 (5.73) に代入すると，

$$
N_\beta \sim \int_{|\boldsymbol{v}|<c} \frac{d^d v}{4E_1 P^z}\delta\left(\eta P^{z-1}\left[C - z\hat{\boldsymbol{P}}\cdot\boldsymbol{v}\right]\right) \sim \text{const.} \times P^{1-2z} \tag{5.84}
$$

を得る．

5.5.3.1 $\mathcal{M}(\alpha \to \alpha)$ のユニタリティーバウンド

始状態も終状態も $|\alpha; E, \boldsymbol{P}\rangle$ で表される状態を考える．このとき，始状態と終状態それぞれの 2 粒子の運動量は $|\boldsymbol{p}_{1,i}|, |\boldsymbol{p}_{2,i}|, |\boldsymbol{p}_{1,f}|, |\boldsymbol{p}_{2,f}| \propto P$ である．つまり，4 点関数の運動量がすべて大きい場合を考える．すべての運動量が十分に大きいときの遷移振幅が

$$
\mathcal{M}(\boldsymbol{p}_{1,i}, \boldsymbol{p}_{2,i} \to \boldsymbol{p}_{1,f}, \boldsymbol{p}_{2,f}) \sim \text{const.} \times P^a \tag{5.85}
$$

を満たすとする．式 (5.48) を評価してみよう．積分は I_α で行われ，積分の測度 $d\Pi_{2,\alpha}$ は

$$
d\Pi_{2,\alpha} \sim \frac{P^d P^d}{P^z P^z} P^{-z} P^{-d} \sim P^{d-3z} \tag{5.86}
$$

と評価できる．h_2 が $N_\alpha^{-1/2}$ 含んでいることに気を付けて遷移振幅 $\mathcal{M}(\alpha \to \alpha)$ を評価すると

$$
\begin{aligned}
\mathcal{M}(\alpha \to \alpha) &\sim \left(d\Pi_{2,\alpha}\right)^2 \left(N_\alpha^{-1/2}\right)^2 \mathcal{M}(\boldsymbol{p}_{1,i}, \boldsymbol{p}_{2,i} \to \boldsymbol{p}_{1,f}, \boldsymbol{p}_{2,f}) \\
&\sim \left(P^{d-3z}\right)^2 \left(P^{d-3z}\right)^{-1} P^a \\
&\sim P^{d-3z+a}
\end{aligned} \tag{5.87}
$$

となる．定数のファクターは重要でないので省略した．ユニタリティーバウンドは，高エネルギー極限 $P \to \infty$ でこの遷移振幅が定数でおさえられていないといけないことを言っている．つまり，全運動量 P の冪は 0 より小さくなくてはいけなく，このことから 2 粒子散乱の高エネルギー極限の遷移振幅について，

$$
\mathcal{M}(\boldsymbol{p}_{1,i}, \boldsymbol{p}_{2,i} \to \boldsymbol{p}_{1,f}, \boldsymbol{p}_{2,f}) \sim \text{const.} \times P^a \quad (a \le 3z - d) \tag{5.88}
$$

を得る．

5.5.3.2 $\boldsymbol{\mathcal{M}}(\beta \to \beta)$ のユニタリティーバウンド

次に，始状態も終状態も $|\beta; E, \boldsymbol{P}\rangle$ で表される状態を考えよう．始状態と終状態，それぞれについて片方の粒子の運動量は小さく，もう一つの粒子が全運動量をほとんどの担っている．つまり，$|\boldsymbol{p}_{1,i}|, |\boldsymbol{p}_{1,f}| \propto P^0$, $|\boldsymbol{p}_{2,i}|, |\boldsymbol{p}_{2,f}| \propto P$ である．これは，4 点関数の 2 つの運動量が大きく，残り 2 つの運動量が小さい場合に対応する．積分領域 I_β で行われる測度 $d\Pi_{2,\beta}$ の評価は，N_β の評価と同様に行うことができ，

$$d\Pi_{2,\alpha} \sim N_\beta \sim P^{1-2z} \tag{5.89}$$

となる．$\mathcal{M}(\alpha \to \alpha)$ の場合と同様に，2 粒子散乱の遷移振幅を式 (5.85) とおくと $\mathcal{M}(\beta \to \beta)$ は

$$\begin{aligned}\mathcal{M}(\beta \to \beta) &\sim (d\Pi_{2,\beta})^2 \left(N_\beta^{-1/2}\right)^2 \mathcal{M}(\boldsymbol{p}_{1,i}, \boldsymbol{p}_{2,i} \to \boldsymbol{p}_{1,f}, \boldsymbol{p}_{2,f}) \\ &\sim \left(P^{1-2z}\right)^2 \left(P^{1-2z}\right)^{-1} P^a \\ &\sim P^{1-2z+a}\end{aligned} \tag{5.90}$$

と評価できる．ユニタリティーバウンドを満たすとき，高エネルギー極限でこの値が定数でおさえられないといけないことから，

$$\mathcal{M}(\boldsymbol{p}_{1,i}, \boldsymbol{p}_{2,i} \to \boldsymbol{p}_{1,f}, \boldsymbol{p}_{2,f}) \sim \text{const.} \times P^a \quad (a \leq 2z - 1) \tag{5.91}$$

を得る．

5.5.3.3 $\boldsymbol{\mathcal{M}}(\boldsymbol{\alpha} \to \beta)$ のユニタリティーバウンド

それでは，状態 $|\alpha; E, \boldsymbol{P}\rangle$ から状態 $|\beta; E, \boldsymbol{P}\rangle$ への遷移振幅を考えてみよう．このとき，始状態の運動量は両方とも無限大に発散する．そして，終状態は片方の粒子の運動量が無限大なり，もう一方の粒子の運動量は有限になる．つまり，$|\boldsymbol{p}_{1,i}|, |\boldsymbol{p}_{2,i}|, |\boldsymbol{p}_{2,f}| \propto P$, $|\boldsymbol{p}_{1,f}| \propto P^0$ である．これは，4 点関数の 3 つの運動量が無限大に発散し，一つの運動量が有限である極限に対応する．$d\Pi_{2,\alpha}$, $d\Pi_{2,\beta}$ の評価はすでに式 (5.86) と式 (5.89) で与えられている．これを用いて $\mathcal{M}(\alpha \to \beta)$ の評価を行うことができる．2 粒子散乱の遷移振幅を式 (5.85) とおくと，

$$\begin{aligned}\mathcal{M}(\alpha \to \beta) &\sim (d\Pi_{2,\alpha})\,(d\Pi_{2,\beta}) \left(N_\alpha^{-1/2}\right) \left(N_\beta^{-1/2}\right) \\ &\qquad \times \mathcal{M}(\boldsymbol{p}_{1,i}, \boldsymbol{p}_{2,i} \to \boldsymbol{p}_{1,f}, \boldsymbol{p}_{2,f}) \\ &\sim \left(P^{d-3z}\right) \left(P^{1-2z}\right) \left(P^{d-3z}\right)^{-\frac{1}{2}} \left(P^{1-2z}\right)^{-\frac{1}{2}} P^a \\ &\sim P^{\frac{d+1-2z}{2}+a}\end{aligned} \tag{5.92}$$

と評価できる．高エネルギー極限でユニタリティーバウンドが成立するために

は，この値が定数でおさえられている必要があるため，

$$\mathcal{M}(\boldsymbol{p}_{1,i},\boldsymbol{p}_{2,i}\to\boldsymbol{p}_{1,f},\boldsymbol{p}_{2,f})\sim\text{const.}\times P^a \quad \left(a\le\frac{5z-d-1}{2}\right) \tag{5.93}$$

でなければならない．

5.5.4 リフシッツスカラー場理論の相互作用項に対する制限

この節では，リフシッツスカラーの 4 点頂点関数に対する制限を，ツリー近似を用いた遷移振幅の計算とユニタリティーバウンドとを比べることにより求めてみよう．ここでは議論を簡単にするため，4 点頂点関数の場合の解析に限ることにする．3 点頂点関数の解析は，[16] を参照されたい．

4 点相互作用として，

$$S_{\text{int}}=\int dtd^dx\,(\partial_x^{a_1}\phi)\,(\partial_x^{a_2}\phi)\,(\partial_x^{a_3}\phi)\,(\partial_x^{a_4}\phi) \tag{5.94}$$

を考える．ここで，∂_x は空間の添え字を持つ偏微分を表し，$\partial_x^{a_1}$ は a_1 個の空間の偏微分が ϕ に作用していることを示しているとする．また，空間の添え字を明記していないが，S_{int} 内で空間の添え字はすべて縮約されており，作用が空間回転の対称性を持っているとしよう．それぞれの空間微分の a_i は

$$a_1\le a_2\le a_3\le a_4 \tag{5.95}$$

が成り立っているとしても一般性を失わないため，この条件が成り立っているとする．

では 4 点遷移振幅をツリー近似で求めてみる．4 点頂点関数 (5.94) から，ツリー近似での 4 点関数は

$$\mathcal{M}(\boldsymbol{p}_{1,i},\boldsymbol{p}_{2,i}\to\boldsymbol{p}_{1,f},\boldsymbol{p}_{2,f})\sim\sum|\boldsymbol{p}_{1,i}|^{b_1}|\boldsymbol{p}_{2,i}|^{b_2}|\boldsymbol{p}_{1,f}|^{b_3}|\boldsymbol{p}_{2,f}|^{b_4} \tag{5.96}$$

となる．ここで和 $\sum$ は 4 つの b_i，つまり，$\{b_1,b_2,b_3,b_4\}$ を 4 つの a_i，$\{a_1,a_2,a_3,a_4\}$ に対応させるすべての対応に関しての和を取ることとする．

$\mathcal{M}(\alpha\to\alpha)$ を考えると，$|\boldsymbol{p}_{1,i}|,|\boldsymbol{p}_{2,i}|,|\boldsymbol{p}_{1,f}|,|\boldsymbol{p}_{2,f}|\propto P$ であるから

$$\mathcal{M}(\boldsymbol{p}_{1,i},\boldsymbol{p}_{2,i}\to\boldsymbol{p}_{1,f},\boldsymbol{p}_{2,f})\sim P^{a_1+a_2+a_3+a_4} \tag{5.97}$$

である．この値は式 (5.88) により制限されており，

$$a_1+a_2+a_3+a_4\le 3z-d \tag{5.98}$$

を得る．

$\mathcal{M}(\beta\to\beta)$ の場合は $|\boldsymbol{p}_{1,i}|,|\boldsymbol{p}_{1,f}|\propto P^0$，$|\boldsymbol{p}_{2,i}|,|\boldsymbol{p}_{2,f}|\propto P$ である．a_i は式 (5.95) の関係があるため，a_3 と a_4 が大きい運動量に対応する場合が最も効いてくる．つまり，$\boldsymbol{p}_{2,i},\boldsymbol{p}_{2,f}$ が a_3 と a_4 の冪を持っている場合が最も効いてきて，結果，

$$\mathcal{M}(\boldsymbol{p}_{1,i},\boldsymbol{p}_{2,i}\to\boldsymbol{p}_{1,f},\boldsymbol{p}_{2,f})\sim P^{a_3+a_4} \tag{5.99}$$

となる．式 (5.91) と比較することで，

$$a_3+a_4\le 2z-1 \tag{5.100}$$

を得る．

$\mathcal{M}(\alpha\to\beta)$ の場合は $|\boldsymbol{p}_{1,i}|,|\boldsymbol{p}_{2,i}|,|\boldsymbol{p}_{2,f}|\propto P$，$|\boldsymbol{p}_{1,f}|\propto P^0$ である．$\boldsymbol{p}_{1,i},\boldsymbol{p}_{2,i},\boldsymbol{p}_{2,f}$ が a_2, a_3 と a_4 に対応する場合が最も効き，

$$\mathcal{M}(\boldsymbol{p}_{1,i},\boldsymbol{p}_{2,i}\to\boldsymbol{p}_{1,f},\boldsymbol{p}_{2,f})\sim P^{a_2+a_3+a_4} \tag{5.101}$$

を得る．式 (5.93) から

$$a_2+a_3+a_4\le\frac{5z-d-1}{2} \tag{5.102}$$

が成り立っていなければならない．

以上の解析から，ユニタリティーバウンドが成立するためには，a_i は 3 つの条件 (5.98), (5.100), (5.102) を満たしていなければならない．この条件は，前章で見た繰り込み可能性の条件 (4.70), (4.72), (4.75) と完全に一致している．

5.6 負ノルムを持つ理論の“ユニタリティーバウンド”

前節までで，繰り込み可能性とユニタリティーバウンドに対応がありそうであることを，具体的な場の理論を解析することで確かめた．ユニタリティーバウンドは理論のユニタリ性から導き出される必要条件である．ユニタリ性は，ノルムの正定値性と S 行列ユニタリ性 $SS^\dagger=1$ からなることを，5.1 節で説明した．では，繰り込み可能性との関係はどちらの条件と対応するのかという疑問が生じる．この節で示す解析により，繰り込み可能性と関係するのは S 行列ユニタリ性 $SS^\dagger=1$ であることが期待される．この節では，繰り込み可能性と S 行列ユニタリ性 $SS^\dagger=1$ との関係性を調べていこう[20]．

具体的な解析に入る前に，**負ノルム**を持つ理論を考える意義を軽く説明しておく．例えば，ゲージ対称性を持つ理論において次元勘定定理はそのままでは成り立たない．ゲージ対称性を持つ理論の繰り込み可能性は，BRST 量子化によりゲージ固定項とファデエフ–ポポフゴースト項を導入した負ノルムを持つ理論に移り，次元勘定定理を用いて証明される．そのため，負ノルムを含む理論の解析は，ゲージ理論の解析に直結する．また，負ノルムになる粒子の質量が大きいとき，それらは一定時間で崩壊するため，漸近状態に現れないことが議論されている．そのような理論では，負ノルム粒子はある時刻で自由場近似を行ったために現れる近似的な状態であり，整合性を保ったまま理論を構築で

きる可能性が指摘されている[19]．このような理論を扱う際に，ノルムの正定値性にとらわれない解析を与えておくことは有用である．

5.6.1 光学定理と“ユニタリティーバウンド”

では，5.2 節の導出に立ち戻り，負ノルムがある場合ユニタリティーバウンドの条件がどのように書けるかを考えてみよう．S 行列ユニタリ性

$$SS^\dagger = 1 \tag{5.103}$$

から始め，式を変形していく．S 行列を

$$S = 1 + iT \tag{5.104}$$

と分解すると式 (5.103) は

$$-i\left(T - T^\dagger\right) = TT^\dagger \tag{5.105}$$

と書ける．ここまではノルムの正負は関係ない．この後，右辺の T と $T^\dagger$ の間に，恒等演算子を状態基底で表したものを挿入する．単位行列は，一般の基底 $|X\rangle$ を用いて，

$$1 = \sum_X \frac{1}{\langle X|X\rangle}|X\rangle\langle X| \tag{5.106}$$

と表される．任意の状態 $|\psi\rangle$ は基底 $|X\rangle$ の線形和

$$|\psi\rangle = \sum_X c_X|X\rangle \tag{5.107}$$

で表されるはずである．（ここで，$c_{X'}$ は定数.）すると，確かに

$$\begin{aligned}
&\sum_X \frac{1}{\langle X|X\rangle}|X\rangle\langle X|\psi\rangle \\
&= \sum_X \frac{1}{\langle X|X\rangle}|X\rangle\langle X|\sum_{X'} c_{X'}|X'\rangle \\
&= \sum_X\sum_{X'} \frac{c_{X'}}{\langle X|X\rangle}|X\rangle\langle X|X'\rangle \\
&= \sum_X c_X|X\rangle \\
&= |\psi\rangle
\end{aligned} \tag{5.108}$$

となり，式 (5.106) の右辺が左辺の恒等演算子に等しいことがわかる．理論に正ノルム状態しか存在しない場合は，$|X\rangle$ を規格化し，つまり，$\langle X|X\rangle = 1$ となるように基底を選ぶことで，式 (5.23) を実現していた．しかし，理論が負ノルムを持つ場合，負ノルムの状態に対して $\langle X|X\rangle = 1$ となるような規格化を取ることはできない．規格化により $\langle X|X\rangle = 1 > 0$ という基底 $|X\rangle$ が取れるということは，$|X\rangle$ のノルムが正であることを言っているからである．規格化した

負ノルム状態 $|X\rangle$ に対して，そのノルムは $\langle X|X\rangle = -1$ となる．したがって，負ノルム状態を持つ理論では，規格化した基底 $|X\rangle$ を用いて，恒等演算子は

$$1 = \sum_X C_X |X\rangle\langle X| \quad \left(C_X := \begin{cases} 1 & (X\text{ が正ノルム}), \\ -1 & (X\text{ が負ノルム}) \end{cases} \right) \tag{5.109}$$

と表される．

では，式 (5.109) において C_X が -1 になる効果が，どのようにユニタリティーバウンドの導出に影響するかを見ていこう．散乱振幅 $\mathcal{M}$ を式 (5.21) と同じように

$$\langle f|T|i\rangle = \delta(E_i - E_f)\delta^d(\boldsymbol{P}_i - \boldsymbol{P}_f)\mathcal{M}(i \to f) \tag{5.110}$$

と定義する．式 (5.105) の左辺は式 (5.22) と同じように変形される．一方で，右辺については式 (5.109) を挟み，

$$\begin{aligned}
&\langle f|TT^\dagger|i\rangle \\
&= \sum_X C_X \langle f|T|X\rangle\langle X|T^\dagger|i\rangle \\
&= \sum_X C_X \delta(E_X - E_f)\delta^d(\boldsymbol{P}_X - \boldsymbol{P}_f)\mathcal{M}^*(f \to X) \\
&\quad \times \delta(E_i - E_X)\delta^d(\boldsymbol{P}_i - \boldsymbol{P}_X)\mathcal{M}(i \to X) \\
&= \sum_X \delta(E_i - E_f)\delta^d(\boldsymbol{P}_i - \boldsymbol{P}_f)\delta(E_i - E_X)\delta^d(\boldsymbol{P}_i - \boldsymbol{P}_X) \\
&\quad \times C_X \mathcal{M}^*(f \to X)\mathcal{M}(i \to X)
\end{aligned} \tag{5.111}$$

となり，C_X が入ってくる．式 (5.25) に対応する式は

$$\begin{aligned}
&-i\,[\mathcal{M}(i \to f) - \mathcal{M}^*(f \to i)] \\
&= \sum_X \delta(E_i - E_X)\delta^d(\boldsymbol{P}_i - \boldsymbol{P}_X) C_X \mathcal{M}^*(f \to X)\mathcal{M}(i \to X)
\end{aligned} \tag{5.112}$$

となり，右辺に C_X が入る．5.2.2 節の解析に従って，中間の基底状態 $|X\rangle$ を全エネルギー E，全運動量 $\boldsymbol{P}$ と離散的なラベル $|l_X\rangle$ で表した基底で選ぶと，式 (5.37) に対応する式

$$\begin{aligned}
&2\mathrm{Im}\,\mathcal{M}(E_i, \boldsymbol{P}_i; l_i \to l_i) \\
&= \sum_X \delta(E_i - E_X)\delta^d(\boldsymbol{P}_i - \boldsymbol{P}_X) C_X |\mathcal{M}(E_i, \boldsymbol{P}_i; l_i \to l_X)|^2 \\
&= \int dE_X \int d^d\boldsymbol{P}_X \sum_{l_X} \delta(E_i - E_X)\delta^d(\boldsymbol{P}_i - \boldsymbol{P}_X) \\
&\quad \times C_X |\mathcal{M}(E_i, \boldsymbol{P}_i; l_i \to l_X)|^2 \\
&= \sum_{l_X} C_X |\mathcal{M}(E_i, \boldsymbol{P}_i; l_i \to l_X)|^2
\end{aligned} \tag{5.113}$$

を得る．絶対値を取り，左辺を $|\mathcal{M}|$ でおさえると，

$$|\mathcal{M}(E_i, \boldsymbol{P}_i; l_i \to l_i)| \geq \left| \sum_{l_X} C_X |\mathcal{M}(E_i, \boldsymbol{P}_i; l_i \to l_X)|^2 \right| \tag{5.114}$$

という不等式が得られる．

式 (5.114) は式 (5.37) と本質的に異なる点がある．正ノルム状態しか存在しない場合に得られた式 (5.37) では，右辺の絶対値の中身の和はすべて正の値を取るものであった．そのため，和のうちの一つを選ぶと，それは必ずすべての和より小さくなる．一方で，負ノルム状態を含む場合の式 (5.114) では，右辺の絶対値の中身の和の中に負の値を取るものがある．そのため，和のうちの一つとすべての和を比べたとき，和の中の一つのほうが全体より大きくなる可能性を秘めている．したがって，正ノルム状態しか存在しない場合に行った解析法である，和のうちの一つを取り不等式を作る，という手順に進むことができない．ユニタリティーバウンド導出になぞった議論は，式 (5.114) までしか行えない．この先の議論には進めないが，式 (5.114) までは正しい解析である．つまり，式 (5.114) は，S 行列ユニタリ性 $SS^\dagger = 1$ のみから導出できる，S 行列ユニタリ性の必要条件である．したがって，負ノルムが存在する理論では，ユニタリティーバウンドの代わりに，この式 (5.114) でもってユニタリ性を評価すればよい．

5.6.2 負ノルムがある場合のツリーユニタリティー

正ノルムしか存在しない理論では，ユニタリ性からユニタリティーバウンドが得られた．ユニタリティーバウンドを摂動近似の最低次であるツリー近似で評価し，理論の整合性を確認する議論を前節までで行った．この解析をツリーユニタリティーと呼んだ．同様に，負ノルム状態が存在する場合においては S 行列ユニタリ性から式 (5.114) が得られるため，ツリー近似を用いた散乱振幅の計算から式 (5.114) を評価し，理論の整合性を調べることが考えられる．その解析を，S 行列ユニタリ性に対するツリーユニタリティーと呼ぼう．このツリーユニタリティーが繰り込み可能性とどのように関係するかを見るのは面白い．実際，以下に示す具体例の解析から，繰り込み可能性との関係性が見える．

5.6.2.1 スカラー場の場合

高階微分を持つスカラー場は，ゴースト場が現れることが知られている[22]．3.2 節で説明したように，ゴースト場が現れる理論では，負ノルム状態を取るように定義した真空が安定な真空である．また，高階微分の存在で理論が繰り込み可能になっている場合は，高階微分由来のゴースト場は負ノルムを取るように生成・消滅演算子が定義される．したがって，高階微分を持つスカラー場において，ゴースト場が負ノルムとなるように量子化した理論を考えてみよう．

考える高階微分スカラー場の自由場の作用関数は

$$S_\phi = \int d^4x \left[-\frac{1}{2}\phi \left(\Box - m_1^2\right) \left(\Box - m_2^2\right) \phi \right] \tag{5.115}$$

とする．また，ここでは 4 次元時空を考えることにしよう．

他の場との相互作用を導入するため，通常の（高階微分を持たない）スカラー場 σ を導入しよう．その自由場の作用は

$$S_\sigma = \int d^4x \left[\frac{1}{2}\sigma \left(\Box - m_\sigma^2\right) \sigma \right] \tag{5.116}$$

とする．これに加えて，相互作用を表す作用関数 $S_{\mathrm{int}}(\phi, \sigma)$ を導入する．$S_{\mathrm{int}}(\phi, \sigma)$ は時空座標に関する偏微分を含んでよく，その具体的な形は後ほど与えるとする．考える全作用関数は

$$S = S_\phi + S_\sigma + S_{\mathrm{int}} \tag{5.117}$$

である．

粒子状態を定義するため，自由場の部分に ϕ の高階微分を含む形を，

$$\chi = \Box\phi \tag{5.118}$$

を満たす場 χ を導入して 2 階微分までで書かれたものに書き換えよう．S_ϕ の部分を

$$\tilde{S}_\phi = \int d^4x \left[-\frac{1}{2}\left(\chi - m_1^2\phi\right)\left(\chi - m_2^2\phi\right) - \lambda\left(\chi - \Box\phi\right) \right] \tag{5.119}$$

と書き直し，

$$\tilde{S} = \tilde{S}_\phi + S_\sigma + S_{\mathrm{int}} \tag{5.120}$$

を考える．ここで λ はラグランジュの未定乗数である．$\tilde{S}$ の λ に関する変分は式 (5.118) を与え，これを代入することで作用関数 $\tilde{S}$ は作用関数 S に戻る．したがって，$\tilde{S}$ の理論は S の理論と同じになる．

$\tilde{S}$ は χ の微分を含まないため，χ についての変分は拘束条件を与える．その式は

$$\chi = \frac{1}{2}\left(m_1^2 + m_2^2\right)\phi - \lambda \tag{5.121}$$

を得る．これを $\tilde{S}$ に代入すると $\tilde{S}_\phi$ のところのみ変更を受け，$\tilde{S}_\phi$ は

$$\bar{S}_\phi = \int d^4x \left[\lambda\Box\phi + \frac{1}{2}\lambda^2 - \frac{1}{2}\left(m_1^2 + m_2^2\right)\lambda\phi + \frac{1}{8}\left(m_1^2 - m_2^2\right)^2\phi^2 \right] \tag{5.122}$$

となる．$\bar{S}_\phi$ を対角化するため，変数変換

$$\lambda = \frac{M}{2}\left(\psi_1 + \psi_2\right), \tag{5.123a}$$

$$\phi = \frac{\psi_1 - \psi_2}{M} \tag{5.123b}$$

を施す．ここで

$$M := \sqrt{m_2^2 - m_1^2} \tag{5.124}$$

である．この変数変換で，

$$\bar{S}_\phi = \int d^4x \left[\frac{1}{2}\psi_1 \left(\Box - m_1^2\right) \psi_1 - \frac{1}{2}\psi_2 \left(\Box - m_2^2\right) \psi_2 \right] \tag{5.125}$$

となる．$\tilde{S}$ の他の部分は，S_σ に関しては，σ は変換されていないので変更を受けず，一方，S_{int} に関しては，変数変換のうち ϕ に関する変換 (5.123b) のみが代入された形になる．つまり，考える作用は ψ_1, ψ_2, σ の 3 種類の場がある理論で，自由場の部分が $\bar{S}_\phi$ と S_σ と書かれている．相互作用の部分は，S_{int} に変換 (5.123b) を代入したものになる．

5.6.2.2　繰り込み可能な相互作用項

では，繰り込み可能な相互作用項から考えてみよう．4.2 節の解析から，繰り込み可能な 4 点相互作用として

$$S_{\mathrm{ren}} = \lambda \int d^4x \left[(\partial_\mu \phi)^2 \right]^2 \tag{5.126}$$

が考えられる．この相互作用項は式 (5.123b) を代入することで ψ_1, ψ_2 を用いて書くことができ，

$$S_{\mathrm{ren}} = \alpha \int d^4x \left[(\partial_\mu (\psi_1 - \psi_2))^2 \right]^2 \tag{5.127}$$

となる．ここで，α は $\alpha := \lambda / M^4$ という定数である．

まず，理論が正ノルムしか持たない条件から導出したユニタリティーバウンドが成立しているかいないかを確認するため，ψ_1 の 2 粒子散乱

$$\psi_1(\boldsymbol{p}_1) + \psi_1(\boldsymbol{p}_2) \to \psi_1(\boldsymbol{p}_3) + \psi_1(\boldsymbol{p}_4) \tag{5.128}$$

をツリーレベルで計算してみよう．今考えている理論はローレンツ対称性を持つため，重心系を考えてよい．このとき，

$$\boldsymbol{p}_2 = -\boldsymbol{p}_1, \quad \boldsymbol{p}_4 = -\boldsymbol{p}_3 \tag{5.129}$$

である．散乱振幅は，相互作用 (5.127) から

$$\begin{aligned} &\mathcal{M}\left(\psi_1(\boldsymbol{p}_1) + \psi_1(\boldsymbol{p}_2) \to \psi_1(\boldsymbol{p}_3) + \psi_1(\boldsymbol{p}_4)\right) \\ &= 8\alpha \left[(p_1 \cdot p_2)(p_3 \cdot p_4) + (p_1 \cdot p_3)(p_2 \cdot p_4) + (p_1 \cdot p_4)(p_2 \cdot p_3) \right] \end{aligned} \tag{5.130}$$

となる．

始状態と終状態の運動量を

$$\boldsymbol{p}_1 = -\boldsymbol{p}_2 = (|\boldsymbol{p}_1|, 0, 0), \tag{5.131a}$$

$$\boldsymbol{p}_3 = -\boldsymbol{p}_4 = (|\boldsymbol{p}_1|\cos\theta, |\boldsymbol{p}_1|\sin\theta, 0) \tag{5.131b}$$

として，散乱振幅を計算すると

$$\begin{aligned}
&\mathcal{M}\left(\psi_1(\boldsymbol{p}_1) + \psi_1(\boldsymbol{p}_2) \to \psi_1(\boldsymbol{p}_3) + \psi_1(\boldsymbol{p}_4)\right) \\
&= 8\alpha\left[(p_1 \cdot p_2)(p_3 \cdot p_4) + (p_1 \cdot p_3)(p_2 \cdot p_4) + (p_1 \cdot p_4)(p_2 \cdot p_3)\right] \\
&= 8\alpha\Big[\left(-\left(|\boldsymbol{p}_1|^2 + m_1^2\right) - |\boldsymbol{p}_1|^2\right)^2 \\
&\qquad + \left(-\left(|\boldsymbol{p}_1|^2 + m_1^2\right) + |\boldsymbol{p}_1|^2\cos\theta\right)^2 \\
&\qquad + \left(-\left(|\boldsymbol{p}_1|^2 + m_1^2\right) - |\boldsymbol{p}_1|^2\cos\theta\right)^2\Big] \\
&= 8\alpha\left[\left(6 + 2\cos^2\theta\right)|\boldsymbol{p}_1|^4 + 8m_1^2|\boldsymbol{p}_1|^2 + 3m_1^4\right]
\end{aligned} \tag{5.132}$$

となる．始状態と終状態が同じときは $\theta = 0$ であり，このときこの散乱振幅は高エネルギー極限 $|\boldsymbol{p}_1| \to \infty$ で $|\boldsymbol{p}_1|^4$ と発散する．今，時空 4 次元のローレンツ不変性を持つ理論を考えているので，正ノルムしか持たない条件から導出したユニタリティーバウンドは式 (5.57) で $d = 3$ としたものである．このとき，ユニタリティーバウンドを満たすためには，高エネルギー極限で $\mathcal{M}\left(\psi_1(\boldsymbol{p}_1) + \psi_1(\boldsymbol{p}_2) \to \psi_1(\boldsymbol{p}_3) + \psi_1(\boldsymbol{p}_4)\right)$ が定数でおさえられていないといけない．しかし，式 (5.132) は高エネルギー極限で $\mathcal{M}\left(\psi_1(\boldsymbol{p}_1) + \psi_1(\boldsymbol{p}_2) \to \psi_1(\boldsymbol{p}_3) + \psi_1(\boldsymbol{p}_4)\right)$ が $|\boldsymbol{p}_1| \to \infty$ で $|\boldsymbol{p}_1|^4$ で発散することを示しているため，この理論はユニタリティーバウンド (5.57) を満たさないことがわかる．

今考えている理論は負ノルム状態が存在しているため，負ノルムが存在しないことを仮定して導き出したユニタリティーバウンド (5.57) が破れていることは不思議ではない．負ノルム状態がある理論において成り立つべき条件は式 (5.114) である．したがって，この式が成り立っているかを調べてみよう．光学定理から導き出した式 (5.114) では，始状態と終状態は同じ状態である．ここでは，この始状態，終状態を，ϕ_1 の 2 粒子状態とし，重心系

$$\boldsymbol{p}_1 = -\boldsymbol{p}_2 = (|\boldsymbol{p}_1|, 0, 0), \tag{5.133}$$

の場合を考える．摂動最低次における中間状態は 2 粒子状態であり，ψ_1 の 2 粒子状態，ψ_2 の 2 粒子状態，ψ_1 と ψ_2 が 1 粒子ずつ存在する 2 粒子状態がある．ψ_1 の 2 粒子状態から ψ_1 の 2 粒子状態への散乱振幅は式 (5.132) で求めているため，ψ_2 の 2 粒子状態や ψ_1 と ψ_2 が 1 粒子ずつ存在する 2 粒子状態への散乱振幅を計算しよう．

では，ψ_2 の 2 粒子状態への散乱振幅を計算する．重心系で考えよう．散乱振幅は式 (5.130) と同じ

$$\mathcal{M}\left(\psi_1(\boldsymbol{p}_1) + \psi_1(\boldsymbol{p}_2) \to \psi_2(\boldsymbol{p}_3) + \psi_2(\boldsymbol{p}_4)\right)$$

$$= 8\alpha \left[(p_1 \cdot p_2)(p_3 \cdot p_4) + (p_1 \cdot p_3)(p_2 \cdot p_4) + (p_1 \cdot p_4)(p_2 \cdot p_3) \right] \quad (5.134)$$

となる．しかし，終状態の粒子の質量が異なるため，運動量 $\boldsymbol{p}_3 = -\boldsymbol{p}_4$ は異なる値を取る．エネルギー保存則より $\boldsymbol{p}_1$ と $\boldsymbol{p}_3$ は

$$\sqrt{|\boldsymbol{p}_1|^2 + m_1^2} + \sqrt{|\boldsymbol{p}_2|^2 + m_1^2} = \sqrt{|\boldsymbol{p}_3|^2 + m_2^2} + \sqrt{|\boldsymbol{p}_4|^2 + m_2^2} \quad (5.135)$$

で関係付き，これから

$$|\boldsymbol{p}_3| = \sqrt{|\boldsymbol{p}_1|^2 + m_1^2 - m_2^2} \quad (5.136)$$

を得る．さらに，

$$\boldsymbol{p}_3 = -\boldsymbol{p}_4 = (|\boldsymbol{p}_3| \cos\theta, |\boldsymbol{p}_3| \sin\theta, 0) \quad (5.137)$$

として，散乱振幅を計算すると，

$$\begin{aligned}
&\mathcal{M}\left(\psi_1(\boldsymbol{p}_1) + \psi_1(\boldsymbol{p}_2) \to \psi_2(\boldsymbol{p}_3) + \psi_2(\boldsymbol{p}_4)\right) \\
&= 8\alpha \left[(p_1 \cdot p_2)(p_3 \cdot p_4) + (p_1 \cdot p_3)(p_2 \cdot p_4) + (p_1 \cdot p_4)(p_2 \cdot p_3) \right] \\
&= 8\alpha \Bigg[\left(-\left(|\boldsymbol{p}_1|^2 + m_1^2\right) - |\boldsymbol{p}_1|^2 \right) \left(-\left(|\boldsymbol{p}_3|^2 + m_2^2\right) - |\boldsymbol{p}_3|^2 \right) \\
&\qquad + \left(-\sqrt{|\boldsymbol{p}_1|^2 + m_1^2}\sqrt{|\boldsymbol{p}_3|^2 + m_2^2} + |\boldsymbol{p}_1||\boldsymbol{p}_3| \cos\theta \right)^2 \\
&\qquad + \left(-\sqrt{|\boldsymbol{p}_1|^2 + m_1^2}\sqrt{|\boldsymbol{p}_3|^2 + m_2^2} - |\boldsymbol{p}_1||\boldsymbol{p}_3| \cos\theta \right)^2 \Bigg] \\
&= 8\alpha \Big[\left(6 + 2\cos^2\theta\right) |\boldsymbol{p}_1|^4 + \left(8m_1^2 - 2M^2 - 2M^2 \cos^2\theta\right) |\boldsymbol{p}_1|^2 \\
&\qquad + 3m_1^4 - m_1^2 M^2 \Big] \qquad (5.138)
\end{aligned}$$

となる．

次に，ψ_1 と ψ_2 が 1 粒子ずつ存在するの 2 粒子状態への散乱振幅を計算する．散乱振幅は

$$\begin{aligned}
&\mathcal{M}\left(\psi_1(\boldsymbol{p}_1) + \psi_1(\boldsymbol{p}_2) \to \psi_1(\boldsymbol{p}_3) + \psi_2(\boldsymbol{p}_4)\right) \\
&= -8\alpha \left[(p_1 \cdot p_2)(p_3 \cdot p_4) + (p_1 \cdot p_3)(p_2 \cdot p_4) + (p_1 \cdot p_4)(p_2 \cdot p_3) \right] \\
&\qquad (5.139)
\end{aligned}$$

となるが，$\boldsymbol{p}_3$ は，エネルギー保存則

$$\sqrt{|\boldsymbol{p}_1|^2 + m_1^2} + \sqrt{|\boldsymbol{p}_2|^2 + m_1^2} = \sqrt{|\boldsymbol{p}_3|^2 + m_1^2} + \sqrt{|\boldsymbol{p}_4|^2 + m_2^2} \quad (5.140)$$

から導かれる

$$|\boldsymbol{p}_3| = \sqrt{|\boldsymbol{p}_1|^2 - \frac{1}{2}M^2 + \frac{1}{16}\frac{M^4}{|\boldsymbol{p}_1|^2 + m_1^2}} \quad (5.141)$$

という関係を持つ．散乱角を θ として，運動量 $\boldsymbol{p}_3$ を

$$\boldsymbol{p}_3 = -\boldsymbol{p}_4 = (|\boldsymbol{p}_3|\cos\theta, |\boldsymbol{p}_3|\sin\theta, 0) \tag{5.142}$$

とおくと，散乱振幅は

$$\begin{aligned}
&\mathcal{M}\left(\psi_1(\boldsymbol{p}_1) + \psi_1(\boldsymbol{p}_2) \to \psi_1(\boldsymbol{p}_3) + \psi_2(\boldsymbol{p}_4)\right) \\
&= -8\alpha\left[(p_1\cdot p_2)(p_3\cdot p_4) + (p_1\cdot p_3)(p_2\cdot p_4) + (p_1\cdot p_4)(p_2\cdot p_3)\right] \\
&= -8\alpha\Bigg[\left(-\left(|\boldsymbol{p}_1|^2 + m_1^2\right) - |\boldsymbol{p}_1|^2\right) \\
&\qquad \times\left(-\sqrt{|\boldsymbol{p}_3|^2+m_1^2}\sqrt{|\boldsymbol{p}_3|^2+m_2^2} - |\boldsymbol{p}_3|^2\right) \\
&\qquad +\left(-\sqrt{|\boldsymbol{p}_1|^2+m_1^2}\sqrt{|\boldsymbol{p}_3|^2+m_1^2} + |\boldsymbol{p}_1||\boldsymbol{p}_3|\cos\theta\right) \\
&\qquad \times\left(-\sqrt{|\boldsymbol{p}_1|^2+m_1^2}\sqrt{|\boldsymbol{p}_3|^2+m_2^2} + |\boldsymbol{p}_1||\boldsymbol{p}_3|\cos\theta\right) \\
&\qquad +\left(-\sqrt{|\boldsymbol{p}_1|^2+m_1^2}\sqrt{|\boldsymbol{p}_3|^2+m_1^2} - |\boldsymbol{p}_1||\boldsymbol{p}_3|\cos\theta\right) \\
&\qquad \times\left(-\sqrt{|\boldsymbol{p}_1|^2+m_1^2}\sqrt{|\boldsymbol{p}_3|^2+m_2^2} - |\boldsymbol{p}_1||\boldsymbol{p}_3|\cos\theta\right)\Bigg] \\
&= -8\alpha\Big[\left(6+2\cos^2\theta\right)|\boldsymbol{p}_1|^4 + \left(8m_1^2 - M^2 - M^2\cos^2\theta\right)|\boldsymbol{p}_1|^2 \\
&\qquad + 3m_1^4 - \frac{1}{2}m_1^2M^2 - \frac{M^4}{8} + \frac{M^4|\boldsymbol{p}_1|^2}{8\left(|\boldsymbol{p}_1|^2+m_1^2\right)}\cos^2\theta\Big]
\end{aligned} \tag{5.143}$$

となる．

それでは，式 (5.114) をツリー近似で確かめてみよう．式 (5.114) の右辺は

$$\begin{aligned}
&\Bigg|\sum_{i,j=1,2}\int\frac{d^3p_3}{2E_3}\frac{d^3p_4}{2E_4}\delta^4(p_1+p_2-p_3-p_4)(-1)^{n_{ij}} \\
&\qquad \times\left|\mathcal{M}\left(\psi_1(\boldsymbol{p}_1)+\psi_1(\boldsymbol{p}_2)\to\psi_i(\boldsymbol{p}_3)+\psi_j(\boldsymbol{p}_4)\right)\right|^2\Bigg|
\end{aligned} \tag{5.144}$$

と，2 粒子状態の運動量で表した基底状態 $|\psi_i(\boldsymbol{p}_3), \psi_j(\boldsymbol{p}_4)\rangle$ で表しておくと評価しやすい．i, j は中間状態の粒子であり，それぞれ ψ_1 と ψ_2 を取り得るため両方の状態を考えて和を取る必要がある．そのノルムは

$$\begin{aligned}
&\langle\psi_i(\boldsymbol{p}_3), \psi_j(\boldsymbol{p}_4)|\psi_i(\boldsymbol{p}_3{}'), \psi_j(\boldsymbol{p}_4{}')\rangle = (2E_3)(2E_4)(-1)^{n_{ij}} \\
&\times\left[\delta^3\left(\boldsymbol{p}_3 - \boldsymbol{p}_3{}'\right)\delta^3\left(\boldsymbol{p}_4 - \boldsymbol{p}_4{}'\right) + \delta^3\left(\boldsymbol{p}_3 - \boldsymbol{p}_4{}'\right)\delta^3\left(\boldsymbol{p}_4 - \boldsymbol{p}_3{}'\right)\right]
\end{aligned} \tag{5.145}$$

となることから積分 (5.144) の測度がわかる．また，n_{ij} は ψ_i, ψ_j に含まれる ψ_2 の個数である．積分 (5.144) のエネルギー保存則に対応するデルタ関数の評価をしておこう．一般に，デルタ関数 $\delta\left(f(x)\right)$ は，$f(x)$ の零点を $x = x_i$ とすると，

$$\delta\left(f(x)\right) = \sum_{x_i} \frac{1}{|f'(x_i)|}\delta(x - x_i) \tag{5.146}$$

となる．今，エネルギー保存則を表すデルタ関数の中身は

$$f(|\boldsymbol{p}_3|) = E_1 + E_2 - \sqrt{|\boldsymbol{p}_3|^2 + m_3^2} - \sqrt{|\boldsymbol{p}_3|^2 + m_4^2} \tag{5.147}$$

である．ここで，m_3 と m_4 はそれぞれ $\psi_i(\boldsymbol{p}_3)$ と $\psi_j(\boldsymbol{p}_4)$ の質量である．このとき

$$f'(|\boldsymbol{p}_3|) = -|\boldsymbol{p}_3| \frac{\sqrt{|\boldsymbol{p}_3|^2 + m_3^2} + \sqrt{|\boldsymbol{p}_3|^2 + m_4^2}}{\sqrt{|\boldsymbol{p}_3|^2 + m_3^2}\sqrt{|\boldsymbol{p}_3|^2 + m_4^2}} \tag{5.148}$$

より，

$$\delta(E_1 + E_2 - E_3 - E_4) = \frac{E_3 E_4}{|\boldsymbol{p}_3|(E_1 + E_2)}\delta(|\boldsymbol{p}_3| - |\tilde{\boldsymbol{p}}_3|) \tag{5.149}$$

と書ける．ここで，$|\tilde{\boldsymbol{p}}_3|$ は $E_1 + E_2 - E_3 - E_4 = 0$ を満たす $|\boldsymbol{p}_3|$ を表す．これを積分 (5.144) に代入すると，式 (5.114) の右辺は，

$$\begin{aligned} \propto \Bigg| \sum_{i,j=1,2} (-1)^{n_{ij}} \frac{|\boldsymbol{p}_3|}{E_1 + E_2} \int_0^{\pi} d\theta \, \sin\theta \\ \times \left|\mathcal{M}\left(\psi_1(\boldsymbol{p}_1) + \psi_1(\boldsymbol{p}_2) \to \psi_i(\boldsymbol{p}_3) + \psi_j(\boldsymbol{p}_4)\right)\right|^2 \Bigg| \end{aligned} \tag{5.150}$$

となる．ここで，定数ファクターは無視した．

各中間状態に対する散乱振幅 $\mathcal{M}$ は，式 (5.132), (5.138), (5.143) で計算されているのでそれらを代入すれば積分 (5.150) を評価できる．中間状態が ψ_1 と ψ_2 を 1 つずつ取る場合は，$(\psi_i(\boldsymbol{p}_3), \psi_j(\boldsymbol{p}_4)) = (\psi_1, \psi_2)$ の場合と $(\psi_i(\boldsymbol{p}_3), \psi_j(\boldsymbol{p}_4)) = (\psi_2, \psi_1)$ の場合の 2 通りあることに気を付けると，積分 (5.150) は

$$\begin{aligned} & 64\alpha^2 \Bigg| \frac{|\boldsymbol{p}_3|}{E_1 + E_2} \int_0^{\pi} d\theta \, \sin\theta \\ & \quad \times \Bigg(\left[\left(6 + 2\cos^2\theta\right)|\boldsymbol{p}_1|^4 + 8m_1^2|\boldsymbol{p}_1|^2 + 3m_1^4\right]^2 \\ & \quad - 2\Big[\left(6 + 2\cos^2\theta\right)|\boldsymbol{p}_1|^4 + \left(8m_1^2 - M^2 - M^2\cos^2\theta\right)|\boldsymbol{p}_1|^2 \\ & \qquad + 3m_1^4 - \frac{1}{2}m_1^2 M^2 - \frac{M^4}{8} + \frac{M^4|\boldsymbol{p}_1|^2}{8\left(|\boldsymbol{p}_1|^2 + m_1^2\right)}\cos^2\theta\Big]^2 \\ & \quad + \Big[\left(6 + 2\cos^2\theta\right)|\boldsymbol{p}_1|^4 + \left(8m_1^2 - 2M^2 - 2M^2\cos^2\theta\right)|\boldsymbol{p}_1|^2 \\ & \qquad + 3m_1^4 - m_1^2 M^2\Big]^2 \Bigg) \\ = {} & 64\alpha^2 \frac{|\boldsymbol{p}_1|^5}{E_1 + E_2} \int_0^{\pi} d\theta \, \sin\theta \left(\left(5 + 6\cos^2\theta + \cos^4\theta\right) + \mathcal{O}\left(\frac{m_1^2}{|\boldsymbol{p}_1|^2}\right)\right) \end{aligned}$$

$$= 64\alpha^2 \frac{|\boldsymbol{p}_1|^5}{E_1 + E_2} \left(\frac{29}{2} + \mathcal{O}\left(\frac{m_1^2}{|\boldsymbol{p}_1|^2} \right) \right) \tag{5.151}$$

となる．エネルギーの和 $E_1 + E_2$ はオーダー $|\boldsymbol{p}_1|^1$ の値を取るので，式 (5.151) はオーダー $|\boldsymbol{p}_1|^4$ の値を取る．式 (5.132) より式 (5.114) の左辺はオーダー $|\boldsymbol{p}_1|^4$ の値であるため，式 (5.114) の両辺は $|\boldsymbol{p}_1|$ について同じオーダーで発散する．一方で，相互作用定数 α に関しては，式 (5.114) の左辺は α の一乗の量であるのに対し，左辺は二乗の量である．そのため，摂動近似がよい相互作用定数 α が十分小さい状況では，高エネルギー極限において式 (5.114) の不等式が保たれている．すなわち，S 行列ユニタリ性の必要条件が保たれている．この解析は，負ノルムがない理論におけるツリーユニタリティーの評価に対応するものである．したがって，負ノルムが存在する理論においては，式 (5.114) がツリーレベルで保たれるための条件が繰り込み可能性と対応していると期待できる．

5.6.2.3　繰り込み不可能な相互作用項

5.6.2.2 節で，繰り込み可能な相互作用項に関して，式 (5.114) がツリーレベルで成り立つことを見た．繰り込み可能性とツリーユニタリティーが対応を見るためには，繰り込み不可能な相互作用項においてツリーレベルで式 (5.114) が成立するかどうかが気になる．特に，前章で示したように，場の次元が非正のとき，相互作用定数の次元が 0 の場合でも繰り込み不可能になることがあり，そのような場合において対応が成り立っているかどうかを見てみよう．

5.6.2.2 節同様に自由場が式 (5.115) で表される，4 次元時空の高階微分スカラー場 ϕ を考える．ϕ の 4 点相互作用項で相互作用定数の次元が 0 になるのは，微分が 4 つ入っている場合である．繰り込み可能な相互作用 (5.126) に加え，

$$\int d^4x \phi \left(\partial_\mu \phi\right)^2 \Box\phi, \tag{5.152a}$$

$$\int d^4x \phi^2 \left(\Box\phi\right)^2 \tag{5.152b}$$

が考えられる．その他の組み合わせも考えられるが，そのいずれも部分積分により（全微分項を除いて）上の 2 つと式 (5.126) の 3 つの線形和に書き直せる．そのため，上の 2 つと式 (5.126) を考えれば，微分を 4 つ含むすべての相互作用を考えたことになる．

ツリー近似の 4 点関数はすべての ϕ が外線となり on-shell 条件を満たすため，相互作用項 (5.152a), (5.152b) のダランベール演算子 $\Box$ はすべて質量の 2 乗 m_1^2 もしくは m_2^2 に置き換わる．そのため，実質の相互作用定数の次数が上がり，ツリーレベル振幅から相互作用項の次数を読み取ることができない．この影響により，繰り込み不可能な相互作用項でもツリーレベルで式 (5.114) が

成立することがある．したがって，ダランベール演算子 □ が入る場合はツリーレベルの式 (5.114) の評価と繰り込み可能性の条件が完全に対応することはない．式 (5.114) の評価において繰り込み可能性との関係を見るためには，散乱振幅においてダランベール演算子 □ の効果が入るループのグラフを考える必要がある．

しかし一方で，繰り込み不可能な相互作用がダランベール演算子 □ を含まない場合は，ツリーレベルでも式 (5.114) が破れていると期待できる．実際，スカラー場の例や，2 階テンソルの解析では，相互作用がダランベール演算子 □ を含まない場合，繰り込み可能性とツリーレベルでの式 (5.114) 成立条件が対応していることが，具体例で示されている．ここでは，スカラー場の場合の例を解析してみよう*8)．

ダランベール演算子 □ を含まない相互作用項を作るため，高階微分スカラー場 ϕ に加え，自由場の作用が (5.116) で書かれる正準的なスカラー場 σ を導入する．このとき，相互作用

$$S_{\rm non} := \lambda' \int d^4x \phi^2 \left(\partial_\mu \sigma\right)^2 \tag{5.153}$$

は，相互作用定数 λ' が次元 0 になる繰り込み不可能な相互作用項である．また，ダランベール演算子 □ を持たない．この相互作用項はツリーレベルで式 (5.114) を満たさないことを見てみよう．

相互作用 (5.153) を ψ_1 と ψ_2 を用いて書き直すと，

$$S_{\rm non} := \alpha' \int d^4x \left(\psi_1 - \psi_2\right)^2 \left(\partial_\mu \sigma\right)^2, \tag{5.154a}$$

$$\alpha' := \frac{\lambda'}{M^2} \tag{5.154b}$$

となる．この相互作用項について，始状態と終状態を ψ_1 と σ の 2 粒子状態として，式 (5.114) を評価する．式 (5.114) の左辺は $\psi_1 + \sigma \to \psi_1 + \sigma$ である．一方，右辺の中間状態は相互作用が相互作用項 (5.154a) のみだとすると，$\psi_1 + \sigma$ もしくは $\psi_2 + \sigma$ しかない．そのため，$\mathcal{M}(\psi_1\sigma \to \psi_1\sigma)$ と $\mathcal{M}(\psi_1\sigma \to \psi_2\sigma)$ を計算すれば，式 (5.114) を評価できる．

まず，$\mathcal{M}(\psi_1(\boldsymbol{p}_1)\sigma(\boldsymbol{p}_2) \to \psi_1(\boldsymbol{p}_3)\sigma(\boldsymbol{p}_4))$ から評価しよう．始状態と終状態に存在する粒子が同じであるため，重心系 $\boldsymbol{p}_1 = -\boldsymbol{p}_2$ を取ると $|\boldsymbol{p}_1| = |\boldsymbol{p}_3|$ である．そこで，

$$\boldsymbol{p}_1 = -\boldsymbol{p}_2 = (|\boldsymbol{p}_1|, 0, 0), \tag{5.155a}$$

$$\boldsymbol{p}_3 = -\boldsymbol{p}_4 = (|\boldsymbol{p}_1| \cos\theta, |\boldsymbol{p}_1| \sin\theta, 0) \tag{5.155b}$$

とすると，

*8)　2 階テンソルの解析は [21] で行われている．

$$
\begin{aligned}
&\mathcal{M}(\psi_1(\boldsymbol{p}_1)\sigma(\boldsymbol{p}_2) \to \psi_1(\boldsymbol{p}_3)\sigma(\boldsymbol{p}_4)) \\
&= 4\alpha' \left(p_{2,\mu} \cdot p_4^{\mu}\right) \\
&= 4\alpha' \left(-(|\boldsymbol{p}_1|^2 + m_\sigma^2) + |\boldsymbol{p}_1|^2 \cos\theta\right) \\
&= -4\alpha' \left((1-\cos\theta)|\boldsymbol{p}_1|^2 + m_\sigma^2\right)
\end{aligned} \tag{5.156}
$$

となる．

では次に，$\mathcal{M}(\psi_1(\boldsymbol{p}_1)\sigma(\boldsymbol{p}_2) \to \psi_2(\boldsymbol{p}_3)\sigma(\boldsymbol{p}_4))$ を計算しよう．重心系（$\boldsymbol{p}_1 = -\boldsymbol{p}_2, \boldsymbol{p}_3 = -\boldsymbol{p}_4$）において，エネルギー保存則

$$
\sqrt{|\boldsymbol{p}_1|^2 + m_1^2} + \sqrt{|\boldsymbol{p}_2|^2 + m_\sigma^2} = \sqrt{|\boldsymbol{p}_3|^2 + m_2^2} + \sqrt{|\boldsymbol{p}_4|^2 + m_\sigma^2} \tag{5.157}
$$

から，

$$
\begin{aligned}
|\boldsymbol{p}_3| &= \left[\frac{1}{4}\left(\sqrt{|\boldsymbol{p}_1^2 + m_1^2} + \sqrt{|\boldsymbol{p}_1^2 + m_\sigma^2}\right)^2 - \frac{1}{2}\left(m_2^2 + m_\sigma^2\right)\right. \\
&\qquad \left. + \frac{1}{4}\frac{\left(m_2^2 - m_\sigma^2\right)^2}{\left(\sqrt{|\boldsymbol{p}_1^2 + m_1^2} + \sqrt{|\boldsymbol{p}_1^2 + m_\sigma^2}\right)^2}\right]^{\frac{1}{2}} \\
&= |\boldsymbol{p}_1|\left(1 - \frac{M^2}{4|\boldsymbol{p}_1|^2} + \mathcal{O}\left(\frac{m_1^4}{|\boldsymbol{p}_1|^4}\right)\right)
\end{aligned} \tag{5.158}
$$

が得られる．

$$
\boldsymbol{p}_1 = -\boldsymbol{p}_2 = (|\boldsymbol{p}_1|, 0, 0), \tag{5.159a}
$$

$$
\boldsymbol{p}_3 = -\boldsymbol{p}_4 = (|\boldsymbol{p}_3|\cos\theta, |\boldsymbol{p}_3|\sin\theta, 0) \tag{5.159b}
$$

とおくと，$\mathcal{M}(\psi_1(\boldsymbol{p}_1)\sigma(\boldsymbol{p}_2) \to \psi_2(\boldsymbol{p}_3)\sigma(\boldsymbol{p}_4))$ は

$$
\begin{aligned}
&\mathcal{M}(\psi_1(\boldsymbol{p}_1)\sigma(\boldsymbol{p}_2) \to \psi_2(\boldsymbol{p}_3)\sigma(\boldsymbol{p}_4)) \\
&= -4\alpha' \left(p_{2,\mu} \cdot p_4^{\mu}\right) \\
&= -4\alpha' \left(-\sqrt{|\boldsymbol{p}_1|^2 + m_\sigma^2}\sqrt{|\boldsymbol{p}_3|^2 + m_\sigma^2} + |\boldsymbol{p}_1||\boldsymbol{p}_3|\cos\theta\right) \\
&= 4\alpha'|\boldsymbol{p}_1|^2\left[(1-\cos\theta)\left(1 - \frac{M^2}{4|\boldsymbol{p}_1|^2}\right) + \frac{m_\sigma^2}{|\boldsymbol{p}_1|^2} + \mathcal{O}\left(\frac{m_1^4}{|\boldsymbol{p}_1|^4}\right)\right]
\end{aligned} \tag{5.160}
$$

となる．

始状態，終状態を重心系の 2 粒子状態 $\psi_1(\boldsymbol{p}_1)\sigma(\boldsymbol{p}_2)$ に取ると，式 (5.114) の左辺は式 (5.156) において $\theta = 0$ としたものであり，

$$
|\mathcal{M}(\psi_1(\boldsymbol{p}_1)\sigma(\boldsymbol{p}_2) \to \psi_1(\boldsymbol{p}_1)\sigma(\boldsymbol{p}_2))| = 4\,|\alpha'|\,m_\sigma^2 \tag{5.161}
$$

となる．つまり，高エネルギー極限で左辺は定数に漸近する．一方右辺は，

$$
\left|\sum_{i=1,2}\int \frac{d^3p_3}{2E_3}\frac{d^3p_4}{2E_4}\delta^4(p_1+p_2-p_3-p_4)(-1)^{i+1}\right.
$$

$$\times \left|\mathcal{M}\left(\psi_1(\boldsymbol{p}_1)+\sigma(\boldsymbol{p}_2)\to\psi_i(\boldsymbol{p}_3)+\sigma(\boldsymbol{p}_4)\right)\right|^2 \Bigg| \tag{5.162}$$

となる．これは，式 (5.156) と式 (5.160) を用いて評価でき，式 (5.149) を用いて変形すると，

$$\begin{aligned}
&32\pi\alpha'^2\left|\frac{|\boldsymbol{p}_3|}{E_1+E_2}\int_0^\pi d\theta\,\sin\theta\left(\left[(1-\cos\theta)|\boldsymbol{p}_1|^2+m_\sigma^2\right]^2\right.\right.\\
&\qquad\left.\left.-|\boldsymbol{p}_1|^4\left[(1-\cos\theta)\left(1-\frac{M^2}{4|\boldsymbol{p}_1|^2}\right)+\frac{m_\sigma^2}{|\boldsymbol{p}_1|^2}+\mathcal{O}\left(\frac{m_1^4}{|\boldsymbol{p}_1|^4}\right)\right]^2\right)\right|\\
&=16\pi\alpha'^2M^2\frac{|\boldsymbol{p}_1|^3}{E_1+E_2}\int_0^\pi d\theta\,\sin\theta\left((1-\cos\theta)^2+\mathcal{O}\left(\frac{m_1^2}{|\boldsymbol{p}_1|^2}\right)\right)\\
&=16\pi\alpha'^2M^2\frac{|\boldsymbol{p}_1|^3}{E_1+E_2}\left(\frac{8}{3}+\mathcal{O}\left(\frac{m_1^2}{|\boldsymbol{p}_1|^2}\right)\right)
\end{aligned} \tag{5.163}$$

となる．つまり，高エネルギー極限で左辺は $|\boldsymbol{p}_1|^2$ で発散する．したがって，高エネルギー極限では式 (5.114) は成立しない．このことから，繰り込み可能でない相互作用項は，微分演算子が on-shell 条件で質量に置き換えることができない場合に限り，S 行列ユニタリ性 $SS^\dagger=1$ から導かれる式 (5.114) がツリー近似で破れるという対応が見える．

5.6.3　高エネルギー極限のユニタリ性に関するまとめ

負ノルム状態が存在しない理論では，ユニタリ性の条件からユニタリティーバウンドが導かれる．ユニタリティーバウンドのツリー近似での評価（ツリーユニタリティー）は，理論の摂動的整合性を確認するため，良い解析法である．特に，高エネルギー極限でのツリーユニタリティーの成立条件は，繰り込み可能性と対応していると期待される．

S 行列ユニタリ性を解析することにより，負ノルム状態を含む理論のツリーユニタリティーと繰り込み可能性の由来を調べることができる．負ノルム状態が存在する理論において，高エネルギー極限のツリーレベル近似での S 行列ユニタリ性と繰り込み可能性が対応している．このことから，繰り込み可能性，つまり，高エネルギーでの摂動解析の妥当性を見るためには，ツリーレベル近似での S 行列ユニタリ性の成立を見れば良いであろう．

付録 A
2 階対称テンソルのスピン基底分解

平坦時空（もしくは，ド・ジッターや反ド・ジッターなどの最大対称空間）の線形理論では，異なるスピン同士は分離される．そのため，**スピン分解**しておくとスピンごとに解析ができ，解析が楽になる．ここでは，massive 場のスピン分解を説明する．

A.1　1 階テンソルの分解

まず，1 階テンソル，つまりベクトルから分解していこう．あるベクトル場 v^μ が存在したとき，v^μ は，スピン 0（つまりスカラー）部分とその他の部分に

$$v_\mu = \partial_\mu S + V_\mu \tag{A.1}$$

と分解できる．この形の分解では V_μ の選び方に任意性がある．そこで，V_μ は **transverse 条件**

$$\partial_\mu V^\mu = 0 \tag{A.2}$$

を満たすようにしておく．V_μ に transverse 条件を課しておくことで，スカラーモードとの内積が 0 になるようにできる．つまり，表面項が 0 になるという仮定の下，

$$\int d^4x \left(\partial_\mu S\right) V^\mu = -\int d^4xS \left(\partial_\mu V^\mu\right) = 0 \tag{A.3}$$

となり，スカラーモード S とのクロスタームが現れない．

フーリエ空間で基底を書いておこう．フーリエ空間では，ベクトル基底をスカラーモードの部分とそれ以外の 3 つのベクトル部分に分解する．ベクトル部分 3 つの成分も，基底をうまく取ることで，それぞれを直交に取ることができる．スピン 0 モードは $\partial_\mu S$ の部分であるため，フーリエ空間では偏微分 ∂_μ が波数 k_μ になり，k_μ に比例する成分である．規格化された基底で書いたほうが

よいので，規格化した

$$\hat{k}^\mu = \frac{k^\mu}{|k|} \tag{A.4}$$

を用いるのがよい．ここで，$|k|$ は k^μ のノルム，つまり $|k|^2 = -k_\mu k^\mu$ のことである．$\hat{k}^\mu$ は時間的なベクトルであるため，4 次元時空では $\hat{k}^\mu$ に直交する 3 つの空間的な単位ベクトル l^μ, m^μ, n^μ が取れる．この，$\hat{k}^\mu$, l^μ, m^μ, n^μ が 1 階テンソルの 4 つの独立な基底である．

例えば，質量 m の物質が x 方向に運動量 k で動いているとすると，

$$k^\mu = \left(\sqrt{k^2+m^2}, k, 0, 0\right) \tag{A.5}$$

である．このとき，$\hat{k}^\mu$, l^μ, m^μ, n^μ のペアは，例えば

$$\hat{k}^\mu = \left(\sqrt{k^2+m^2}, k, 0, 0\right)/m, \quad l^\mu = \left(k, \sqrt{k^2+m^2}, 0, 0\right)/m \tag{A.6a}$$

$$m^\mu = (0,0,1,0), \quad n^\mu = (0,0,0,1) \tag{A.6b}$$

と取ればよい．各々が直交していること，また，規格化されていることは，実際に各々の内積やノルムを計算するとすぐにわかる．

A.2 対称 2 階テンソルの分解

では，対称 2 階テンソルの分解を行おう．対称 2 階テンソル場 $t_{\mu\nu}$ は，スカラー（スピン 0）成分とベクトル（スピン 1）成分，そして残りのスピン 2 成分に分解できる．具体的には，2 つのスカラー S, U，1 つのベクトル場 V_μ，残りのスピン 2 部分 $T_{\mu\nu}$ を用いて，

$$t_{\mu\nu} = \eta_{\mu\nu}U + \left(\partial_\mu\partial_\nu - \frac{1}{4}\Box\right)S + (\partial_\mu V_\nu + \partial_\nu V_\mu) + T_{\mu\nu} \tag{A.7}$$

と分解できる．$T_{\mu\nu}$ は対称テンソルである．ここで，V_μ には **transverse** 条件を，$T_{\mu\nu}$ には **transverse-traceless** 条件を課す．つまり，

$$\partial_\mu V^\mu = 0, \tag{A.8a}$$

$$\partial_\mu T^{\mu\nu} = 0, \quad T^\mu{}_\mu = 0 \tag{A.8b}$$

を課す．すると，式 (A.3) で示したのと同様に異なるスピン同士の内積は，0 になる．したがって，線形理論（作用関数の 2 次）の範囲では，スピンごとに完全に分離できる．

ベクトルの分解と同様に，フーリエ空間に移ることで，スピン内の成分の基底を表示しておこう．ベクトルのときに導入した $\hat{k}^\mu$, l^μ, m^μ, n^μ を用いて，基底を

$$E^{(S)}_{\mu\nu} = \frac{2}{\sqrt{3}}\left(\hat{k}_\mu\hat{k}_\nu - \frac{1}{4}\eta_{\mu\nu}\right), \quad E^{(U)}_{\mu\nu} = \frac{1}{2}\eta_{\mu\nu}, \tag{A.9a}$$

$$E_{\mu\nu}^{(V1)} = \frac{1}{\sqrt{2}}\left(\hat{k}_\mu l_\nu + \hat{k}_\nu l_\mu\right), \quad E_{\mu\nu}^{(V2)} = \frac{1}{\sqrt{2}}\left(\hat{k}_\mu m_\nu + \hat{k}_\nu m_\mu\right),$$
$$E_{\mu\nu}^{(V3)} = \frac{1}{\sqrt{2}}\left(\hat{k}_\mu n_\nu + \hat{k}_\nu n_\mu\right), \tag{A.9b}$$
$$E_{\mu\nu}^{(1)} = \frac{1}{\sqrt{6}}\left(2l_\mu l_\nu - m_\mu m_\nu - n_\mu n_\nu\right),$$
$$E_{\mu\nu}^{(2)} = \frac{1}{\sqrt{2}}\left(l_\mu m_\nu + l_\nu m_\mu\right), \quad E_{\mu\nu}^{(3)} = \frac{1}{\sqrt{2}}\left(l_\mu n_\nu + l_\nu n_\mu\right),$$
$$E_{\mu\nu}^{(4)} = \frac{1}{\sqrt{2}}\left(m_\mu m_\nu - n_\mu n_\nu\right), \quad E_{\mu\nu}^{(5)} = \frac{1}{\sqrt{2}}\left(m_\mu n_\nu + m_\nu n_\mu\right) \tag{A.9c}$$

ととればよい．このとき，基底 $E_{\mu\nu}^{(\sigma)}$（ここで，σ は，$S, U, V1, 1$ などすべての添え字を取る）に対して，

$$E_{\mu\nu}^{(\sigma)} E^{(\sigma')\mu\nu} = \delta_{\sigma\sigma'} \tag{A.10}$$

となり，**規格直交基底**になっていることがわかる．

この直交基底を用いて，時間的に伝搬する（つまり，運動量が時間的なもののみにフーリエ展開できる）任意の 2 階対称テンソル $t_{\mu\nu}$ は，

$$t_{\mu\nu} = \int \frac{d^4k}{(2\pi)^2} \sum_\sigma \tilde{t}^\sigma(k^\alpha) \exp(ik_\mu x^\mu) E_{\mu\nu}^{(\sigma)} \tag{A.11}$$

と分解できる．ここで，σ に関する和は，$S, U, V1, 1$ などすべての添え字についての和である．2 階対称テンソル $t_{\mu\nu}$ と $s_{\mu\nu}$ との内積は，

$$\int d^4x\, t_{\mu\nu}(x^\alpha) s^{\mu\nu}(x^\alpha) = \int d^4k \sum_\sigma \tilde{t}^\sigma(k^\alpha) \tilde{s}^\sigma(-k^\alpha) \tag{A.12}$$

となり，各基底の係数 $\tilde{t}^\sigma(k^\alpha)$ などを逆フーリエ変換，

$$\tilde{t}^\sigma(k^\alpha) = \int \frac{d^4x}{(2\pi)^2} t^\sigma(x^\alpha) \exp(-ik_\mu x^\mu) \tag{A.13}$$

で戻すと，$t_{\mu\nu}$ と $s_{\mu\nu}$ との内積は

$$\int d^4x\, t_{\mu\nu}(x^\alpha) s^{\mu\nu}(x^\alpha) = \int d^4x \sum_\sigma t^\sigma(x^\alpha) s^\sigma(x^\alpha) \tag{A.14}$$

と書ける．したがって，スカラー場が 10 個あるときと同様に扱うことが可能になる．

参考文献

[1] Robert M. Wald, "General Rerativity", The University of Chicago Press, 1984.

[2] R. クーラン, D. ヒルベルト著, 齋藤利弥監訳, 丸山滋弥, 銀林浩等共訳, 数理物理学の方法 第3巻, 東京図書, 1984.

[3] P. Hořava, "Quantum Gravity at a Lifshitz Point", Phys. Rev. D **79** (2009), 084008.

[4] A. Adams, N. Arkani-Hamed, S. Dubovsky, A. Nicolis and R. Rattazzi, "Causality, analyticity and an IR obstruction to UV completion", JHEP **10** (2006), 014.

[5] C. Aragone, "Stringy Characteristics of Effective Gravity", in SILARG VI : proceedings, edited by M. Novello, World Scientific, Singapore, (1988); Y. Choquet-Bruhat, "The Cauchy Problem for Stringy Gravity", J. Math. Phys. **29** (1988), 1891–1895; K. Izumi, "Causal Structures in Gauss-Bonnet gravity", Phys. Rev. D **90** (2014) no.4, 044037; H. Reall, N. Tanahashi and B. Way, "Causality and Hyperbolicity of Lovelock Theories", Class. Quant. Grav. **31** (2014), 205005; H. S. Reall, N. Tanahashi and B. Way, "Shock Formation in Lovelock Theories", Phys. Rev. D **91** (2015) no.4, 044013.

[6] K. Izumi and Y. C. Ong, "An analysis of characteristics in nonlinear massive gravity", Class. Quant. Grav. **30** (2013), 184008; S. Deser, K. Izumi, Y. C. Ong and A. Waldron, "Massive Gravity Acausality Redux", Phys. Lett. B **726** (2013), 544–548; S. Deser, K. Izumi, Y. C. Ong and A. Waldron, "Superluminal Propagation and Acausality of Nonlinear Massive Gravity", Contribution to: Conference in Honor of the 90th Birthday of Freeman Dyson, 430–435; S. Deser, K. Izumi, Y. C. Ong and A. Waldron, "Problems of massive gravities", Mod. Phys. Lett. A **30** (2015), 1540006.

[7] M. Fierz and W. Pauli, "On relativistic wave equations for particles of arbitrary spin in an electromagnetic field", Proc. Roy. Soc. Lond. A **173** (1939), 211–232.

[8] D. G. Boulware and S. Deser, Phys. Rev. D **6** (1972), 3368–3382.

[9] C. de Rham and G. Gabadadze, "Generalization of the Fierz-Pauli Action", Phys. Rev. D **82** (2010), 044020; C. de Rham, G. Gabadadze and A. J. Tolley, "Resummation of Massive Gravity", Phys. Rev. Lett. **106** (2011), 231101.

[10] 向山信治, 一般相対論を超える重力理論と宇宙論 (SGC ライブラリ-170), サイエンス社, 2021.

[11] P. A. M. Dirac, "Lectures on QuantumMechanics", Belfer Graduate School of Science, Yeshiva Univ., 1964.

[12] A. Higuchi, "Forbidden mass range for spin-2 field theory in de Sitter spacetime", Nucl. Phys. B **282** (1987), 397–436.

[13] K. Izumi, T. Tanaka and K. Koyama, "Unexorcized ghost in DGP brane world", JHEP

04 (2007), 053.

[14] F. J. Dyson, "The S matrix in quantum electrodynamics", Phys. Rev. **75** (1949), 1736–1755; N. Nakanishi, "General Integral Formula of Perturbation Term in the Quantized Field Theory", Prog. Theor. Phys. **17** (1957), 401; S. Weinberg, "High-energy behavior in quantum field theory", Phys. Rev. **118** (1960), 838–849; N. Nakanishi, "Fundamental Properties of Perturbation-Theoretical Integral Representations. II", J. Math. Phys. **4** (1963), 1385; Y. Hahn, W. Zimmermann, "An Elementary Proof of Dyson's Power Counting Theorem", Commun. Math. Phys. **10** (1968), 330–342; W. Zimmermann, "The power counting theorem for Minkowski metric", Commun. Math. Phys. **11** (1968), 1–8.

[15] T. Fujimori, T. Inami, K. Izumi and T. Kitamura, "Power-counting and renormalizability in Lifshitz scalar theory", Phys. Rev. D **91** (2015) no.12, 125007.

[16] T. Fujimori, T. Inami, K. Izumi and T. Kitamura, "Tree-level unitarity and renormalizability in Lifshitz scalar theory", PTEP **2016** (2016) no.1, 013B08.

[17] C. H. Llewellyn Smith, "High-Energy Behavior and Gauge Symmetry", Phys. Lett. B **46** (1973), 233–236; J. M. Cornwall, D. N. Levin and G. Tiktopoulos, "Uniqueness of spontaneously broken gauge theories", Phys. Rev. Lett. **30** (1973), 1268–1270 [erratum: Phys. Rev. Lett. **31** (1973), 572].

[18] J. M. Cornwall, D. N. Levin and G. Tiktopoulos, "Derivation of Gauge Invariance from High-Energy Unitarity Bounds on the s Matrix", Phys. Rev. D **10** (1974), 1145 [erratum: Phys. Rev. D **11** (1975), 972].

[19] T. D. Lee and G. C. Wick, "Negative Metric and the Unitarity of the S Matrix", Nucl. Phys. B **9** (1969), 209–243; T. D. Lee and G. C. Wick, "Unitarity in the $N\theta\theta$ Sector of Soluble Model With Indefinite Metric", Nucl. Phys. B **10** (1969), 1–10; T. D. Lee and G. C. Wick, "Finite Theory of Quantum Electrodynamics", Phys. Rev. D **2** (1970), 1033–1048; B. Holdom, "Ultra-Planckian scattering from a QFT for gravity", Phys. Rev. D **105** (2022) no.4, 046008; B. Grinstein, D. O'Connell and M. B. Wise, "Causality as an emergent macroscopic phenomenon: The Lee-Wick O(N) model", Phys. Rev. D **79** (2009), 105019; J. F. Donoghue and G. Menezes, "Unitarity, stability and loops of unstable ghosts", Phys. Rev. D **100** (2019) no.10, 105006.

[20] Y. Abe, T. Inami, K. Izumi, T. Kitamura and T. Noumi, "S-matrix unitarity and renormalizability in higher-derivative theories", PTEP **2019** (2019) no.8, 083B06.

[21] Y. Abe, T. Inami, K. Izumi and T. Kitamura, "Matter scattering in quadratic gravity and unitarity", PTEP **2018** (2018) no.3, 031E01; Y. Abe, T. Inami and K. Izumi, "Perturbative S-matrix unitarity ($\mathrm{S}^\dagger\mathrm{S} = 1$) in $R_{\mu\nu}^2$ gravity", Mod. Phys. Lett. A **36** (2021) no.16, 2150105; Y. Abe, T. Inami and K. Izumi, "High-energy properties of the graviton scattering in quadratic gravity", JHEP **03** (2023), 213.

[22] M. V. Ostrogradsky, "Mémoires sur les équations différentielles, relatives au problème des isopérimètres", Mem. Acad. St. Petersbourg **VI 4** (1850), 385.

索　引

ア

カ

サ

タ

ナ

ハ

マ

ヤ

ラ

欧数字

著者略歴

泉 圭介
いずみ けいすけ

2004年 京都大学理学部卒業
2006年 京都大学大学院理学研究科物理学・宇宙物理学専攻
修士課程修了
2009年 京都大学大学院理学研究科物理学・宇宙物理学専攻
博士課程修了
博士（理学）
2009年 東京大学数物連携宇宙研究機構 特任研究員
2011年 京都大学基礎物理学研究所 研究員
2011年 台湾大学 Leung Center for Cosmology and Particle Astrophysics 卓越若手研究員
2015年 バルセロナ大学物理学科 研究員
2016年 名古屋大学基礎理論研究センター（大学院多元数理科学研究科兼任）助教
2019年 名古屋大学素粒子宇宙起源研究所（大学院多元数理科学研究科兼任）助教
2021年 同上 講師に昇格
専門 重力理論

SGC ライブラリ-188
重力理論解析への招待
古典論から量子論まで

2023年12月25日 © 初 版 発 行

著 者 泉 圭介
発行者 森 平 敏 孝
印刷者 山 岡 影 光

発行所 株式会社 サ イ エ ン ス 社
〒151–0051 東京都渋谷区千駄ヶ谷1丁目3番25号
営業 ☎（03）5474–8500（代） 振替 00170–7–2387
編集 ☎（03）5474–8600（代）
FAX ☎（03）5474–8900
表紙デザイン：長谷部貴志

印刷・製本 三美印刷 (株)

ISBN978–4–7819–1590–6

PRINTED IN JAPAN

SGC ライブラリ-170：for Senior & Graduate Courses

一般相対論を超える重力理論と宇宙論

向山　信治　著

定価 2420 円

本書では，一般相対論の基礎から始め，それを超えるのに必要な理論的要素を整理した上で，太陽系スケールの重力の実験・観測データを理論に反映させるための枠組みについて紹介する．さらに，有効場の理論の方法，massive gravity，Hořava-Lifshitz 理論という 3 つの例について，それぞれの発展と宇宙論への応用について解説する．

サイエンス社